U0675010

景德镇
瓷业
史料

苏 舟◎编

江西高校出版社
JIANGXI UNIVERSITIES AND COLLEGES PRESS

图书在版编目(CIP)数据

景德镇瓷业史料 / 苏舟编. -- 南昌：江西高校出版
社，2024.11. --（景德镇学院学术文库）. -- ISBN 978 -
7 - 5762 - 5324 - 5

Ⅰ. F426.7

中国国家版本馆 CIP 数据核字第 2024J0Z989 号

出 版 发 行	江西高校出版社	
社　　　址	江西省南昌市洪都北大道 96 号	
总编室电话	(0791)88504319	
销 售 电 话	(0791)88522516	
网　　　址	www.juacp.com	
印　　　刷	江西新华印刷发展集团有限公司	
经　　　销	全国新华书店	
开　　　本	787 mm×1092 mm　1/16	
印　　　张	17.75	
字　　　数	340 千字	
版　　　次	2024 年 11 月第 1 版	
印　　　次	2024 年 11 月第 1 次印刷	
书　　　号	ISBN 978 - 7 - 5762 - 5324 - 5	
定　　　价	68.00 元	

赣版权登字 - 07 - 2024 - 758

编 校 说 明

一、本书以《申报》影印本(上海书店 1984 年版)为史料来源,收录涉及景德镇瓷业的报道与记载。

二、所收录的史料以时间顺序编排,每一则史料的编排顺序为标题、正文、刊载日期、所在版面,其中版面包括《申报》及其《本埠增刊》。

三、少许报道附有图片,虽然图片清晰度一般,但鉴于其是相关报道的重要组成部分,仍照录不弃。

四、1920 年以前的《申报》报道未使用标点符号,1920 年后的报道所用也多为单一的顿号,本书全部做了点校,并加了现代汉语标点符号。

五、本书务求最大限度地将史料原原本本地呈现给读者,因此对于在一篇报道中前后不一的同一个字、在当时可以通用的同音字、生造成语、在现代汉语语法中计差错的表述,如"磁"和"瓷"、"唯"和"惟"、"藉"和"借"、"须"和"需"、"做"和"作"、"记载"和"纪载"、"殚精竭力"、"约千余人"等,均保留原貌,不按当下语言文字规范更正,望读者鉴之。

六、报道原文中的异体字和繁体字,均转化为现代简化字。报道中的勘误,如"已"和"己"、"科"和"料"混用等,直接使用正确汉字。对于当时没有明确正误规定,但在当下被认为是错别字词的,以括注的形式标明,如"挽(掺)入""豫(预)备""筹画(划)""疏濬(浚)"等。因《申报》影印本字迹模糊而无法辨认的字,则用"□"表示。

七、对报道原文中与今人的认知明显不一致或易被误解的部分,需要解释说明的一些专有名词,以及疑似勘误的部分等,在其后以"编者注"的形式标明。

八、原报道中有些是长篇大论,涉及景德镇瓷业的仅为一部分,故在节录相关部分的前后以"……"表示略去了不相关部分。

前　言

　　近代中国社会风云变幻,报纸作为新生事物,具有"报告新闻,揭载评论"的作用,并"定期为公众而刊行"。由于对时代观察敏锐、对时事反应迅速,报纸成为各种新闻事件和各色人等言论的汇集地。1872 年 4 月 30 日,《申报》在上海创办,直至 1949 年 5 月 27 日,几乎连续不断地经营了 77 年,共出版 27 000 余期,广泛记录了这一时期的政治、军事、经济、文化、社会各方面的情况,为中国出版历史最久的现代报纸,具有广泛的社会影响力。一般说来,报纸资料在近现代史料中所占比重极大,可谓史学研究所依赖的"基础设施",对很多重要人物、事件、制度、现象的研究,难以抛开报纸史料。例如,当时政府颁布的法令、宣言等公文,各党派、团体及会议所形成的决议、宣言、议案等档案,因为种种原因而未能被档案机构作为历史档案收存,但大多会通过《申报》对外公示。一些重要的会议记录,在各大档案馆中"踏破铁鞋无觅处",却能在《申报》中"得来全不费工夫"。《申报》有关景德镇瓷业的众多报道即不乏此类。

　　景德镇瓷业因其悠久的历史渊源、精湛的技艺水平、庞大的产业规模、重大的世界影响和所承载的民族自豪感而成为《申报》密切关注和频繁报道的对象。据编者所查,自 1876 年 8 月 11 日,一篇题为《窑厂滋事》的报道首次出现于《申报》头版,直到 1948 年 12 月 21 日,《申报》最后一次刊载题为《赣瓷业消沉》的报道,有关景德镇瓷业的报道有 500 条左右。这些报道涵盖景德镇瓷业的历史渊源、制瓷技术、饰瓷艺术、产业模式、销售网络、行业组织、社会秩序及民情风俗等诸多方面,涉及景德镇、江西省乃至全国的政治、经济、军事、文化及社会等诸多领域,有新闻报道、特约评论、人物专访、言论实录、逸闻趣事等多种形式,或出自记者亲闻、业者自道、旁观者转述,或对景德镇瓷业所处的微观社会生态和宏观时代洪流进行细致入微、有血有肉的描摹,同情赞誉者有之,诋毁轻蔑者不乏,理性客观评述亦不少。此外,《申报》格调高,言论自由度较大,对很多不为外人所知的信息亦及时披露,其中固然有夸饰之可能,但仍为研究全息性的景德镇社会及多彩的瓷业历史留存了极为丰富的史料。

显然,《申报》史料是了解和研究近代景德镇瓷业的基础性文献之一,堪称一部近代景德镇瓷业的"大事记"。但无可讳言的是,有关景德镇近代瓷业的研究,有的更为注重出土或馆藏名瓷实物等一手史料,有的大量征引《景德镇文史资料》等后出的忆述资料,而对包括《申报》在内的报纸史料这一富矿的挖掘和使用稍显不够。据编者目力所及,本书所收报道大多尚未进入研究者视野,这可能因为《申报》所载庞杂,文本量巨大(上海书店影印本足有 400 册之多),而有关景德镇瓷业的报道犹如沧海一粟,且极为分散,致使寻觅相关史料犹如大海捞针般苦闷和低效。为此,编者将《申报》中有关景德镇瓷业的报道与记载加以搜集整理并出版,以期拓展景德镇瓷业研究的史料来源,推进相关研究工作的深入开展,为新时代传承与创新景德镇陶瓷文化略尽绵薄之力。

1907 年

1908 年

1916 年

1917 年

窑 厂 滋 事

江右瓷产,甲于天下。其出货之处曰景德镇,为饶州浮梁县管辖,与徽属各县接壤,亦一大市镇也。所设窑厂不下百数十处,各色手艺人等五方不齐,尤以都昌人为最多。向来有一等最高手艺之饭食系上熟白米,不得间一红粒,此外有差。至前月间,众工聚议,谓:以后炊米均须照最上一等之式,否则停工。厂主未允,以致争执嚷闹不休。旋厂主亦答:许此六月内俱用上白米,余仍照原。众工又不允,因即齐行歇手。该镇有浮梁县行署,邑尊每半年驻镇,半年驻城。厂主以各工有意把持,遂赴署投禀。众工亦往递呈,并在分府、分司各署俱递呈一纸。当经邑尊传讯,并查核历年条规,皆无上白米之例,显系藉端挟制,即予以薄责,并将为首者数人暂行管押在案。无如各工人等,聚众既多,其中喜事者又不乏人。自县讯后,众人愈加喧闹,即大开会馆议事,集众至万余人,持械并起。先将各处要道堵塞,以与厂主从事。厂主闻信,各窜身远逃。遂蜂拥入署,立将各署监内紧要犯人一概放出,并将县署书办家资抢掠一空。幸官见势先避,否则不免被戕矣。由是合镇市面均闭不开,路上亦不敢来往。

时邑尊不胜大怒,即拟禀府,适被抢之书办在旁献策曰:"事急矣,何暇上禀?万一令彼闻知,是速祸而贻性命之忧。闻得此间有乐平土棍三人,神通广大,登时可召号多人,不如姑与商榷,请彼率众前来,以震恐之,或可寝其锋也。"邑尊姑如所请,即邀得三人至署,议定仅用数百人,每人每日给工资一百二十文、米一升、肉半斤。二人回乡,私行窃议,谓数百人无济于事,乃率群不逞之徒,共得八千人,整队而至。都昌人御战于镇外门数合,乐平伤七人,都昌伤九人,此第一次交仗情形也。其时,都昌人恚甚,谓:我等与官为难,毫无干涉乐平人之事,而无故率众以敌我,是自寻衅,必得乘间报复,方泄此恨。因离镇三十里,有一乡村为乐平统辖,居民约三四十家,向以做合钵为业,即做碗模范者。一夜,都昌人骤至,无论大小男妇尽杀之,遂将全村屋宇尽行焚去。未几,乐平人得信,复聚集数千人前至,所过都昌属地亦肆行焚杀,闻共屠去数村。自是两敌对垒,每日攻击,互有杀伤云。以上据该镇逃出者所述,惟各人姓名及各地名均未得悉。至所述情节有无不实不确处,亦不敢知。惟现在江省于初四日委令江军门宗良、蔡察观(编者注:《申报》原文如此,"察观"应为"观察",即当时的道员)嵩年等文武委员五人,统率镇武军及南昌城守营勇弁共一千名前往,饶郡尊亦调德字营会同查办,即由安人县(编者注:应为安仁县的勘误,安仁即今鹰潭市余江区)前进。近日之内尚未闻有头绪,俟后探明确实,再为述陈。

(1876 年 8 月 11 日,第 1—2 版)

窑匠滋事续闻

月前，江右景德镇窑厂因众工藉端把持，以致谋动干戈，其情节已备述前报。兹闻省垣发去之队勇，即于是月初八日抵境，在离景镇四十里地方驻扎。其时，乐平、都昌人见营兵麇集，互相恐惧，当有数人亲诣营门，自愿解释听命。现闻将次平静，日前有该镇逃至省垣之商人，近已陆续搬回矣。

（1876 年 9 月 21 日，第 2 版）

详记景德镇械斗事

江右景德镇窑户，前因争食熟米饭，聚众罢市，抗敌官兵，此已叠（迭）次列报。昨复据友人函述，知此事现已消释，而所以能办理得宜者，实由蔡太守嵩年之力也。先是饶州府薛太尊于六月初九日到镇时，该镇已知省中调派大员，会同江镇军宗良，带勇前来，故各铺户均已开市，惟各窑全未兴工。薛太尊劝谕再三，窑户仍漫听漫应。蔡太尊于十一日到镇，当将各窑户全传至公馆面谕，云：尔等所以不敢兴工者，缘凶犯未除，各怀疑畏。我今到此，先拿滋事首恶，尽法惩治，以快尔等之心。但尔等如抗不兴工，即非安分良民，理当先办。兹限尔等三日内一律兴工。众曰唯唯。嗣闻有五行头从中作梗，太守立传到案，以祸福谕之。各行头悚惧而出。三日后，登高一望，果窑烟四起，见者皆欣然有喜色。十八日，蔡太尊邀同薛太尊、江镇军、周参戎，率领各勇通镇巡查，复至马鞍山列队示威，观者如堵。其时，滋事首恶已访，闻得实适一县役私通消息，放走一人。立传该役严比，限以即日交出，迟则立毙杖下。当于是夜拿获首犯彭喜林、曹六仔两名，尚有余姓、冯姓两首犯亦次第拿到，阖镇商民欢呼称快。然此案究系都、乐两帮械斗，伤毙多命，故薛、蔡两太尊谓应归命案办理，并将乐平首事严加申饬，勒限交出滋事之人。旋即拿获严红仂等三名，照例治罪，尚有未获之犯，饬县严缉。都昌人见之，遂皆悦服，谓此方两得其平。现在都昌之首犯四名业已详请上宪就地正法。蔡太守临行时，复酌订善后事宜十二条，通详立案，意欲将该处从前陋习痛为剪除，又劝谕各帮助资添勇，以严防守，并将该处著名地棍严办一二人，以示惩儆。由是颂声交作，咸称太守之德于不置。呜呼！临事济变，非才识兼全者，曷克操之而裕如哉？如蔡太守者，在江省诚当首屈一指也。

（1876 年 11 月 4 日，第 3—4 版）

水 灾 可 畏

江右突遭水灾,人死无算,节经登报。兹悉宁州、武宁等处之茶树,亦被水浸受伤。景德镇窑厂悉经灌注,各货付之水滨。至与江西交界之常山县,亦于上月二十三日起蛟,淹没三百余家。徽之婺源并发洪水,冲去民居数十户,溺毙人畜若干,虽未详查,然窃计当必不少。天灾若此,人其侧身修行哉。

(1878 年 7 月 18 日,第 2 版)

花 样 一 新

磁器之有炉花,始于三四年前。缘景德镇各坐号客商,偶以一二茶壶、酒杯小件自出花样,填写名号于上。渐传至省,见者莫不以为新雅,于是有书明款式托友定造,又有买其白磁料并买其画花料水,自请妙手画成,以炉火烘之,遂名之曰炉花。初出时,一碗贵至七八百文,而官幕两途,凡案头之陈设、席上之用具,觉无炉花则不足以壮观瞻。驯至近日,排庄而售者有加无已,其价虽较前两年稍落,然与窑磁相比,犹约昂四倍。从前一切花样几成先进礼乐矣。顾其画,多有模糊者,且着色处如粘渣滓,不能同窑磁之光滑,此则好之者未暇辨焉。

(1880 年 3 月 12 日,第 3 版)

光绪八年七月十五日《京报》全录

头品顶戴江西巡抚臣李文敏跪奏,为江西玉山等县被水,分别抚恤查办,恭折具奏,仰祈圣鉴事。

窃查江西省本年自春徂夏晴雨得宜,二麦业已刈获,早稻长发畅茂,乃自四月下旬晴少雨多,五月初间大雨如注,河湖相继涨发,即据各属纷纷报灾……浮梁县于五月初六日上游安徽祁门县交界处所,山水陡发,直注县城,河水增涨二丈有余,城墙冲坍十余丈,都司署内军装多被漂没,民房坍塌十余家,漂失门壁者七十余家,商民先已迁避高阜,淹毙者仅止五人,经知县任玉琛会同城镇文武捐资抚恤。次日水退,即令各窑户照常工作贸易,俾贫民藉以糊口。……浮梁县城,山水过而不留,收成无碍。景德镇贸易繁盛,贫民本恃工作为生,毋庸别筹赈抚,仍令将城墙修筑完固。

(1882 年 9 月 8 日,第 10 版,有删节)

九 江 近 耗

江西景德镇有一磁器店,系安徽石埭县金某所开,数年以来生意顺利,货积如山。今秋,有一教门马某,持百金进店云:"我有宝纹两锭,欲拣买磁器一件,余不另取。"店主许之,马入视良久,皆不中选,挟银而归。次日又往,亦如之。至第三日,愤甚,再如银两锭,共二百两,愿与店主作一孤注,且请先收银,如再不中选,当以此银奉送,不复烦扰矣。由是前后磁器架及高楼上下,为马寻觅殆尽,仍不中选。马愈愤,少憩片时,至后门外,碎磁堆中宝光外溢,急往取之,则尺余长磁瓶一件也,质粗式古,凸凹不齐。马见而喜甚,捧之以出,向店主称谢而去。店主即挽留之曰:"仆已洁樽以待,客不妨且住为佳也。"马乃复入店中,店主因问此瓶有何用处,马云:"此瓶乃天地灵气、日月菁华陶冶而成,若将枯槁竹木插入,便能顷刻生叶。"验之果然。店主谓马曰:"仆开磁店二十余年,从未见此奇货,客有如此眼力,虽赵璧隋珠,不难再得也。仆将原银敬璧,愿赠白金四锭,赎还此瓶,不识客意若何?"马亦长厚人,见主人款洽甚殷,遂诺之,言:"仆往来吴楚间数十年,殚精竭力始获此宝,不期楚弓楚得也。仆只收还原银,君之厚赠心领可也。"遂贸然而去。

(1882 年 12 月 16 日,第 2 版,有删节)

浔 阳 琐 事

景德镇窑厂各磁器,现因货多客少,价渐跌落,闻照老码八折,贩买(卖)者尚寥寥云。

(1883 年 8 月 22 日,第 10 版,有删节)

疫 症 盛 行

江西景德镇来信云,该处春夏天气寒热不时,自六月初以来,疫症盛行,男妇老少遭病无救,……七月初稍减,现在复盛。医生之车轿络绎,无人不利市三倍,棺木店斧斤之声昼夜不息。……各窑匠病者颇多,贩磁客亦闻风裹足,致生意极形清淡。据乡老云,似此瘟疫,诚近数十年来所未闻也。

(1883 年 9 月 14 日,第 10 版,有删节)

九 江 琐 录

税务司穆麟德之在朝鲜也,以陶器租窳,欲仿中国景德镇制瓷之式,于朝鲜开一窑厂,三月间曾着司事汤君至景镇,聘请陶匠数名,四月二十后,动身赴朝。闻所聘者,皆景镇著名之妙工也。

(1884 年 6 月 9 日,第 2 版,有删节)

蛟 灾 续 闻

月初景德镇蛟水成灾,大概已列前报。兹闻蛟水发源于祁门县,由山河迤逦过景镇而入鄱湖。当抵景镇时,水势骤高丈余,沿途漂来箱箧等物不少,人争捞取之。顷刻风威愈猛,檐溜如绳,水头陡高三四丈,始平楼板,继齐屋檐,而屋又随水倾倒。居民始思舍物逃命,己无及矣。是处所泊大小船只约有数千艘,只顾捞物,不愿救人,纵有在眼前沉溺者,亦不肯援手。是以男妇老幼从河伯游者,约以数万计。日来水势虽退,屋宇无存,窑厂已失去三之一,屋基尽被泥压,各街巷倩工挑泥,每日给工价四百文,而往挑者尚属寥寥。死者既葬鱼腹,生者又叹鸿嗷,是以饶州府知府即派员赶设粥厂赈济。九江关道洪观察一闻灾耗,亦捐廉购河米数百担,解往灾区。此该镇受灾之实在情形也,拉杂记之,可当一幅流民图观。

(1884 年 8 月 11 日,第 2 版)

光绪十年七月二十日《京报》全录

江西巡抚臣潘霨跪奏,为江西浮梁等县被水,分别抚恤查办,恭折具陈,仰祈圣鉴事。

窃查江西地方,本年四五月间,晴多雨少,闰五月后,雨水稍多,间有低洼被淹,各县迭经臣奏报在案。省城自六月初一至初三等日,大雨如注,臣正虞各属有河水泛滥之患,旋据饶州府知府恒裕禀报,六月初一日,大雨倾盆,初三日沉晦终朝,雷雨益甚,因安徽祁门县北乡地方,蛟蛰陡起,水势汹涌,建瓴直下,尸骸及屋木、猪牛等物蔽河而来,人口漂泛呼救,惨不可言。该府督同文武暨长江水师炮船,竭力捞救,共捞起棺木三百数十具,尸骸一百余具,救活男妇数十口,即经该府捐廉买米二百石,次浮梁县煮粥散放。续据景德镇厘卡委员即补知府鲍孝光署景德镇同知汪宗牒、浮梁县知县任玉琛禀称:初三日河水陡涨十余丈,城内水深数丈,冲倒城墙数十处,毁坏城楼六座,都司衙署军装火药、文卷、器具漂没无存,都司詹□宝因公先出,尚幸无恙,东北一带城厢内外居民铺户被冲二百余家,溺死者十余人,经该县督率驾船救活不少。初四日天即晴霁,灾民散处,经该县捐廉煮粥赈济。其北乡毗连祁门,损伤房屋、人口甚多,田禾均被淹浸,受灾较重。南乡及东、西二乡被淹稍轻。景德镇被水数丈至十余丈不等,民房铺屋被冲者不下数千家,漂流人口亦以数千计,经印委各官督同绅民设法挽救,全活无算,并捞尸骸三百余具,备棺收殓,谕饬被灾稍轻之店铺、窑户照常开工,俾贫民藉资糊口。所有文武公署无不被水:任玉琛景镇衙署溺毙丁役二名;鲍孝光厘局水深丈余,溺毙巡丁三名,倾覆坐□三只,内有厘钱三千数百串不及搬运,亦遭淹没,现在设法打捞。惟御窑厂地势极高,水仅尺余而止。刻下城镇二处,灾黎不下数千人,北乡等处房舍荡没,既无栖息之区,又无谋生之路,必须广为抚恤等情。又据余干县禀:低田被淹,圩堤亦多漫坏,惟高阜早稻受伤尚不甚重。鄱阳县禀:北河与南河一片汪洋,低田悉被淹浸,房屋间有冲塌,尚未淹毙人口。乐平县禀:上流冲决,漫没田禾,均俟水势稍退,实力查勘各等情。臣查,浮梁县因邻境蛟水横溢,冲坏城墙、民房,淹毙十余人,景镇漂流人口至数千之多,铺屋冲去数千家,诚为异常之灾。揆之八年通省之灾,尚不及该县此次之剧。臣忝领封圻,不能感召天和,致小民罹此奇灾,实深惶悚,惟冀宽筹赈抚,以补救于将来。业经未据禀报之先,风闻被灾,即饬藩司先后委员赴饶州局,拨钱八千串,解往浮梁县,核实散放。现又批饬,动碾积谷,以救目前之急。余俟该府县确切查明被灾户口,再行拨款赈抚,毋任书役侵蚀,俾灾黎各有资生,不致流离失所,以仰副圣主惠爱黎元之至意。所有筹动库款若干,俟事竣造册报销,并饬将城墙修筑完固,被淹厘钱赶紧捞获,及各县设法疏消积水,查勘被淹田禾,分别重轻,另行奏明办理。此外,各属早稻现届登场,粮价尚平,民情安贴,堪以上纾宸廑。所有江西浮梁等县被水分别抚恤查办缘由,理合恭折具奏。伏乞皇太后、皇上圣鉴训示。谨奏。奉旨已录。

(1884 年 9 月 18 日,第 9 版,有删节)

江西省饶州府署内幕友徐少衡同乡致上海丝业会馆筹赈公所告灾书

少钦先生乡丈大人阁下:夙仰仁声,未亲雅教,临风景慕,莫可言宣。弟居在菱湖幕,游章省,近岁馆于芝阳,亦七年矣。忆壬午秋试报罢,道出申江,晤郁梓楣□□,犹道及阁下乐善不倦,有非寻常所可及。惜匆匆归棹,不获趋领兰言,至今尚耿耿也。景镇业窑糊口计十余万人,类皆极窭贫民,藉谋衣食。刻遭蛟洪大祲,困苦情形不堪殚述。此外,各乡庐舍荡然,人民离散,棚栖露宿,遍野哀鸿。虽地方官已为民请命,迭次吁陈,蒙上宪委员会勘赈抚并施,然被灾太深,恐西江之水仍不足以苏涸鲋。江省向无赈捐公局,且殷实绅商散而不聚,徒手奋呼,情难自已。因思前此直东被水,皆赖各省善士多方劝赈,极力维持,而吾先生博济为怀,孜孜不已,尤群望之所攸归,用将浮梁景镇被灾实情缕叙节,略寄呈台鉴,务求吾先生悯此十数万灾黎,匪独度日乏粮,抑且御寒无褐,流离琐尾,有万不可不援手拯之之势。祈迅即赐商,各处善长或多筹款,酌遣妥友,前赴景镇并各乡体察情形,优加矜恤,或劝助棉衣,广为施散,但能尽一分之鼎力,即受一分之福惠。弟自愧力棉,无能为役,恃与阁下桑梓情殷,是以不揣冒昧,专肃奉求,想吾先生见义必为定能曲谅愚悰也,临颖不胜翘企祷祝之至。再启者:景德以窑业为最,窑户尚多殷实,而一切工匠及藉窑糊口者不下数万家,类皆贫苦小民,谋衣食而不足。光绪十年(1884)六月初一日起至初三日止,大雨倾盆,连宵达旦,接界之祁门县蛟洪陡发,骇浪奔驰,水头高至十数丈,直趋以下。浮梁、祁门两县境内上下三百里中沿河村庄,冲没坍塌者数十处,有全村千余烟户房屋冲没仅存数家者。浮梁县城亦冲坍数十处,八城门冲去其六,城内民房十坏六七。景镇自观音阁下至西瓜洲,店屋、民房全行冲没,有深陷至一二丈者,溺毙之人以万余计,甚至景镇下游数十里尚有水高数丈。事后有人目睹高树距地二三丈者,树杪亦有漂尸留挂,诚以水势太急,猝不及防故,被灾若斯之重也。饶郡距镇一百八十里,而上游漂流之树木、房屋、猪牛、什物,蔽河而下,层层叠叠,两日夜不绝。所漂棺木捞获六七百具,捞埋尸骸亦有千余具。此外,尚多随流奔迅已无可设法者,水中遇救得生者亦将千人。鄱阳、余干两县逼处湖滨,频年遭水,兹复被波,臣之虐其困苦,亦难言状。目下景镇市廛萧索,户口凋残,各乡人民流离颠沛,有非言语所能罄者。转瞬秋冬,此数万灾黎不但度日维艰,抑且御寒无褐,虽经府县叠(迭)次禀陈,上宪委员前往查勘,许以优加赈抚,即道府亦俱捐米、捐银,并劝谕殷实捐资助赈,无如被灾太重,仍恐未能博济,用敢缕陈被水实情,函恳同乡善长设法集资,广施振(赈)济,俾无告哀鸿得稍纾其涸辙,则感何仁人之赐,当望空九顿以拜嘉也。归安卧庐居士徐矗谨启。时客饶州幕次。

(1884 年 9 月 21 日,第 9 版)

江西景德镇陈君铭斋致上海筹赈公所告灾书

景镇被灾情形,言者大都略而不详,仆身居是乡,见闻既确,谨将目睹详细灾情敬为诸善长陈之。景镇自六月初一夜十二点钟起,大雨不休,初三天明水已上街,至六点钟水已上楼。往年涨水亦须三五日大雨,所以人早预防,今次水灾骤发,毋乃非天意乎?斯时,电驰雷震,雨急风狂,沿河两岸之屋已随波逐流而去,哭声四起,惨何忍言?自观音阁至西瓜洲十里之间,统计冲去房屋一万四千余间,男妇大小七千余口,其中有无绝户亦难清查,不过就各图各段所言而约数耳。由观音阁至里市渡口,至无片椽留存者。据父老云,其水较戊寅年约大一丈,较前明嘉靖十九年(1540)大一尺许,若本朝二百四十年来未之有也。查此灾系从祁门发始,倒河而下至浮梁城,计大小村市二百余处不留一间屋,罕见一家人。其哀惨情形,任是铁石心肠亦当下泪。河街水势冒过楼屋,前街与楼檐平,后街水至半楼,其余高处或一丈,或三五尺不等。无水之处,仅御厂后珠山傍一席地耳。近河街之人,多有从□面逃至后街者,以致通镇之屋瓦损其半,而前后街倒墙破屋更不知凡几。即如景镇对河中渡化为荒洲,而景镇自河堤入深一二条,亦成瓦砾场矣。其店家货物通计不过二三折,淘成下坊窑屋亦冲去十余座,典当浸湿四万余号,霉烂无用者约二万有奇。似此水灾,出人意外,缘迩来人心大坏,以致劫运流行。从此,景镇望其复元,真梦想不能矣。更惨者,沿河水面屋材、树木、厨箱百物不计外,尸枢络绎飘(漂)流,不忍入目。初四夜,水退下河,而大街小弄秽恶之气,掩鼻难行,所以近来病痛不少。当水涨时,固已忍饥受饿,及至水退,河中、井中均有尸骸,又复无水可食。所谓昨日水深数丈余,今朝食水一些无,真千古奇劫也。景镇计有六处出蛟,故房屋、人口冲去如此之多。仆居处已高,尚有五尺余水,深感祖宗保佑。窃有二幸:仆居此二十年,从未装楼,今春因儿子喜事,屋窄,一切无从安放,装一小阁,及至水到时,全家登此阁上,得保蚁命,虽衣物付诸洗如,尚一幸也;离仆家□门外十数步,连出两蛟,幸在初三夜十二点钟,水深人静,安然无惊,仆居屋已撼动二次,若是白昼人喧,则仆所居处亦不可问矣。现时,景镇街市冷淡之至,窑户十仅一二,粥厂已款□暂停,难民四野,一饱无时,秋凉冬寒,更何以御?如海防稍松,磁客涌到,尚可挽救百一,否则何堪设想?九江、饶州先后解来银、米,并得饶州太守接踵禀乞抚宪振(赈)济,已蒙发钱七千串,无如灾重款少,接济为难。久仰大君子不分畛域,见义勇为,不愧万家生佛,闻代募之款已集有成数,不日即可起解,行见慈祥普被,出水火而登衽席。敬代敝处灾黎九叩奉谢。西江历劫生陈殿锡顿首拜启。八月二十日发。

(1884 年 10 月 20 日,第 3 版)

江西省浮梁景德镇绅董江有声等致上海三省筹赈公所施封翁书

少钦仁翁善长大人钧座,敬禀者:敝镇水灾,亘古未有,幸蒙各大宪暨阁下设法抚恤,得息鸿嗷而庆鸠安。惟敝镇自甲子年来,水灾叠(迭)作,于今为甚,漂没房屋、人民约以万计。推原其故,实由河道壅塞,百余年未曾疏浚,致遭此奇灾。敝镇半系窑业,为御器所出,四方辐辏胥萃于兹,每日挑倒钵、习瓷砾络绎不绝,日积月累,河道渐狭,河面渐高。加之今岁冲倒房屋、窑厂、坯坊数千余间,沿河填塞,五日不雨,水浅舟胶,船不能上,一逢久雨,泛溢妄行,近河前街多受其患。若当春夏之交,大雨倾盆,正街、后街俱成水乡,甚至舟行屋上,人在水中,顷刻之间尽室覆没者不知凡几,可悲可惨,莫此为甚。本郡□太守于十月朔日莅镇查勘,见此情形,谓前车可鉴,后害堪虞,为之恻然,特捐廉俸首创开河之议,并先出示严禁:钵屑、磁砾不准倾倒河边,以清其源。拟择其要隘先为疏通,暂济眉急,若通河开濬(浚),经费浩大,独力难支,除札饬浮梁县及三帮首士筹画(划)外,并邀有声等出为劝导。奈凋敝之余,集腋无多,杯水车薪,难以济矣。伏思前遭水厄,蒙大君子悉心赒恤,筹赈筹衣,源源而来,亿万生灵均沾恩于挟纩,口碑载道,颂生□者万家,原不敢复以此相累,想大君子慈祥在抱,利济为怀,其必有以惠教我也。倘蒙逾格筹款,俾全河得以疏濬(浚),将见患泯,一旦利溥于秋,阖市民人不知如何感戴,大君子之功当不在禹下,岂仅望空九顿馨香以祝,足以抒其愚悃哉。谨区区伏维原鉴,虔叩筹安,统希赐覆不宣。浮梁景德镇董事晚生江有声、朱龙翔、程以和、吴拱辰、吴鉴堂、李丙元仝顿首。谨禀。十月十八日拜发。

右启者:奉到来翰,拜读之余,得悉景德镇河道百余年来迄未疏濬(浚),以致水脉难通。今年遭此大劫,蒙贤太守亲履查勘,目睹情形,首先捐廉,拟创开河之举,以清其源,为民除害，此乃万全之策，足见□太守为国为民，洵称罕觏。据谕三大帮首董，并谕贵绅董出为筹劝，想众擎则易举，务望诸大绅董不辞劳瘁，悉心筹画（划），大凡人有善愿，天必从之。弟想刻下正在放赈之时，大可举行从领赈之中遴选精壮灾民派来挑泥濬（浚）河，另酌加钱几文一天，在灾民每日可多得钱几文，定能乐于从事，较之另外雇人挑挖，节省不少，名为以工代赈，两省神益。请诸大绅董乘此放赈之时，迅速举办，照以工代赈之法，赈款本来要给，只要另外酌加，核计要筹款若干，务须核实速筹，如实在不敷，再请示知，弟总当竭尽心力，代为襄理，以全大局。专此奉覆，恭叩德安。上海北市三省筹赈公所教弟施善昌顿首。谨覆。十一月初三日。

（1884 年 12 月 26 日，第 3—4 版）

驳 船 过 闸

　　昨接金陵友人札云，江西解津之官驳船，于前月下旬一律驶抵金陵，即在上新河下碇，总办某观察昼夜派人在□面弹压。虽水手有数百人之多，尚□滋闹情事。惟船上所带木植，名为镶载，而实则竟有一小木牌之形状。木厘总局遣人查问，竟居然恃公事为护身符，不惟不照章完纳，且每船添载数十株。方进瓜州（洲）口时，该处有木厘分局，职在稽出入，核偷漏，由是欲令每船照章仅税十元，以掩行路之耳目，讵竟无一应者。越日，即就该处减价发售。乡人之亟于乘屋者，知其成本轻而取盈易也，乃兼诣之，果视木客所售，每围或拔十得五，便相率画凤尾诺。十日之间，百余号所带之长杉（舢）短板一扫而空，获利惟倍。讵船内磁器亦富，行抵淮关，该关向系榷陶使者，凡自景德镇贩来之陶器，至此当叩关纳税。关上就河干施五色布棚，使者委亲信监视查验，高坐堂皇，颐指气使。磁客将所贩器皿堆积棚下，大小粗细一一解其缚而验之，一敢稍假借验毕，始榷其什之一为正课，其耗羡不与焉。承平时，磁客连樯北上者，一帮鹢首以百数，关上至为之召伶演剧，客亦必经旬累□而后□事以去。盖今之为关也如此，驳船抵关时，经关役查出磁货甚夥，扣不放行。水手恃其人众，竟欲攘臂，后经长年再三约束，总办亦已将为首者惩责，荷校关前事，始寝息。现闻已提过袁浦上三闸矣，总办经此番阅历后，益昼夜赴程前进。因念驳船向来目无法纪，沿途滋扰，几不识功令为何物，想嗣是过板渚者，必引往事为前鉴矣。居民咸拍手称快。

（1887 年 1 月 11 日，第 2 版）

浔 阳 官 报

九江关道李亦青观察,于十七日亲诣景德镇,履勘御窑,筹备上用各磁器。属下印委各员均出大东门恭送。

(1888 年 7 月 3 日,第 14 版,有删节)

九 江 记 事

前报关道李亦青观察往景德镇履勘御窑磁厂。闻观察勘毕将回,连日属下印委各员均出大东门恭迓行旌。二十八日,观察始回权署。

(1888 年 7 月 12 日,第 3 版,有删节)

盗 案 类 志

鄱阳县属之汪家桥地方,系通景德镇要路。十月二十一日,有粤客贩运磁器,用钢车两乘、小轿一乘,行至汪家桥,日已西沉,乃投宿于某饭店。睡至三更后,有盗党十余人,用朱墨涂面,明火执仗,啸聚该饭店门首,用石条撞开大门,连放洋枪,手中并持利刃,任意搜寻,当劫去洋蚨三百余元,一拥而去。粤客潜尾其后,一见盗党不多,乃即回店邀同伴夥(伙)八九人,并店主雇工数人,各持器械,呐喊飞追。相离不远,盗即反戈相向。两相对敌,短兵相接,粤客奋勇向前,当即杀毙盗犯一名,盗众胆怯,始各落荒而遁。粤客亦伤左膀,夺回信袋内汇票并洋蚨百余元。次日,该处乡民恐有拖累,遂与粤客同赴鄱阳县署报案,勒限踩缉。盗贼之多如此,行路者宜如何戒备哉?

(1888 年 12 月 5 日,第 2 版,有删节)

九 江 零 拾

九江关道兼管景德镇窑厂事宜,每年例由关道往景德镇巡阅一次。今年李亦青观察于十六日轻车减(简)从,往阅窑厂,属下印委各员均出大东门恭送行旌。

(1889 年 7 月 24 日,第 2 版,有删节)

风 灾 续 闻

初六日,九江一带大风,上下江撞坏船只无算,经义渡局督率红船救起巴斗船水手六人,已记前报。近日,九江哄传是日有新授两淮盐运使江都转交卸江汉关篆务,后挈同瀛眷,乘坐大红船七艘,用官轮船拖行至彭泽小姑矶遭风,红船七艘全行撞坏,幸官眷以及仆从各人口均救过官轮船,得以无恙,亦云幸矣。又有湖南人由景德镇装载磁器一船,是日由鄱阳湖出大江,行至九江下游乌石矶江面,被风浪泼沉,水手等高喊救命,幸彭泽解银红船经过,顺道救起该船水手八人,船身以及货物俱已漂没无存。

(1890 年 5 月 8 日,第 2 版,有删节)

浔 江 夏 汛

九江关道李亦青观察,于五月二十八日三更时,轻车减(简)从,往景德镇窑厂巡阅。九江府县都守印委等员,均出大东门恭送行旌。

(1890 年 7 月 21 日,第 2 版,有删节)

浔 阳 杂 记

九江关道李亦青观察,于本月十一日黎明,亲往景德镇巡视窑厂。印委各员及选锋新劲营队伤(伤),均至大东门外恭送行旌。

(1891 年 5 月 27 日,第 12 版,有删节)

浔 阳 官 报

九江关道李亦青观察往景德镇巡阅窑厂,于上月二十一日回浔,属下各员均出大东门迎迓。

(1891 年 6 月 10 日,第 2 版,有删节)

浔 阳 琐 缀

景德镇人每以卖磁器为生,当轮船抵埠时,争先恐后,扰攘喧哗。前与趸船水手争竞,碰破磁器,甚至用武。经查,轮船委员刘荫芗明府极力弹压,旋为德化县罗明府所闻,出示禁止,其文曰:"轮船来往,片刻耽延。起货卸货,拥挤摩肩。小卖磁器,纷纷上船。穿舱乱闯,插入流连。洋跳既窄,阻塞不前。客商有碍,痛恨难言。合行晓谕,毋蹈前愆。嗣后卖货,路走空闲。毋挤洋跳,致讨人嫌。房舱一带,不准盘旋。如敢故违,恶习相沿。定行带案,责惩从严。"

(1892 年 10 月 29 日,第 3 版,有删节)

浔郡官场纪事

九江关道诚观察札委王建亭二尹懋漳,办理景德镇窑厂,于十三日陬装就道。

(1893 年 4 月 9 日,第 9 版,有删节)

江 右 采 风

　　江省各项卖买(编者注:即买卖),如油、纸、鱼、布等类,各立有行;茶叶、海味、绸缎、洋货等类,则立有会,以及肩挑手艺。凡不入会者,不能出而谋利。日前有待诏由外属来省,至某试馆为某武生薙(剃)发。尚未奏手,即为某乙瞥见,夺其刀篦以去,令出钱二串四百,罚作入会之费。又篦匠某丙携小篦数十片,为人修补竹箱。丙亦未经入会者,某丁见之,将竹刀劈手夺去。又某戊自景德镇来,挑瓷器一担,甫行入市。某己即问其会钱交何铺,戊信口指某铺以塞责。己令其同往,戊呆若木鸡,己即代挑其担以行,索钱三串三百,方准回赎。诸如此类,不可指数。有地方之责者,曷其奈何不禁?

(1893 年 11 月 18 日,第 2 版,有删节)

浔 江 杂 佩

　　十四日,有湖北黄陂县轮船一艘,装载磁器及药材四捆,内有朱提二千余两,由景德镇运赴汉皋。行至九江下游三十里之张家洲地方,突遇暴风,长年三老支持不住,即行沉没,经王彩亭守戎瞥见,率领小池河口汛把总唐训登飞驾杉(舢)板往前施救,将人、货次第捞起。事后检点,则已淹毙一人。守戎令汛弁等驻此守护,俾榜人得以收拾遄回云。

(1893 年 12 月 29 日,第 2 版,有删节)

浔 阳 秋 月

　　上用景德镇官窑磁器,诚观察遴委林辅臣少尹志忠管解三百余桶,于二十日附元和轮船至申,转解北上,并派哨官刘秋岩都戎护送,以昭慎重。

(1894 年 9 月 26 日,第 2 版,有删节)

浔 江 春 色

办理景德镇御窑厂,王建亭明府懋漳于新岁来浔,叩贺道镇府年禧,暂寓招商局内。

（1895 年 2 月 7 日,第 3 版,有删节）

论商本于工

故华人欲与洋人争利,非精于制造不可,然仅能步其后尘,亦断不能与之争利也。中华物产之富非亚于泰西也,华人制造之妙亦非亚于泰西也,皆误于因循怠玩、拘守成法而不肯为耳。统观各物,人工虽巧,物产虽多,或不适西人之用而为西人所不取,或为西人所取之物而非日用之必需,则谋利亦微。西人所常用者,瓷料之物居多,故中国窑货为西人所喜,且能辨中国今古之物以定价值,不能相蒙。然古物止有此数,销售易尽,西人亦仅以为玩好而珍重之,非日用必需之物也,终不能为出口大宗之货。华人如将中国瓷料仿泰西各种所用之物,一一制造,投其所好而为之,销路必广,谋利必厚,且必加工选料,务使方圆规矩无累黍之差,西人必乐为购用,而亦将叹弗及焉。如谓现在工料皆非古,若恐未合西人之意,不知今之工犹古之工也,今之料犹占之料也。古人不惜费,故料细而工巧;今人费不足,故料粗而工拙。苟能尽心力而为之,安见今之不古若哉?或谓瓷器向推江西之景德,一隅之产或不敷销售,要知土性细腻之处皆可制造,况泥土之物取之不尽,用之不竭。寄语陶人亦何乐而不为哉? 此仅举其一端耳。精而求之,推而广之,谋利之物尚多也。此所以谓工为商之本欤。

（1895 年 12 月 19 日,第 1 版,有删节）

浔 阳 纪 胜

委办景德镇窑厂事务,王建亭明府懋漳,因公至九江,谒见道宪,并拜会诸寅好。

（1896 年 2 月 16 日,第 4 版,有删节）

窑案已平

江西采访友人云,景德镇窑工闹事,以致伤毙人命,人言籍籍,几于通国皆知。查其起衅之由缘,各窑户给发工资向章,每洋银一圆作钱一千二百文。今者洋银价值日低,各工匠受虐实甚,屡请按照时价。各窑户坚不允从,以致两相龃龉者久之。本月某日,各工匠集议暂停,各窑户以无人作工控诸官署。官断令仍照原价,各工匠抗不遵断,即重予笞臀。事后积忿难平,遂与各窑户滋闹。官并不持平办理,即请保安军营勇弹压查拿。无如工匠多至数万人,营勇寥寥数百名,大有众寡不敌之势,遂致伤毙三命,刀械俱失落无踪。于是窑户停窑,工匠停工,廛市萧然,三日中几无人迹。旋经邻封某明府驰至,开导再三,劝令各窑户每洋银一圆作钱一千文,以期两得其平,无稍偏倚。各工匠之闹事者着自行查察,限交凶犯三名,两造欢喜逾恒,即具结遵断。于是,窑户照常开窑,工匠照常开工,街市照常开市,一顷刻而大事即化为小事,小事即化为无事矣。明府其真有济护之才者欤。

（1896 年 8 月 7 日,第 2 版）

补述景德镇械斗缘起

窑事已平,已列本报。兹据本馆常驻江西访事人函称,该镇距省城四百余里,瓷器甲天下,名闻中外。其间窑户数百家,工匠千万人,店铺千百间,为天下四大镇之一,惟五方杂处,而又食力人居多,风气强悍,良莠不齐,动辄械斗,酿成巨祸。军兴后,二三老成禀请大宪创立保安一军,招募勇丁数百名,长年驻扎,以资镇(震)慑,由来久矣。该军章程,因由商集办,一切军械、口粮归商筹款供给,而管带之员则由省宪遴委,相安无事亦非一日。不料六月某日,窑工乐平帮与都昌帮因事口角,虽经动众,然已经解散。讵有奸徒从中煽祸,先向乐平帮唆云:"都昌帮已缮甲兵,议定某日兴师问罪尔。"盖预备之闻者不察,果比戈称干以待。匪徒见祸机已动,又向都昌帮告曰:"乐平帮枕戈蓐食为何事乎?闻其人议定某日将向尔复仇。"古人云:宁我负人,毋人负我。盖预备涌闻者亦不察,深信为真,果于某日各临场械斗,伤数十人,毙数人。维时保安军亟派哨官带勇前来弹压,两造不分皂白,反将哨官杀毙,又毙勇丁二名,亦可见愚人之卤(鲁)莽,只凭血气不顾利害矣。是役也,死者共十四人,当下窑户停工,工匠各散,镇上店铺一律闭市,人心惶惶,几疑从此无太平世界。如是者数日,驻镇分防军捕同知某司马会同保安军管带极力镇抚,饶州府、鄱阳县均闻警驰至,交相设法定变,人心始靖。现在抚宪德静帅接变后,立派贺芷澜观察会同王云笙游戎管带振武军后营,驰往查办云。

(1896 年 8 月 10 日,第 1 版)

详述景德镇窑案

据江西访事人文言云,景德镇窑工械斗缘由,已缀前报。兹闻尚有案定复翻、翻后复定各节,合再录之,以供众览。盖此中坯工之强蛮难驯,痞匪之乘机煽祸,各宪之查办苦心,前后三阅月,风浪万端,卒致地方安靖,事变敉平,殆亦初念所不及此。先是水客买瓷器,向窑户高抬银价,每两作钱一千七百文。窑户给工资,亦向坯工高抬洋价,每元作钱一千二百文。本年银洋价值大跌,水客银价每两减作一千五百文,工资洋价,坯工亦议照减,此固情理之常,况有前饶州府恒太守原案具存,旧章可核。乃窑户刻薄不仁,坚不允减,其折给钱文复不照旧章,辄用街市换来之大钱,搀(掺)以沙,夹私钱,激令坯工怀忿停工,当经浮梁县任筱园明府收押坯工二名。坯工愈忿,聚集万余人,环请查照原案旧章、水客新章减作洋价,明定钱色,开释押犯。时有痞匪从中唆使,谣言四起,当事者未及体察下情,遽饬保安军前往弹压,以致拒毙一勇,此五月间启衅之始事也。迨事已决裂,势极危急,饶州府吴太守飞檄德兴县陈于封明府驰往查办,竭力调停,允减洋价,释押犯,谕令开工。旋因钱色未定,既开又停。明府乃率令两造首事赴府,禀请吴太守讯断。查照恒前宪原案旧章,洋价随市涨落,不得再行高抬,钱色仍用街市大钱,不得搀(掺)和沙壳,遵照国法勒限交出正凶,伺候开释押犯,不得再滋事端。两造至此,皆知畏法惧祸,当堂呈递甘结,此六月中旬事,前报所谓窑案已平之一节也。维时德静山中丞已札调营务处贺芷澜观察,会同王云笙镇军带同随员俞子新明府管带振武后营驰往,行至饶州,闻知一切。观察料其必有翻异。盖瓷窑行名甚多,人亦甚众,向系分行作价,仓卒(促)之间未及分别。某行洋价酌减若干,恐强归一致,势多不便也。且所谓街市大钱者,实通行常用之钱,并非官板制钱,又非民间所称典钱,所以申明不准搀(掺)和沙壳私钱也。而洋元亦高下悬殊,钱价即彼此迥别,恐漫无定限,终难划一也。观察于是先行出示晓谕,窑户、坯工及各行工人、居民、铺户并游闲人等已统营至,盖隐示以镇(震)慑,使人心相安也。未几,窑户给发工资,未能遵用大钱,因又停工。霎时,痞匪遍张揭帖谓:丙申年丙申月丙申日丙申时在镇起事,令人罢市迁避,免遭蹂躏,盖指本年七月初三日申时也。又该镇向有水星阁镇压火劫兵燹,阁毁未建,逢丙迭遭劫数,往事足征。

此次痞匪乘机煽祸，人心益皇皇（惶惶）莫知所措。观察即谕坯工，如敢作反，立即聚而歼殆，并悬赏格购拿匪犯。次晨即获造谣者一名，枷责游街，谣言顿息。坯工亦恐为匪所害。是夕，查街勇丁沿途拾得字条，皆坯工乞恩断结，俾早开工，衣食有赖。众知坯工畏祸，人心始定。观察又分别示谕，并饬任、俞两明府传各地保及五行头都班、二十四姓首事，邀同窑户、坯工酌中定议洋价钱色，务令两造倾心折服。公同禀明酌核，出示定案，永远遵守，并查有痞匪胆敢黑夜涂脸，闯入坯房，毁车殴人，行凶滋事，复悬赏格严拿，当晚即获一名责押。观察见各首事皆生意中领袖，不得不破格礼接，众心益洽，妥议禀覆，按行酌定，即行示谕，某行鹰光洋一元作价典钱一千零九十文，某行一千零五十文，某行一千文，俾洋有定样，钱有定色，价有定数，始无闪烁间隙，当可不至争扰纷纭，并限五日内一并具结兴工，以期永远和息。此七月初旬事，即所谓翻后复定者也。惟七月十五日相传为天中节，向有芋头会，各窑户应备芋头酒席以饮各行工人，计不下十万人，所费不下数千串。定案时适近中元，窑户因惜此费，欲俟节后定妥，未免所见者小矣。一切容俟再录。

（1896 年 9 月 8 日，第 1—2 版）

窑 工 复 闹

江西采访友人云，景德镇窑工肇事，前曾备列报章。兹闻七月十五日后，窑户、坯工均经饬具遵断切结，旋即一律开工。贺观察会同王镇军将善后事宜妥为酌定，留哨勇若干名为之弹压，始定期回省销差。不料良懦坯工虽愿如期工作，而其中强横者仍出而阻挠，以致各坯房中时被若辈毁物滋闹。盖以为所定各项工价，均系每洋银一圆作钱一千文，未免与市价相悬，须县主再来厘定也。至八月十八日，传闻坯工房中被若辈杀毙六人，伤一人。事既难救，祸益加烈，不知何日始能相与帖然也。

（1896 年 10 月 13 日，第 2 版）

秋屏阁题壁

景德镇闹窑一案，自夏徂秋，顽民屡次反复。某日，德静山中丞又委义宁州黄菊秋刺史前往饶州，大约须重加整顿也。

（1896 年 10 月 20 日，第 2 版，有删节）

松 门 凉 籁

前报列上宪委义宁州黄菊秋刺史,赴景德镇办理闹窑巨案,所调随员俞子新明府适轮委到班,署理新城县篆务,爰于回省销差后,择吉履新。

（1896 年 10 月 22 日,第 3 版,有删节）

窑 事 尾 声

江西采访友人来函云,景德镇窑案自夏徂秋,详细情形备列前报。兹德中丞札饬,酌留振武军勇丁二哨驻守该处,会同保安军亲兵营勇丁,巡查弹压。至现在押禁之四犯应如何拟抵惩治,均归饶州府吴太守督同续委随员黄菊秋刺史斟酌办理。贺观察、王镇军督勇三哨回省,临行之际,窑户、坯工衣冠恭送,并制万民牌、伞,以颂德政。日前,观察、镇军已抵省垣,禀复中丞销差。现在,景德市面安谧如常,坯工每日赶作甚勤,直至宵分未歇,当不至再有波折矣。

（1896 年 11 月 2 日,第 2 版）

窑 案 近 闻

江西采访友人云,客有自景德镇来者,言及各磁窑坯工屡滋事故,实因余四九、于大罗、王子珍、彭姓、邵姓、余和福、金唐喜等创立打大钱名目,串同讼师程英华,议定索得大钱,每人酬以二百文。以七八万坯工计之,实为莫大之利,以致纷纷滋扰,坚不肯休。纠集党羽八十余人,共饮血酒,誓以生死相顾,无相怨尤。自夏徂秋,几致不堪收拾。贺观察早经查悉,以为宁使坯工多减洋银之价,终不堕彼术中,仍照饶州府断词秉公办理,相持至中秋节。近各坯工渐渐醒悟,俯首遵从。余等八十余人又慑于兵勇之威,相继四散。各坯房因得安心乐业,工作如常。八月十四日歇工时,余等忽又于二更后打入坯房,十五六日连打两次,十八夜三更时节更杀毙坯工吴哑子一名,亲兵营闻信究拿,当场拘获二犯。二十夜,余等又率党滋闹,适振武军勇丁十余人出外巡夜,猝然相遇,被伤七

景德镇瓷业史料

019

八人，其一身受重伤，性命难保。各哨勇闻信赶至，始将匪徒杀退，拘获三犯，格毙二犯。既而亲兵营出队接应，黑暗中被振武军误伤一名。是日，各坯工迫于余等凶威，亦有阴为助恶者。观察见匪党胆大恶极，即高悬重赏，四处购拿。余等即日渡河潜逃，匪势遂因之衰败。二三日内，各坯房渐次开工，坯工复自行转圜，邀请街邻地保首事绅者，向观察面陈，情愿照常工作，惟须开释各犯，弗再讯惩。观察聆其要挟之词，知系余等指使，乃执意不准，并出示晓谕，大略谓：尔等如敢停工要挟，必饬官兵加意严拿。众坯工见无可逞刁，又因天气渐寒，窑务过期，今岁恐不能糊口，于是一律工作，且有兼作夜工者。观察遂遄回禀覆，临行又出示曰：谕窑户人等知悉，本道奉抚宪札委，来镇督办此案，一秉至公，除尔等送牌、伞外，并未收受丝毫银钱、礼物及瓷器各件，带来人役亦未需索丝毫。本道启行后，如有假托本道声名敛钱派费者，尔等即行禀县严治。特示。

（1896 年 11 月 7 日，第 1—2 版）

豫 章 近 事

景德镇窑案，自经贺观察办妥后，人皆谓从此可以敉平矣。迨十月中，黄刺史、吴太守先后莅镇将各犯开释，断令每洋银一圆作钱九百二十文，取具切结存案，而倡首闹事者，仍向各工抽钱肥己，计灰器工每名一百八十文，大器工每名二百八十文，二白描器工每名三百八十文，官古混水工每名四百八十文，随勒令窑户洋银作钱八百八九十文。窑户有难色，若辈即相约停工。迨刺史及太守分别回省回郡，倡首者尤跋扈飞扬。传闻近日又将磁器击毁，以致窑户赴省上控究。不知何时始得安静也。

（1897 年 1 月 3 日，第 2 版，有删节）

窑 案 未 平

江西景德镇窑工肇事之案，上年屡讯屡结，屡结屡翻，迭缀报端，人所共见矣。兹接江西省垣采访友人手笺云，本月某日，德静山中丞批示窑户呈词云，该职员等久在景镇开设窑厂，各应保守恒业，因时制宜。今昔情形不同，钱价涨而银价贱，坯工工资未能拘执从前陋习，独使坯工受亏。乃坯工因争索洋价，停工滋闹，甚至拒捕杀勇，毁抢不休，固属目无法纪，自应照例严办。该职员等亦应通权达变，体恤手艺为生之坯工，以安其业。人孰无良,何致听人唆闹? 去岁滋事,非衅由他起,实衅由自取也。程英华既非坏工,竟敢勾结坏众,主谋滋事,设局给牌,藉以渔利。此等恶棍,若不严拿究惩,将何以靖地方? 兹据称程英华今正进署贺年,三月在镇嫁女,何以该县不即拿解? 黄老渭果系闹事头目,何以该县拘而复释? 若是,则此案不特尚未平静,且将又起波澜矣。特此批,尚未录全。阅者请观其后可也。

(1897 年 5 月 30 日,第 2 版)

浔 阳 剩 语

关道宪诚果泉观察,于四月十七日乘长龙船赴景德镇,督饬御窑工匠赶办贡瓷,属下各员均赴江干趋送。

(1897 年 6 月 2 日,第 2 版,有删节)

浔 阳 杂 记

关道宪诚果泉观察,日前因公赴景德镇,上月二十九日递回,属下各员均出城迎接。
(1897 年 6 月 9 日,第 2 版,有删节)

洪 都 客 述

英商顺昌洋行开设九江,去冬曾禀请牙厘总局印发护照十张,贩运景德镇瓷器,装船之后即将实在数目开单,呈由首卡填入,照内完纳厘金,局宪以核与定章不合,碍难准行。兹复来省重申前请,适九江关道宪查得顺昌洋行业已闭歇,显系华商假冒,局宪乃饬该商,俟九江顺昌洋行重开后,再行酌核办理。

皖商贩运瓷器,向来盛以洋篮,运至湖口卡,照章完纳厘金。初无异议,今春洋篮尺寸较向来减小,商人请将厘金分别核减。卡员查明洋篮虽小,瓷器较好,仍应照数完纳。彼此各执一词,具禀总局。局宪批饬,非酌中估本计算,不足以杜其口而服其心,当即札饬湖口卡秉公斟酌办理。相持日久,商人颇有悔心,缮词禀请恩宽,局宪准之,札饬此后毋许贪利取巧,任情妄渎,以致自干咎戾。

(1899 年 6 月 16 日,第 2—3 版,有删节)

浔郡官场纪事

景德镇御窑厂委员钱二尹,因事撤差,关道宪明观察札调九江关委员元葆生司马庖代,所遗九江关事务,委宋子嵩二尹办理。

(1900 年 4 月 3 日,第 2 版,有删节)

庐 山 樵 唱

七月十五日为各窑户裁减人工之期。去年各省汇票不通,客货滞销,致各窑减去坯工六七万之数。良善者均已携资回籍,其有无家可归者,逗留在镇,不免滋生事端。艾少堂司马洞悉其情,因即创办团练,并于各处安设牌灯栅栏,严密巡查,闾阎得以安谧。

(1900 年 9 月 24 日,第 3 版,有删节)

贡 使 登 程

南昌访事友人云,时事多艰,翠华西幸,各省督抚派员齐呈贡品,皆已陆续登程。江西抚宪松鹤龄中丞谨遵办理,因念前年护抚宪翁莜山中丞创立蚕桑总局,织成绸缎若干件,工料精美,不足则增购于市,并景德镇瓷器数十桶,及一切上方应用之物,委联敷青太守,随同应解内务府银数万两,一并解赴陕西行在。

(1900 年 10 月 27 日,第 2 版)

浔郡官场纪事

九江关道宪明华亭观察札委本关长龙船管带刘秋岩都戎,前赴景德镇,押运贡瓷三百三十二桶来浔,听候起解。

(1900 年 11 月 5 日,第 2 版,有删节)

浔上官场纪事

广饶九南兵备道九江关监督明华亭观察商请总理九江营务处,办理团练事宜兼带定字营孙词臣观察,赴景德镇采办贡磁。涓吉上月十八日起程,约于月杪遄返。

(1900 年 11 月 26 日,第 2 版,有删节)

委 运 贡 磁

九江访事友人云,日前关道宪明华亭观察饬管带本关长龙船之刘秋岩都戎,赴景德镇窑厂装运磁器二百余箱至浔,以备委员解赴西安行在。

(1900 年 12 月 14 日,第 1 版)

整顿磁业说

古之时只有陶器而已,无所谓磁也。《逸周书》:"神农作瓦器。"《吕氏春秋》:"黄帝有陶正。"《史记》:"舜陶河滨,器不苦窳。"《考工记》:"有虞氏上陶。"盖其时风俗朴茂,凡民间器物所需,如盎、缶、碗、碟之类,但求备物而已,并不求精美也。秦汉以后,俗尚日奢,以陶器之朴质无华,于是选择土质之匀细坚致者,制以为磁,踵事增华,益臻精美,惜其时简编缺略,制造之法未有专书。唐宋以后,产磁之处日益广。《唐书·地理志》:

"河南道贡埏埴益缶。"自是厥后,如周世宗之柴窑、北宋之汝窑及汴京之官窑,皆在河南境均州窑。朱氏《陶说》以为在河南禹州,然禹州之初名钧州,其字从金而从土。之均州,则在今湖北之襄阳府。定窑出直隶之定州,龙泉哥窑、象窑则均在今浙江境。至宋南渡后,临安又有修内司官窑,且推行于福建。以上诸处,今皆逐渐衰歇,流风已微。独江西景德镇所产之磁相传萌芽于汉代,至宋明之世,就镇设官监造,以供御用,而其名益彰。迄本朝,地方官仍循旧例,岁选精美之磁贡入内廷,藉备宸赏,而外间市肆所售,尤能风行各省,握我利权。自与各国通商以后,更流入东西洋各国,其质之佳者,西人咸不惜重资购之以去。尝观近人纪载云,曩时美国总统宴我使臣,所用杯盘二百余品,半系华磁。美使臣之在中国京师者,尝出万金购一康熙御窑之大鱼缸,以献其总统。至今西国名人之好古者,犹时遣人至中国内地各处,搜罗旧磁,运往外洋,藉得善价。夫磁器为日用所不可少之物,既如此,中国之磁器为外人所爱好尊重又如彼,宜乎业磁者之独擅利权,日臻兴盛矣,然闻之彼业中人则谓,近今磁业日渐衰耗,得利反不如从前者,则以外洋磁器日渐流入中国,而中国仍因陋就简,不思振作,以故利日微而业日衰也。盖制磁之法,首以选择土性为要义,泰西各国虽皆有细净莹洁之土质,然较之中国终稍逊一筹,惟其舂、筛、淘、炼皆用机器,既已工省而事精,其调黝(釉)、和色、琢磨、绘画之工,又皆参以化学,故能匀圆周至、细润鲜明,而所制之式更别出心裁,求新标异,以是我华人多喜购之。所美中不足者,则以洋磁色虽白而无光,热过度而易裂,偶尔堕地则虚花粉碎,无一瓦全,此则限于土质而无可奈何者也。倘中国于此时创设公司,多集资本,参以新法,运以精心,工匠失传则求之于外洋,物料未细则碾之以机轮,务协今古之宜,而极中西之美,则利源虽竭,尚可重开。若再不求整顿之方,依旧因陋就简,则数十年后,中国旧有之佳磁,既为西人搜括净尽,而新出者粗劣草率,一无足观,必致洋磁日益畅行,而华磁将无人过问,岂非自窒生机,而为外人所窃笑者哉?夫丝、茶二者,向为中国独擅之大利,然自意大利诸处种桑之法盛行,而中国之丝业日耗;印度诸处种茶之法既得,而中国之茶务日衰。今西人于磁器又别运匠心,处处有求胜中国之意,苟不及时思一挽救之策,则不特将来华磁不能销行于外国,恐中国日用所需必将非尽易洋磁不止,有整饬商务之责者,其亦于此加之意哉。

(1901 年 4 月 19 日,第 1 版)

洪 都 客 述

江西景德镇土产瓷器著名寰宇,为中国商务之大宗。近有粤商连樯而来,购货甚为踊跃。嗣因厘卡勒索多金,粤商不允,厘卡中人变羞为怒,将船扣留。粤商遂赴省据情上控。

(1901 年 6 月 20 日,第 9 版,有删节)

浔 江 画 意

景德镇素产磁器,业此者约计数十万人,所需米粮全赖外来接济。近因各处谷贵,来者甚稀,又值邻境发蛟,本镇亦大雨如注,水深二丈有余。人民虽有钱财,无米可购。艾少堂司马一面雇舟设法援救,一面饬各米店照本平粜,不得居奇。张仪云大令亦来镇,商办善后事宜。

(1901 年 7 月 19 日,第 9 版,有删节)

浔郡官场纪事

本月初九日,景德镇御窑厂解到贡瓷若干,请道宪明观察验明后,装桶发封,委员解京,敬备御用。

(1901 年 11 月 7 日,第 2 版,有删节)

琵 琶 弦 韵

西门外和昌办馆,购得各种精细磁器,拟运往法国博览会中,是亦商务中不可少之举也。

向来景德镇开窑均在四月以前,本届则迟至四月某日,盖因粮食过昂故也。

(1902 年 5 月 22 日,第 2 版,有删节)

浔上官场纪事

九江访事人云,景德镇磁器厘金,现由上宪委曹价人太守办理,已于上月二十四日开办矣。

(1902 年 9 月 27 日,第 2 版,有删节)

抵 制 洋 磁

南昌访事友人云,江西磁器销售中外,颇著名称,惜尚拘守旧法,不能尽餍购者之心。近由刑部郎中张正郎正笏、候补道李观察翊煌合筹资本银数万两,禀请护理江西巡抚柯逊庵中丞批准,亲往景德镇开设磁窑,务求推陈出新,藉以抵制洋磁入口,是亦振兴商务之一端也。

(1902 年 12 月 4 日,第 2 版)

江西茶磁赛会公司呈外务部禀稿

为创办出洋茶磁赛会公司,恳恩批准给发文凭,并请咨行南洋商务大臣照章优予保护事。

窃维中国物产富饶,甲于五洲,自互市以来,商战日绌,年甚一年,即茶、磁两宗为中国独擅之利,亦听洋商任意抑勒,莫可如何。其故由于彼之所有,能运之以来,我之所有,独不能运之以往,遂使太阿倒持,利权外溢,洋商得以操纵自如,所以出口、入口远不相敌也。伏读十月初五日中堂王爷大人议覆振贝子条陈一折,于赛会一举加意讲求,种种维持,凡以振兴商务、收回利权,当经奉旨依议。中外有识之士,无不同声庆幸,以此举为中国商战之一大转机。凡有血气者,宜如何黾勉从事,踊跃争先,庶无负此良法美意。夫欲制胜于商战,举中国所有者,应以茶、磁为大宗,而茶、磁之销路,应以欧、美两洲为最畅。从前茶、磁出口,皆洋商在华购买,其由华人自行运往者甚少,既无由悉其奥妙,亦莫能争自濯磨,故华茶日渐减色,而英商搀(掺)入印度茶内,即称上品;华磁不合西式,而东洋劣等之磁反觉畅销。此可知今日茶、磁两宗不能广行于西国者,非工艺远逊于彼之故,亦由经理未得其人也。职等不才,平日颇知究心商务,而于茶、磁两事,尤所深悉。现在邀合两行殷实之家,业经商定,专办赛会公司章程,集有巨款,拟在徽州监制茶叶,在景镇烧造磁器,务在翻新涤旧,择精选良,届期运赴美国会场当场比赛,以期夺帜,退方增光。君国于通商大局,不无裨益万一也。惟是华商赛会,从前本属寥寥,今当创办集款至数万金之多,且欲另行招股扩充,苟非奉有明文及一切保护之权宜,则亦未敢冒昧从事,是以不揣冒渎,恳恩批准立案,给发文凭,俾便办理,并请咨行南洋商务大臣照章优予保护,尽力维持,则所以抵制外来之货物,虽属有限,而其所以恢复已有之权利,实觉无穷。职等无任迫切待命之至。尚有章程,容俟续录。

(1903 年 3 月 3 日,第 3 版)

茶磁赛会公司章程及宪批

一本公司专以茶、磁为主,两项均选股本重多、熟悉情形、明于制造者为之。董理所有布置及用人,一切事宜皆由董理人作主,将来转运出洋,赛会得胜,则重议酬劳。倘有色味不佳、质料不纯等弊,难于销售,则当坐董理人股本项下银两酌扣赔偿,以专责任。

一本公司茶、磁既分两路,当择地分设制场。茶以安徽之徽州为最,则制茶场设于徽州。磁以江西之景德镇为佳,则制磁厂设于景德镇。相维相系,不蔓不支(枝),所有两厂如何明定章程,布置一切,必须因地制宜,随时商定。

一本公司同志内有明于制茶者,另有制茶说帖;明于制磁者,亦另有制磁说略。均非冒昧从事,必刊布报章,质诸海内高明。

一本公司专为开通风气起见,同志者当自矢克俭克勤,惜资愿本,如有良工精于制造,或自投本公司,或由人保荐,则当厚给工资,并许畅销之后优予利益,以示鼓励。

一本公司志在扩充,不得不另招股。凡入股者,每股京足银一百两,均须交齐实数,然后给发收条。招股限以癸卯年六月为止,届期所有入股若干人、某人若干股,本公司当造册具报通商大臣立案。

一本公司同人均先行自筹巨款以为始基,将来货物齐备,即随带货物附钦差赛会大臣出洋比赛,藉以考求工艺,开拓见闻,以期熟悉该处情形,即可永远通行,源源相继,以赛会发其端,并不以会毕而竟其绪。

一本公司俟集股众多,仍当选择精通外洋言语文字者,出洋察看各国民情好尚,以茶、磁为主,不以茶、磁为限,在在考求,处处咨访。凡中国土产可以见重于外洋者,必如何制造乃为精巧,如何装饰乃可畅销,随时详告。本公司视力所能及,即推广之,并可劝导众商人照办。

一本公司货齐之日,某项以某为最精,某事以某为得力,以及用人若干、薪水若干、资本若干、货数若干,均当分门立表,呈报商务大臣核阅,而后布散各股东察看。

一本公司赴赛毕事之后,承办诸同志所有股本、银两,固已议不分散,以期因势利导,逐渐扩充,其余各散股东未可强以从同。所有均分本利之法,皆照招股章程原议办理。

一本公司赛毕回华后,应由董理人将各宗货物销售利钝之故,及试验外洋一切制造之法,皆刊登报单,广告海内,俾有志者有所凭藉,不至畏难,如有日记论说,亦当呈报商务大臣察阅。

光绪二十八年(1902)十二月二十六日奉外务部批:据禀已悉,该守等拟创办茶磁公司,装载货物,前赴美国赛会系为振兴商务、挽回利权起见,自可准行。其所运出口货物确系赛会之品,应准该公司届时报明件数若干,禀请南洋商务大臣照章发给凭照,准予免税。本部已照录。原呈等件咨行南洋商务大臣,并知照赛会正监督矣。此批。

(1903 年 3 月 4 日,第 3 版)

制 磁 说 略

日用饮食之器具,需磁甚多,不独我华为然,环球各国莫不皆是。第各处所出之磁料不同,制造亦异,遂有精粗之别。西人初入关时,见康照(熙)雍正间所出之磁,不辞重金购致,此可知华磁固大有胜于各国者,倘使制造日精,营销日广,未尝不可抵制外来之货物。不谓通商数十年来,中国之磁不闻贩运出口,彼东西洋之磁反得畅销于中国。噫!此岂今日之磁料不如畴昔,实有逊于东西洋耶?盖由坯工旧规自守,不于此讲求新异,以致数见不鲜,加之磁商故步自封,不知振作,为可叹也。顷因甲辰三月美国特开博览赛会,同人拟集巨款,专办赛会之物,举中国所有可与入赛者,茶以外,磁其一端。惟是远出重洋比赛,万国固非寻常坯工之所制作,与夫寻常窑户之所烧炼者所能取胜也。爰拟设立窑厂于江西之景德镇,选择良工,自行制造,务在精益求精,翻新标异,以便运往外洋,互相比赛,当亦振兴商务者所许也。创办之法有不得不酌改者五大端,谨陈其事宜如左:一选料,磁之美劣全视料之粗细,料之粗细全视配合之成分。考西国之精磁,系每百分高岭泥,六十二分白石粉,四分净砂,十七分非勒特斯伯耳〔编者注:即 feldspar(钾长石)的音译,下文的"五质"即为钾长石的化学成分,依次为氧化铝、硅酸钠、碳酸钙、氧化钾、二氧化硅〕，十七分其五质为铝二养三、釥（矽）养二钠养、炭（碳）养二矿（钙）养、二钾养、釥（矽）养二，或有搀（掺）用钙养、磷养、原钠养、炭（碳）养（编者注：本部分"养"即"氧"；"矽"为"硅"的旧称，本书为尊重史料原文，照用"矽"，后同），二者皆视地之多数出产以为用，总以其坯就范，而不燥裂变形为准的。我国旧磁有传留至今，久遇热而未破裂者，其料系用祁门浮东之高山泥为多。近日彼处土人惑于风水之见，不肯开挖，又不知配合之法，以致近来景德镇之细磁亦渐坏。今当请官绅善为劝导，开挖彼处之泥以为坯，再详加考求土质，按剂配合其轻重，自不虞不突过旧磁矣。此说未毕，明日续登。

（1903 年 3 月 8 日，第 3 版）

续录江西农工商局简明章程

一、茶工改良。江西茶业衰颓久矣，现经轻减出口茶税，商力稍纾，然不仿西法用机器焙制装运，华茶纵有转机，于江西终无利益。嗣后茶商急宜联合集股，仿湖北福建购置机器制造，并联约买卖章程，免受抑勒，始能挽回利权。

二、瓷工改良。景德瓷器名播五洲，然贸易不大、获利不丰者，盖有三弊：形式泥守古制，浆而不通光学，彩画不通化学。须知器惟求新，古有明训。嗣后，瓷商急宜联合大公司，厚积资本，一面雇觅外洋专门工匠来镇督造，一面选派学生出洋学习，并时时采仿新式，择适合洋人嗜好之器更制运售，必获巨利。

（1903 年 3 月 27 日，第 2 版，有删节）

赣抚柯大中丞奏请振工艺以保利权折

护理江西巡抚布政使臣柯逢时跪奏为开办景德镇磁器公司派员经理以振工艺而保利权，恭折仰祈圣鉴事。

窃江西浮梁县之景德镇制造磁器，已历数朝。曩年售价约值五百万金，近乃愈趋愈下，岁不及半。论者以为制法不精、税厘太重之故。臣初亦信以为然，自来豫章，悉心考察，乃知此项制作实胜列邦。其选料也，则合数处之土以成坯，故其质坚而其声清越。其上彩也，则取各省之物而配色，故其光泽而其彩鲜明。又复讲求火候，考验天时，备极精微,遂成绝艺。其创始者实深通化学之理,至今分门授受,各不相师,非若他技之浅而易明也。始由朝鲜学制,渐达于东西,各洋视为瑰宝,经营仿造,乃克有成,较之华磁终有未逮。往者,该镇工匠曾赴东瀛,见其诣力未深,爽然若失,外洋各国亦自以为弗如也。至于征榷,则税重而厘轻,江西磁厘不及原价十分之一,而洋关纳税则权其轻重,别其精粗,辨其花色,几逾十倍。故商人办运皆取道内地,绕越海关,独与他货异辙。然中国之销数日绌,而外洋之浸灌日多,揆厥所由,实缘窑厂资本未充,不能与之相竞。盖该镇自军兴以后,元气未复,又一焰于火,磁商或挟外人之势,冀免税厘,历经臣随时拒绝,倘再不图变计,将并此区区利权不能自保。矧该镇聚工匠数十万人,性情犷悍,或致别滋事端,隐忧尤大。今既设立公司,精求新制,以后当可大开风气,广浚利源,与其振兴他项工艺收效难期,不若因其固有者而扩充之,为事半而功倍也。该镇银根紧迫,百物腾贵,此次并分设官银钱号,以利转输。此外,通商惠工之政,自应随时察看,情以资补助,是否有当,除咨外务部督办政务处户部外,合将江西创设磁器公司缘由,会同南洋通商大臣、两江总督臣魏光焘恭折具陈。伏乞皇太后、皇上圣鉴训示。谨奏。奉朱批:外务部、户部知道。钦此。

(1903 年 7 月 7 日,第 2 版)

书赣抚柯大中丞奏请振工艺以保利权折后

今日朝野上下皇皇焉,日不暇给者,固莫不以筹款为急务矣。顾国之生财,只有此数,损下以益上,移彼以就此,虽暂救一时之急,而源不能辟,终难持以久长。辟源之法,或开矿,或种植,取天地自然之利,济人生日用所需,核其所盈□之他国,利源既浚,国用自饶,理财之方,此焉为最。若夫以我国自有之土货,加以人工精心制造,揣摩外人之所嗜,藉挽中土之利权,如历年出口之羊毡、草帽缏(辫)之类,亦为入款大宗,而江西之磁尤其显著者也。考中国古时,只有陶器而无磁器。五代以降,其制始精。然如周世宗之柴窑、北宋之汝窑及汴京官窑,皆在今河南境。定窑出定州,在今直隶境。南宋时,临安有官窑,在今浙江境。自宋以后,各窑渐皆衰歇,惟江西浮梁县之景德镇窑,其名日著。前明时,国家曾设官监造,以供御用,嗣因中官任情苛索,以致闾里骚然。迨至我朝,尽革其弊,不惜帑项,轸恤工商,其精者皆上供宫廷之需,次则售之民间。闻从前每岁所入不下五百万金,现虽渐不如前,而贸易犹称极大。所慨者,外人自来中国,初则见有佳磁,不惜重金购去,精美者一瓶一碗,贵至数千金,既而自募良工,刻意仿造,虽其式样之古雅终不逮中华,而彩画鲜明,泥质洁白,转觉过之。近来日本又仿西制,物多价廉,浸淫入我内地。置身五都之市，花樽、茗碗几于触目皆然。夫中国磁器之精良，久已驰名海外，为他国所艳称，徒以业此者皆微贱之流，旧法相安，不思振作，而东西洋诸国不惜糜厥巨款，刻意揣摩。迄乎今日，非特中土所造不能售入外洋，抑且他国所成，行将遍乎内地。噫嘻！工艺日衰，利源自窒，言念及此，可为寒心。虽然桑榆之补，及今犹未为晚也。试观北方仿造之景泰窑，数年前所见者皆零星玩好之物，价值甚贱，并不见重于时。自黄慎之学士招集良工，设局制造，所出之物陡见精良。去岁安南（编者注：越南古称）河内赛会，经西人品评，推为上品，会竣之日得有金牌，以从前并不经意之景泰窑，一经有力者提倡之，声名为之鹊起。矧以江西之磁器久已名重全球，今得江省大吏创设公司，并虑银根紧迫，百物腾贵，为之分设官银钱号以利转输。似此竭力扩充，尽心辅助，将见大开风气，磁业必日上蒸蒸（编者注：即蒸蒸日上）。曩时之每岁售得五百万金者，此后或不难突过之，谓非大宪倡导之功哉？

（1903 年 7 月 8 日，第 1 版，有删节）

浔 浦 涛 声

九江访事人云，江西巡抚柯逊庵中丞以景德镇磁器同系名驰中外，允宜由官办理，以收利权，并以侨寓浔城之湖北候补孙词臣观察熟悉窑厂事务，特奏请总理一切，藉收成效。

（1903 年 7 月 22 日，第 3 版，有删节）

护赣抚柯奏请奖整顿瓷捐之知府恳恩送部引见片（二十五日）

再，江西景德镇瓷器为著名出产大宗，销行几遍五洲，而历年所收厘金为数无几，其间隐漏中饱，积弊甚深。臣前在藩司任内，札饬该卡委员试用知府曹树藩属以认真厘剔，以免侵渔。该守参互钩稽，尽其症结所在，据实通禀，改办统捐于各帮之轻重悬殊者，整齐之，包装之，名目混淆者剖析之，于商人多所便益，于旧章实未增丝毫。当创办之初，凡向来窟穴，其中藉以牟利之流，与夫巨贾势商积惯取巧者，谣诼繁兴，甚至勾串外人，冀败收垂成之局。该守坚持定见，因应咸宜，始而哗然，终乃大服。计自光绪二十八年（1902）七月二十四日开办起，至本年闰五月底止，未满一年，剔除正比外，长收几至十万两之多,实属深已(己)奉公、廓清弊蠹,非寻常稽征得力可比。据总理牙厘茶盐总局事务署布政使陈庆滋详请奏,恳破格优奖前来。臣查该守曹树藩守洁才长、心精力果,前委办理营务课吏提调,备著勤劳;此次创办瓷厘统捐,力任其难,成效大著,洵为不可多得之员。该守系由编修改捐江西知府,于光绪二十六年(1900)剿平玉山土匪,出力案内,经前督臣刘坤一、前护抚臣张绍年奏保俟补缺,后以道员用并加三品衔,合无仰恳天恩,俯准将花翎三品衔补缺,后以道员用之江西试用知府。曹树藩送部引见,量才录用,以奖劳勋,而昭激劝,出自逾格鸿施。除咨明吏部查照外,谨会同两江总督臣魏光焘附片具陈。伏乞圣鉴训示。谨奉奏。朱批:曹树藩着送部引见。钦此。

(1903 年 10 月 9 日,第 13—14 版)

南市捕房纪事

　　前日有彭文卿者,投本邑南市捕房诉称,由江西景德镇购得磁器八百七十三件,雇石永林船装运来沪,中途搁浅,另雇李洪喜、龙国才两船承运,及抵沪交卸时,止得四百余件,其余悉被吞没等情。捕头令自投马路工程局禀请总办翁子文太守,提到李、龙,讯明追缴。

(1903 年 10 月 22 日,第 9 版)

上海县署琐案

　　前日,南市马路工程局总办翁子文太守,移送湖北某邑民人彭文卿、李洪喜至县。即晚,县主汪瑶庭大令升堂诘讯。彭供称:"小的在治下新北门内开设永顺碗店,七月中由李洪喜荐船户石永林,赴江西景德镇装运瓷器八百七十三件,后因石船另装东顺裕等家之货,故分出二百余件改装龙国才之船。至八月十四日,李来称石船在吴淞口外白茅沙沉没,小的之货捞起四百余件,已转托龙国才载至浦中。及小的往龙船提取,�© 不肯发,向李根究,突被殴伤,并查悉石船实未沉没,惟搁浅而已。今此货尚少一百余件,求向李、石究追。"李供称:"石船为彭装货,并非小的所荐,后遇风倾覆,将捞起货四百余件交小的之船,运来沪上,已交卸明白。讵知彭并不见情,反纠人至船吵闹,是以互扭至局。后局中探捕不知因何,将小的之子及船夥(伙)四人一并拘去,尚未解案。"大令提石研讯,供称:"小的揽装彭瓷器八百余件,分与龙船二百余件,代完关税银一百七十两,连水脚计之,共须二百三十余两,曾收九江某庄票银二百两,尚未届期,不能支取。某日,船至白茅沙遭风失事,东顺裕等二家瓷器二百余件,捞获者不及五分之一,彭货则只少一百余件,日内仍在打捞,或可再得,不应将水脚及所垫税银霸扣。"求恩鉴原,龙供词与石相同,大令将彭大加申斥,饬差带往龙船,将货检收。石交人保出税银水脚,候沉货捞完,然后核断。

(1903 年 10 月 25 日,第 3 版,有删节)

浔 江 夏 涨

景德镇窑厂,向有三十余家,近以俄日开战,外洋销路稍滞,仅两窑稍可支持,余已暂行歇业,亦可见时势之不佳矣。

(1904 年 6 月 20 日,第 9 版,有删节)

湓 浦 鹃 啼

江西广饶九南兵备道兼管窑厂事瑞莘儒观察,于本月初九日乘长龙船,往景德镇查阅御窑,监制上用瓷器。

(1904 年 8 月 28 日,第 3 版,有删节)

坯 工 滋 事

南昌访事人云,江西景德镇窑户屡有与坯工滋闹事,盖缘发给工资时,龙银每圆须作一千余文,坯工因而不服。本年端午节曾因此大起争端,费尽调停,始幸无事。至中秋前后,洋银价值愈跌,坯工以受亏不堪向窑户议减不允,各坯工遂于某日聚众执械,与窑户为难。文武员弁闻信驰往,致被戕毙哨弁一名,伤勇丁数名,坯工亦伤毙十余名。地方已飞禀来省,请兵弹压。省宪飞札饶州府,就近酌拨数营前往,相机办理。

(1904 年 11 月 7 日,第 1 版)

创 兴 瓷 业

安庆访事人云,江西景德镇磁窑素用徽州祁门县之土为坯,色白而坚,最为名贵。迄今祁门老坑逐年被水淹没,此土不可多得,除御窑外,皆搀(掺)和他土为质,致磁器日渐减色。今春,皖中大吏会议创设磁土公司,特委娄刺史赴祁门主持其事。刺史抵祁后,即开辟老坑数处,挖取白泥,烧成磁器可媲美乾嘉以前。惟因采取之法不灵,制土又不能细,遂建议改用机器制造,禀请官本二万两,另招商本二万两,仿有限公司章程。上宪准之。刻闻机厂已经落成,所购汇利洋行机器,亦次第运到。现在娄刺史已赴闽省,与华宝公司联络一气,以广销路,并拟开春在申售卖股票。此事如办理得法,亦中国兴利源之一也。

（1904 年 11 月 13 日，第 3 版）

查办景德窑工滋事禀稿

南昌访事人云,饶州景德镇各窑户滋事,上宪檄委广饶九南道瑞莘儒观察前往办理,随将所查起事情由,及应办善后事宜禀详各大宪,略谓:查景镇瓷帮白釉、画红工匠与黄家洲瓷店争论派头、行色。派头即首事之称,行色即□条之谓,历来每因此事聚众械斗。职道前在该镇时,事已争执月余,诚恐人众性蛮,最易滋事,再三谆谕浮梁县郑令从速责成全镇瓷总首事秉公会议,不难了结。迨职道奉委查办乐平教案,由镇而饶而乐,瞬又月余之久,该令始终未办,相持不下,遂启衅端。据禀,二十二、二十四两日,画红工匠先后聚众,在镇文武员弁均往弹压,始则拒伤马匹,继则竟伤官弁,有营勇一名伤重殒命。后经开枪攻击,格杀三人,始各退散,而匿名揭帖复有二十六日焚署杀官并烧教堂之谣。此事若在六七月间,或涌山一营尚未驻扎,则乐邑乱民乘机上审,景镇危矣。所幸乐平西北两乡乱民均已解散,匪首夏病意虽未就擒,前军第二营扼扎由乐抵镇之涌山,防堵甚固,勾结为患,可保无虞。职道逆睹情形,但责成合帮首事开议行规,不难化解。盖景镇情形与乐不同,乐之聚众大半因仇起衅,而景镇惟利是图,利苟不失,众心遂散,惟谣风甚大,日期甚迫,不得不从权应变,阳以兵威治其标,阴以保商端其本,而亟行所以筹办之法,计有三端。其一,派营弹压。该画红工匠人等,如果持械聚众,再行入市,即行开枪,格杀弗论,以杀其焰。其二,责成全帮首事从速开议,订立行规,以安其心。其三，为首及匿名揭帖之人，于众散开工后，勒令该帮首事按名交出，尽法惩治。至善后之法，惟有责成该县确查各行值年首事，善者用之，恶者去之，自无后患。而地方有司敷衍因循，仍属无济，此治法所以尤赖治人也。职道接禀后，因右军将统领必望先期来乐，即刻移请督带驻乐之左营前、左、右三哨弁勇，连夜驰抵该镇，会同所在文武员弁认真弹压，并保护教堂、窑厂。倘该画红工匠人等，果再聚众入市，即行开枪。已于本日未刻由陆开队起程，除将筹办之事札饬该县遵办外，合行禀陈。

（1904 年 11 月 18 日，第 9 版）

精制瓷器及创造玻璃以收回利源说

　　中国所制之瓷器，西人尚之，故出口之货，此为一大宗。泰西所制之玻璃，华尚之，故入口之货，此亦一大宗。顾西人虽尚中国磁器，每喜旧制而不喜新制，无他，以旧制磁土细致，色白而坚，非若新制之窳劣也。原新制窳劣之由，大抵因土质不佳，而制造又不用机器，以致磁器销路遂日形减色也。考我中国磁器之精，素以江西景德镇为首屈一指。前时景德镇磁窑以徽州祁门县之土为坯，质坚而色白，故中国磁器遂名著于环球。今则祁门老坑逐年被水所淹，此土不可多得，除御窑外，皆揽（掺）和他处之土为之，致所成磁器迥不如前。此所以西人皆尚旧制而不尚新制也。……我旧时磁器，虽西人甚为贵重，然不过取以为供饰之资，以示豪迈，若日用碗碟则仍用彼国所自制，何也？以色样不合，不适于用也。出使俄国大臣胡星使尝考求中国出口土货有云：客堂所用磁器宜新，色宜绮丽；食桌所用磁器宜适用，宜朴而丽；妇女妆台所用磁器及食桌供花磁器尤宜精细、美丽、新奇，其工专在绘画，专在设色，而于磁质之美恶则次之。中国磁工于磁质，颇知讲求，而于绘画、设色、造式等事，则不甚讲究，此正与西人相左，宜乎其不能广销也。今若留意造式，以合西人之用，精求绘画、设色，以悦西人之目，而又得至佳之土质以成之，则西人安有不悦之理？而出口磁器有不日增月盛乎？

（1904 年 11 月 20 日，第 1 版，有删节）

安徽祁门瓷土公司机器开采节略

　　谨按，中国物产丰阜，甲于环球，然不能加意考求，极力推广，以致利权外溢，良堪痛恨。近来各省疾起直追,振兴工艺以相抵制,允推急务,然不能驾而上之,又安能望胜算之独操哉?查中国物产,除丝、茶而外,为外人所不及者,厥为瓷器。尝见外人购求中国前代以及本朝各名瓷,往往不惜重价,珍同拱璧,以视彼国所产非不制作精良、彩釉光洁,究不若中国之可宝者,无他,瓷质之坚致相去悬殊也。中国瓷器出于江西景德镇,每岁所产恒百万计,以御窑为极细也,如青花、粉定、五彩,各窑亦皆精美无匹。然瓷器虽出于江西之景德,而瓷土实出于安徽之祁门。曾有日人考验祁门土质,称为五大洲之冠。以距景德远,且土法采取难,故景德所造各瓷,虽御窑亦只用祁土八成,其余细窑则仅祁土四成,久为憾事。皖省各大宪因此筹集巨资,开设公司,向外洋购办全副取土机器,运往祁门,造厂装设,开采瓷土,以为振兴工艺、推广利权之举。先用机器开取生土,粗砺则以机器磨砻之,坚硬则此(以)机器轧碎之,然后淘汰渣滓,撷取菁华,用机器研至极细,制造成砖,较前土法所造不独色更白,而质更细,抑且取不尽而用不竭。从此,景德镇造作御窑以及极细瓷器,均得全用祁土,不至如前此之矜贵,则所产当迈越前代,将来仿照西式制成各种瓷器,自非外洋所产可同日而语,则销场之旺,可操左券。于此而论,考求物产、推广利源之道,有不驾而上之独操胜算者乎?爰将祁门瓷土著名各坑及所产各土性,略录于后:

一祁门东乡瓷土,向作御窑瓷器,色白质细,性极腻密,以之制造极细杯、盘、瓶、尊各种玩器,无不精巧绝伦。土块入窑,一无燥裂伤损之虑,非若他处瓷土仅有八九收场也。价值每万斤一百元。

一祁门龙凤壁瓷土,色白而质细,性极坚爽且极细致。凡御窑制造大瓶,或高至八尺以及丈余,土块入窑,一无倾侧欹斜之虑。其余诸高大器皿,烧成后光彩夺目,且无丝毫斑点毛孔,诚五大洲稀世之宝也。价值每万斤八十元。

一祁门大北港瓷土,色白质细,性极刚健,能造极大之器,如鱼缸、浴盆、花盆、床榻、屏风等类。烧成光洁如镜,照人眉目,亦非他处瓷土所可媲美也。价值每万斤八十元。

(1904 年 11 月 21 日,第 3 版)

派工学习瓷器

京师　直隶磁州产有磁窑,前由磁州特解送各磁器至天津,交考工厂试验,均系粗磁,因函致磁州岳牧传谕窑董,选雇本地老手工匠、自制坯以至成器上等聪明勤敏者各一人,并带造磁之石料、土料等各一百斤,于正月间来津,以便派员带往江西景德镇学习,并将磁州料质与江西所产比较试验,一俟验有把握,即雇江西良匠带回指授仿造,并拟俟该匠将江西细磁考求得法后,再参仿西式制法。至工匠等所需川资、辛工等费,均拟由局筹给,工艺刻已具文详请直督袁宫保察核批示。前奉宫保批云:据详已悉,江西景德窑名闻中外,该局拟选派磁州匠前往学习考验,系为改良直隶磁业起见,关系甚重,应准如议照行,仰即遵照缴。

(1905 年 2 月 20 日,第 3 版)

商部甲辰年纪事简明表

此表专记甲辰一年商部暨各省筹办之事,癸卯下半年开办者亦附入于内,表中分农、工、路、矿、商五项,比附事类分别列写,以清眉目。

…………

华宝制磁有限公司　职商林辂存等禀办,拟于福建金门地方设厂,仿制西式磁器,拟集股本银十二万元,订有公司章程十六条呈部,三十年正月二十九日批准立案。

河南禹州磁业公司　由地方官筹办,商部商务议员胡翔林呈报,订有公司章程十九条、续订章程六条,规拟招集官股本五万两,三十年十一月二十二日核准立案。

江西瓷器公司　赣抚奏请就景德镇开办,拟集官商股本三十万两,订有公司章程大纲十六条、子目二十二款呈报,三十年二月十二日核准,饬遵公司律办理。

(1905 年 3 月 2 日,第 4 版,有删节)

江西蒋观察考察景德镇造瓷工作整顿章程六条

一瓷质宜求洁净也。查景德镇瓷器向以祁门东乡所产之土(俗呼祁东釉子,每块重二斤,时价二分)及浮梁东港东土(俗呼高岭明砂,每块重四两,时价二厘),两种合陶为泥,配作瓷骨。又以浮梁北乡之土为釉(俗呼釉果),每块重四斤,时价五分。该处坯户往往因惜工本,不肯细淘,仅出渣滓一二成。迨坯成后,又不复加研究,以致所出各瓷,即名为细料者,亦每多班(斑)点,实为憾事。今欲改良,似宜先将所用之土重加淘汰,务使渣滓除去四五成,及坯成后,复用显微镜透细照视,遇有毛孔,应即剔补,以免烧成班(斑)点。似此瓷质洁净,釉色光亮,售价即可提高。至淘泥之所,须凿有水池,以防泥泄,然此等水池当用塞门得土粉之(此土极坚,且性宜湿)。目下该处坯房,亦间有用水池者,但多以条砖砌成,虽不致漏泄瓷泥,而地上尘土丛集,难免搀(掺)入。既欲求精,亦不能不逐处讲求,以顾瓷质而清本源。

一形式宜求翻新也。查景德镇各坯工,明敏者实亦不乏其选,见有外帮定购新瓷及仿古各器,无论何项形式,但具有陈样或绘有图形者皆可制造,信手提成,无不酷肖。特以风气未开,拘泥旧制,除外帮定烧外,多不肯频翻花样,恐碍行销,以致所出各瓷略无独出心裁之器。今欲改良,似宜亲赴东洋,细加考究,并购西式瓷器,如面汤台、火炉架、花砖以及洋餐所用盘、盂、杯、碟等类,凡为西人日用所需,中国向来所无者,先行各购多样,带回景镇,遴选明敏工人试行仿造,以冀生面别开,独擅特色。

一绘画宜求精细也。查景镇磁器,如画青色者,施于未烧之坯;画彩色者,施于已烧之件。近因磁器生意迥不如前,虽工笔画意,各项均有画工而艺皆不精,且多敷衍。揆厥所由,固因工价微薄,难延高手,且所有山水、花卉、鸟兽各稿多系照旧摹写,以致所出花样陈陈相因。今欲改良,必须不惜工价,探访心手灵敏之画工,重资雇用,将中国古磁暨西磁所绘花色,无论圆器、涿(琢)器,大件、小件,可仿者仿,可变者变,触类旁通,更易尽善,自然新奇醒目,笔墨精良。或试购东洋橡皮所制之模,蘸用颜料印成花样,更可省人力而足美观。

一颜料宜求鲜明也。查景镇磁器需用颜料,青色者,皆仰给于云南;若金、朱、蓝、碧各种彩料,大半出诸远省,或购自外洋,其价固贵贱不等。该处工匠,每因各惜工本,不细擂磨(如擂云南料者,每铢八两,限十二日擂毕应用),且和以别物,以致渣滓未尽,而浓淡不匀。况画过之后,必须将各器配定,汇齐入炉。其时随处搁放,沾垢蒙灰,实所不免。今欲改良,必将所购之颜料应擂者,加工研磨,淘滤尽净,并不得稍和伪料,且预为建设架厨等件,以便将所画之器,无论已成未成,每日于放工时概行收检,俾免沾尘,则将来入炉再烧,而颜色光耀,自然鲜洁。

一坯房不宜狭隘也。查景镇地方,人烟稠密,基址无多,各处坯房大都因陋就简。废屋既窄且低,各工混杂,污秽不堪,非但已造磁坯难求鲜洁,且遇天气炎暑,染病者多。今欲改良,必须将房屋增高使之轩,厂人既可受空气,而坯亦易晾干,且地位加宽,则所成之坯铺陈排列,亦不致于受损。至淘泥之处最多淤浊,尤须筑墙间隔。庶几,工作之地较易洁净,不致酿成时疫。

一窑位不宜过大也。查景镇各窑,虽名有一百余座,而平时亦多停歇。推原其故,实因造窑者往往加大尺寸,为贪出货之多。讵知窑愈大而风愈猛,火力愈不聚。火力既散,则磁色愈多暗淡;风力大猛,则匣钵亦易倾斜。所烧之货虽多,然残缺不成者有之,金匣倾卸者有之,以故频年亏折,关闭不时,殊为可惜。今欲改良,似宜将窑位缩小,但求烧造一器之利。况窑之获利只在勤烧,出磁果良,则销场自广,销场既广,则窑必勤烧,且窑以愈烧而愈炼,亦愈炼而愈坚。顾本保基,莫兹为甚,亟应更改,以兴窑务而拓利源。

以上各条，不过粗举大概情形，其详细办法应俟临时随事，量为变通，未敢悬帜。至于销场之畅滥，全视出货之佳否。果能工作改良，出磁精美，自亦无难于扩充。将来分店应设于上海，子店应设于省城、九江、汉口、香港、天津等处，具招商集股。及开设章程，请俟赴局会商，再行拟呈。

（1905 年 3 月 9 日，第 9 版）

景德镇磁器涨价

江西　今年春夏间，赣省雨水太多，景德镇磁坯难成，各项料件皆缺，贩客虽先交定银，订期交货，然十无一二如约者。省城各磁铺，因之议涨价一二成。

（1905 年 6 月 19 日，第 9 版）

洋员考查瓷业

江西　景德镇瓷器冠绝五洲，上年日本派人来赣考查，至一年之久始去。今复有欧美各国派员来镇考查，并携照相器具，欲将窑内情形逐一拍照，奈黑暗无光，不克如愿。惟闻须久驻细究云。

（1905 年 9 月 5 日，第 3 版）

祁门瓷土公司禀报开车后情形

安庆　皖省祁门县创设瓷土公司，已于七月二十六日开车，日出土不（dǔn）约在百石上下。九月初，娄委员将开车后情形禀报各宪，略谓：开车匝月以来，卑职督同厂工再四考求，较前所拟成本约省三分之一。前因卑厂处此万山之中，运煤非易，故于前试引擎时，搭烧柴薪，汽力未尝不足。开车以来，不但搭烧煤炭力量充足，即不用煤炭，全烧柴薪，汽力仍然有余。柴、煤价值相去悬远，彼此比较约省四分之三，此烧柴可代煤炭计省成本者一也。再，机器轮轴接准运动之处，向用外国秄油，此油不但价值昂贵，而且他处无可购买，当同各工匠等将中国所产各油一一试验，惟本地所产桕油、皮子两种搀（掺）和调匀，颇为合用且随时可购，既省运费，价值又廉，较之购置外国秄油，所省不啻一倍，此桕油可代秄油，计省成本者又一。再，所购机器碾盘，本系盘碾，惟碾出之粉既须过筛，又须水漂，淘出渣滓，仍须重碾，而且碾干转动，石粉飞扬，碾出之物耗去无算，所需小工尤属不资。卑职察看机理，可以改作水碾，遂于碾盘之上接来水管一枝，碾盘之傍另开水眼数孔，所碾之粉，见水浮起，溢过所开之孔，水粉随即流出，引入另开和粉之石池内，放出浮面清水，下层即可制不，渣滓仍在盘内，既不耗散，又省小工，此计省成本者又其一也。通盘核算，较之当初所拟者，约省三分之一。现在每日所出之土，除龙凤壁之土为江西瓷器公司定购另议外，其东乡暨大北港各坑所产之土，皆可日出百石左右，可售洋一百余元。至销路一节，查江西瓷器公司现又开办，昨曾禀请宪台咨催江抚札饬瓷器公司遵照原订合同办理，请其陆续付款，以便陆续交货，并将现制各土不附呈大宪鉴核云云。

（1905 年 10 月 20 日，第 4 版）

拟拨巨款仿制瓷器

江西　景德镇瓷器素称上品制造，近因守旧式不能进步，以致洋瓷流入中国，争磁器之利。曾经官绅条陈，拟加整顿，并委员查勘经理，迄无成效。昨李少薇观察由镇回省，禀请督宪设立公司，开办新窑，仿制新式洋瓷，力求精美，贩运出洋。除招股外，请拨公款八万金，以助资本。当道允拨各州县灯捐五万金。此次当不致如从前之空论矣。

（1906 年 1 月 15 日，第 3 版）

德商游历景德钱

江西　去腊，有德国商人毕士克乘小船由浔赴景德镇，沿途游历，并酌买瓷器若干，然后返棹回浔。

（1906 年 2 月 20 日，第 9 版）

景德镇窑户因争执洋价停工禀批

九江　日前,饶州府弼良上赣抚禀,略云:据粮帮、磁商、晋豫丰等禀称,伊帮结给茭草工资,以洋作钱,向有定价,讵工头熊礼一等不凭向章,恃众要挟,控经该县集讯,遽将伊帮商人发押,以致工人愈形得志,现在一律停工云云。卑府查核,所禀均系一面之词,究竟如何情节,固未据。该县禀陈,而起衅时,尚在王照磨洪达代理任内,该照磨回郡已久,亦未据。面述梗概,惟该工头不候县断,动辄停工,实属胆玩。除批该商人等务须照常贸易,并就近札饬王照磨,将起衅情由具覆察核外,因思景德镇五方杂处,一经停工,游手日多,若不速为了结,必致滋生事端。现经卑府委员星夜驰往,会县查办,勒令先行开工,一面传集两造,秉公讯断。旋奉批云:该照磨身任地方,似此挟众把持,败坏市面,案情并不速为了结,又不据实禀闻,殊属荒谬。除行藩、臬两司迅将该照磨撤任外,仰即转饬委员,会同现任浮梁县徐令赶紧传讯实情,秉公核断,速令开工,仍将讯办情形随时禀核。

(1906 年 3 月 22 日,第 3 版)

禀留陆军镇(震)慑鄱阳等县匪徒

南昌　南康府前因匪警,禀请九江道准拨常备军二百名前往弹压。昨王太守以府境虽已平静,而邻县之鄱阳、都昌匪徒尚未尽绝,且当景德镇开窑之时,尤易滋生事端,拟请酌留陆军五十名驻府镇(震)慑。抚宪已批准照行,并饬知照矣。

(1906 年 7 月 3 日,第 3 版)

景德镇又有械斗警报

江西　景德镇瓷业相聚十余万人,良莠不齐,动辄闹事。日前,省宪接到浮梁县警报,景德镇又有械斗巨案,一切详情容俟续录。

(1906 年 8 月 1 日,第 3 版)

赣抚致上海道电(为瓷器公司事)

上海瑞道台:景德瓷业日就腐败,得公提倡招商,承办公司,以期振兴,挽回利权,实所欣愿。即希速行照办,俟商招妥,拟章禀候核定,即当奏咨立案。熹。蒸。印。

(1906年8月2日,第4版)

余干县因白土抽捐闹事

江西　景德镇瓷器需用白土为坯。祁门白土质佳价贵,用作细料,向来有税。余干白土质劣价贱,用作粗料,向来无税。近日,余干黄泥洲设局,试办白土统税,不另委员,由县令兼办。乡人大为不服,和与□闹。亲兵人等均受重伤,并捉去司事一名。日前,由县禀报到省,兵备处特委袁太守带同刘大令,调拨内河方龙、长龙杉(舢)板四号,于初七日晚开驶前往,并电饬饶州巡防右军派兵分往,相机办理。

(1906年8月7日,第3版)

委运御窑厂白土赴京

九江　九江道玉观察接商部来电:速解景德镇制磁白土来京,以备各国赛会需用之品。观察当即委员至御窑厂装运祁不白土十桶来浔,拟即日委员解送进京。

(1906年9月14日,第4版)

敬告各埠商会诸君

景德之磁器,在华货中最负盛名。今日本磁器之质料、绘画,皆高出吾上,而圣路易赛会之时,西人已舍此就彼矣。夫以人工之制造与机器之制造相争,已处劣败之地位,而机器之货方日谋其改良,人工之货顾一任其窳败。……夫输出之品既日见短绌,输入之品复年有增加,漏卮不塞,国力何堪? 十年以后,不知变态更将何若? 然而川、汉等处铁路大通,则外来之货物益将倾灌内地,内地之利源益将吸归外人,此固不待蓍龟而可以预决者也。商会之诸君乎,盍早着手于先,而勿待噬脐于后乎?

(1906 年 10 月 5 日,第 2 版,有删节)

景镇实业改良之影响

　　江西　赣属景德镇,工商杂沓,人物繁盛,瓷务尤其大宗,所惜规模朴陋,未进文明。近有方、李诸人组织阅报社一所,多数社、会大为感动。说者谓,景镇瓷业久播中外,今则行之不远,其比较渐差之中,则以不知改良,不谋抵制故。兹既以报纸为开导风气之基础,此后瓷业中人革除旧规,研究新理,将见改良之机关,由此辟抵制之实力,由此充何患无竞胜东西洋之一日? 故此举之成立,不特可为景镇前途祝,兼可为中国工商界前途祝也。

(1906 年 10 月 24 日,第 9 版)

饬查白土瓷料能否开挖

　　江西　星子县绅士邓恩禹等日前上控大排岭封禁白土被人偷挖,请为查禁,当奉九江道汪观察批示云:查该县大排岭地方,出产白土,既可制造瓷料。方今振兴新政,贵在利民厚生。原准听人开挖,不得拘于风水,惟披阅黏案,从前封禁,原属伤碍庐墓,冲塞水道,固与农由(田)水利攸关。既经该府饬县亲诣查封,则该处究竟能否开采,于民生利害损益何如,自必审勘明白,卓有见地。如果实系妨碍,应准循旧封禁,以恤舆情。仰南康府督饬星子县妥实查明,酌议办理,绘具图说,刻日禀覆察夺。

(1907 年 3 月 25 日,第 10 版)

商轮包运磁器

九江　景德镇磁器,乃出口货之大宗,向由民船载出湖口,至芜湖附轮船运往各埠。顷有东方公司九江买办陈义山,约合道生小轮公司某观察,集股本,以新义泰为磁器之过货栈,内河则由道生小轮装载,长江则由东方大轮转运,将来磁业或有起色也。

(1907 年 3 月 30 日,第 11 版)

江西磁业公司奏准立案

北京　两江总督端方会同江西巡抚瑞良片奏,略称:据候选道曾铸等呈称,窃查江西景德镇磁器公司原拟官商合办,承办之人屡易,至今未有切实办法。去年江西候补道李嘉德来沪集股,与上海道瑞澂晤商,该公司不如改归商办较有把握。该员等商同担任发起,定名为商办江西磁业有限公司,议集股本银二十万元,每股五元,计四万股内,发起人分认一万五千股,俟批准后,再行承集二万五千股。该员等设立公司,仿造外磁,多用机器,与原有磁器事难一律,请遵部定湖北机器制麻照向章、机器制造各货办法,酌定厂税。凡有公司出口之货,完纳正税一道,沿途概免重征。若在江西内地零销,纳税定值百抽五之率,一经完纳,即可照验放行。请咨明税务处察核办理,并仰恳。

奏明立案等情,正在核办,间接准税务处咨称、准农工商部咨同前因。查机器仿造洋货,准照值百抽五完一出口正税,沿途免予重征,历经外务部及本处办理在案。今该公司既系用机器仿造外磁,自与原有磁品不同,应准其制成货物,无论运销何处,只按值百抽五完一出口征税,沿途关卡验明确系该公司用机器仿造西式之货,即予放行,不再征收各项厘税。将来中英新约第八款施行,应即照第九节完一出厂税章程办理,咨行查照等因,前来伏查。该道等自行集股设立江西商办磁业公司,多用机器仿造外磁,洵足振兴实业,挽回利权,将来此项磁品营销税,则既经税务处核准办法,亟应准如所请、奏明立案等语。奉朱批:该衙门知道。钦此。

(1907 年 6 月 6 日,第 12 版)

赣省税务总局为瓷业公司事详赣抚文

奉札行,据候选道曾铸等,以江西瓷业公司改归商办,抄录章程呈请立案保护等情。前来查江西议设瓷业公司历有年所,今该道等拟改官办为商办,集股订章,购机制造,实于江西瓷业前途大有裨益。查阅章程内所开各节,均尚妥洽,惟附说内所载,对于官府特别之请求两条,如地方官加意保护,倘公司有意外之损失,当由保护者担认其责任,以及销行内地品物照值百抽五之章完税,其出口之货完纳正税一道后,沿途概免重征。各语是否可行,应由该司道会议详复以凭,具奏立案。又,第五章制造处暂拟设在景德镇一节,是将来是否迁移,尚在未定,惟附说丙字一条既虑该镇聚工数十万,向不受约束,动辄滋事,其为不易控御可知。查瓷质各原料,多非景镇所出,与其聚处一方,时虞滋事,何如另择妥地,两不相妨,但不知能否设于他处,应即一并筹议。除分行布政司农工商矿局李道嘉德外,合行抄词并章札发。札局即便查照,会同核议详覆。毋延。计黏抄原词并章程各一件等因,奉此本司职道等。伏查景镇瓷器一项,非惟江西物产之大宗,抑亦五洲仅见之特质,只以新法未尽讲求,旧制渐致遗失,遂使销路不畅,商情日窘。今该道等议设瓷业公司,改官办为商办,系为振兴工艺、保全利权起见。察阅章程内所开各节,诚如宪批,均尚妥洽,自可分别照准,惟将来办有成效,似应仿照各公司酌提成数,报效公家,此该公司原章之宜酌也。至附说内所载,对于官府特别之请求,如公司讲求新法、制造所用工人,不能拘守旧制,恐工人无知,妄生疑阻,呈请札知地方官加意保护一层,自是正办。惟意外之损失,当由保护者担认其责任等语,查景德镇并非取土之地,工人麋集,枝节横生,与其集巨资冒险于蛮野之地,何如选良工居肆于取土之区,虽保护为官吏之所应尔,而该公司既未出保险之费,地方官万无认赔损失之理,所请担认责任,未便遽予进行。只有先事严禁阻挠,事后查拿滋闹,从严惩办,惟力是视,此地方官保护之宜酌也。又附说销行内地品物照值百抽五之章完税一节,查光绪二十二年(1896)据绅商邹兆元等禀,仿照西式瓷器贩运出口请免厘税等情,奉前署督宪张批示,此系江西向来各关卡未有之货自于正厘无伤,奏准援照烟台试酿洋酒成案免厘三年,咨行遵照,当经本税务局札。据景德镇卡调查,该镇窑厂账本广帮贩运西式瓷器至香港销售之公和兴等行,计值本银十万余两,宁绍、天津诸帮运至上海等处销售者,亦值本银十万两以外,均遵照华瓷章程完缴厘金。景镇一卡每年约收银二万数千两,古县渡、鄱阳正高北门、都昌左蠡、姑塘、湖口各卡亦收银七八万两左右,虽江西各厘卡历年查无华瓷按瓷件大小酌收厘数,并未另立西瓷名目,而实为向来厘局一大进项。该绅商禀请免厘,创办专收利益断难启此漏卮,即经详奉前抚宪德奏明。该绅商兴办西瓷,无论如何制造,仍照华瓷章程抽收厘税,以重饷需。又,二十九年七月准派办政事处移奉前升护宪柯札准户部咨江西奏开办景德镇瓷器公司,饬将该公司所出货物应将厘金如何办理之处酌议,移处详咨等因,又经本税务局援案移覆,仍照华瓷章程统在景德镇卡完纳统捐,经过以下各卡不再抽收各在案。该道等所议出口之货,仿照湖北机置麻货完纳正税一道后,沿途概免重征,核与江西统捐章程不同,惟所请值百抽五系仿关章机器制造变通办法,与内地值百抽十之章不符,应否照准,伏候宪示,只遵此税则多少之宜酌也。至所请创办警察一层,应除饬地方官就原有之警察随时改良,期于商民交受其益外,欲更求完密,则视乎地方筹款之盈绌何如耳。(下略)

(1907 年 6 月 7 日,第 10 版)

奏定商办江西瓷业有限公司广告

　　江西瓷业为我国特产之大宗,旧制渐湮,利权日失。本公司以改良制造为宗旨,以期工艺之扩张,商业之发达用,特纠合同志,筹集股本,业经呈请督抚宪奏明立案,并蒙农工商部批准。本公司计集股本银二十万圆,每股五圆,计四万股,除由泼(发)起人先行分认一万五千股外,尚余二万五千股,海内同志幸速赞成。凡愿入股者,股银一次交足,即于交银之次日,按周年七厘起息作为正息,摊分余利。各节及详细章程,如须取阅,请至各埠经收股款处可也。本公司开办以后,如尚须推扩股本,当再登布,合并声明。

　　本公司发起人:曾少卿、许久香、樊时勋、袁秋舫、张季直、朱葆三、陈润夫、瑞心如。赞成人:袁百川、汪勉斋、袁铁梅、胡捷三、袁展云同启。

　　上海经收股款处:后马路济阳里合盛元票号、小东门城河滨大生纱厂帐(账)房、三马路口黄浦滩德发洋行、四马路东岭裕号、后马路天顺祥票号、虹口义昌成号。江西经收股款处:九江西门外万和钱庄内合盛元票号、南昌洗马池荣昌衣庄、景德镇福盛酱园。

(1907 年 6 月 8 日,第 1 版)

窑帮条陈瓷业办法

　　江西　景德镇瓷业公司改归商办,已志前报。兹有都昌窑户帮将数十年阅历、经理利弊、如何兴革,逐一条陈赣抚,当经批饬农工商矿总局转移江西瓷业公司采择办理,议覆核夺。

（1907 年 8 月 8 日，第 12 版）

禀覆考察景德镇瓷业情形

　　江西　江西盐法道庆观察奉赣抚瑞中丞札委赴景德镇考察瓷业情形，已于前日回省，当即具覆。略谓：职道抵镇后，即借寓御器厂。该厂内各工作所制大运传单各件，逐一察看，要皆陈陈相因，无多佳品。厂作分十三行，凡制一器如练泥、做胎、画稿、染色、吹釉等类各有专责，□器、圆器、平器、琢器各有专门。既毕工，送各民窑分烧，占其中位，仍按规付价。所有该厂工匠，用则招之来，不用令之去，各就范围，无居奇抗□之风，其规制之长如此。然而优者勿赏，劣者勿罚，无所激劝，故无有进步，此其一短也。民窑八十六座，外烧匣钵之窑三十六座，民窑作分三十六行，各执其一，不容兼擅，缺一不可以成器。镇有瓷业商会，章程严密，界限分明，各行团体固结，毋许有缅规越俎情事。工人、窑户及运料运柴各项苦力人等，约十四五万人，邻省府县者居其大，半野蛮性质，小则争殴，大则械斗，齐行罢市，恒有所闻。每年三四月开工，冬腊月歇工，每窑岁烧七八个月为率，月烧四、五、六次不等，每次用松柴平均牵算约九百担，每担去年钱不过二百文，今则三百余文，总计全窑岁烧柴三百万担，约钱百万串。由饶州至景镇，沿河两岸山势绵延不断，土质肥厚，百草苍翠可爱，特一木难寻，窑人购柴须在三五百里外，以后愈求愈远，愈购愈难，价值愈昂贵，势所必至。窃维景镇瓷器为中国出产大宗，百年来窳败不堪，实由于提倡无人无术。欲求振作，须设瓷业学堂，招聚生徒，选聘精于此道者教导之。其余官厂则严明赏罚，民窑则整肃规模，挈领提纲，不外此旨。至窑柴竭乏，莫如多植松秧，广为栽种，如日本森林办法，获利必厚。惟兹事体大，民力不能逮，宜官为提倡，或开设公司，暂筹款二十万两，以每里用银千两计，可得松山二百里，十年之后即以产出之利轮转栽蓄，于窑业大有裨益，而民间材木尤不可胜用云。

（1907 年 8 月 12 日，第 12 版）

批准抽收磁商路股

　　江西　江西铁路总局拟抽收磁商路股详请赣抚察核等情，已志前报。兹悉瑞中丞批示云:磁商股款现已就近于景德镇设立磁业商股公局,无论何项磁器,按照该运商完纳统税数目,每钱一千抽钱五十文,择期开办,既与众磁商公同议妥,应准如申立案。仰农工商矿局照会商务总会,谕饬该磁商等,嗣后务各照章缴款,以维公益,而兴路政。

(1907年8月22日,第12版)

江督批准扩充江西瓷业

南京　商办江西瓷业公司发起人曾少卿、张季直等,前举内阁中书康达为该公司总经理,现已面订商允。该中书业已□沪赴江,先行承收购买原办公司旧建之厂窑,一面厘定规则,选雇工师。惟前拟章程原定集股二十万元,现经详加豫(预)算,存厂治瓷之资本为一份,采办物料之资本为一份,运销货品之资本为一份,恐二十万之额金难资周转,今拟再集二十万元,合为四十万元。日前呈请江督鉴核,奉批云:该公司总理康中书达现已赴厂承收接办,嗣后一切公牍应准由该中书出名代表,期昭画一,至公司董事及查帐(账)员,应俟开会公举后,即行报查。所拟公司与官民各厂联络一气,请求仿造,洵属扼要办法。原拟集股二十万元不敷周转,现拟再集二十万元,自系为实力扩充起见。仰即转致康中书,慎选工师,研求制造,务期物美价廉,以收权利。

(1907年8月30日,第12版)

禀准设学研究瓷业

江西　江西景德镇窑帮绅士拟设学堂研究磁业,并派中学已有根柢之子弟出洋,入外国瓷业学堂肄业。禀奉提学司批示云:查瓷业为江西特色出产,该绅等志切改良,以维实业,可谓知所当务。唯瓷业既设公司,该绅等又均托业窑帮,果有所见,应向公司商办所请。另委襄董一节,于前途情形不能悬揣,碍难照准,至仿照半日学堂,附设瓷业研究所,及取中学已成子弟资遣出洋入外国瓷业学堂肄业,为将来建立瓷业学堂地步,为振兴实业起见,事属可行,仰候照会公司酌覆,以凭核夺。

(1907年9月13日,第12版)

批饬防范窑工滋事

江西　浮梁县倪令因景镇瓷业坯工……告示奉赣抚批示云:据禀,该县景德镇朱平和尚等自立新夜工,名色煽惑下窑坯工向窑户勒加油盐菜钱不遂,于六月初八日尽行停工,并纠众打毁坯房多家,实属横蛮已极。该令到任后,随时亲往弹压,查得河西港地方为新夜工麇聚之所,会同同知吴丞漏夜往拿。纷纷逃逸,搜出长矛多枝(支),党羽暂散。多方劝谕,现已陆续开工等情,办理尚属得法,应再严拿朱平和尚等,务获讯办,并永远禁止不准创立新夜工名目,以杜后患。至该镇坯工人多势悍,动辄滋事,人所共知,所陈自系实在情形,惟人犯持械拒捕……著有定例,是在地方官临期察看,酌量办理,未便预给告示。其驻扎景镇巡防各哨,虽以保护教堂,亦无于地方他事袖手坐视之理。如遇事机紧迫,准由该县权宜移调,俾壮声威,但平时巡查街道系警察专责,巡防队不便兼管。仰按察司会同布政司兵备处转饬遵照。

(1907 年 9 月 30 日,第 12 版,有删节)

奏办江西瓷业公司续招股本广告

本公司原定集股二十万,现在豫(预)计自修造厂屋、采办机器、购集材料、募聘工匠以及行用资本,非四十万不可,业将增加股本情形,续行呈请农工商部核准立案,且固定股数现已存股无多,亦不足以餍入股诸君之意,特登报广告,银到起息,所有每年官利,均照旧股一律,愿入股者即至代收本公司股款处取阅章程可也。股本一齐,即当登报截止。

发起人:曾少卿、许久香、朱葆三、陈润夫、张季直、樊时勋、袁秋舫、瑞心如。总经理康特璋同启。

代收股款处——上海:洋行街德发洋行、后马路济阳里合盛元、小东门城河浜大生纱厂帐(账)房、虹口义昌成洋行、观音阁码头天顺祥、四马路盛裕洋行、十六铺徐海实业公司、三马路源通官银号。江西:南昌洗马池福隆钱庄、景德镇本公司制造场、九江西门外合盛元。

(1907 年 10 月 11 日,第 1 版)

江西铁路勒抽磁税广告

江西铁路总局拟抽收磁商路股详请赣抚察核等情,已两志前报。兹悉瑞中丞批示云:磁商股款,现已就近于景德镇设立磁商股公局,无论何项磁器,按照该运商完纳统捐数目,每钱一千,抽钱五十文,择期开办。既经众磁商公同议妥,应准各申立案,仰农工商矿局照会商务总局,谕饬该磁商第嗣后务各照章缴款,以维公益而兴路政等因。现今世界,亦铁路大造之世界,均皆就地筹款,绝无巧立名目,税外加税,以剥削于商人,而背乎路政之条约也。所可怪者,江西兴筑铁路,于景德镇大□捐局,勒迫磁商,税外加税,各绅员假公益之名图私囊之饱,且先行关说总局,朦禀西省抚宪瑞谓业已会议,各磁商均皆诚心输纳,究竟会议者系何帮何人? 天下岂有诚心输纳而反于景镇税局及分防府浮梁县各处禀上哀怜,不允缴此铁路之税者? 此皆不明商律、不悉商情、不恤商命,逞强硬之手段而为此也。值此商家困惫之际,税务短少之时,亦何必立此重征之苛政,贻误国家之税款? 主江西之路政者,其亦可以废然返矣。

(1907 年 10 月 19 日,第 6 版)

磁业价值之昂贵

湖南　湘省醴陵磁业公司,已将烧成各色磁品于前月底运出湘潭分公司发卖。近日,往来行人相与丛集环观,络绎不绝。闻所有瓶盂及各种碗盏,彩画、质釉均称佳绝,实出景德窑之上,惟价值较昂亦一憾事云。

(1907 年 11 月 20 日,第 12 版)

饬查商店被抢实情

南昌　江西浮梁县倪大令禀景德镇皖商吴隆元钱布店被坯工藉端滋闹情形,奉赣抚批云:坯工藉端讹诈滋闹,波及隆元钱布店,究竟有无抢夺情事,仰按察司饬即悬赏会营选差干练兵役勒限查拿,并会同警察委员督饬巡丁一体协拘此案滋事正犯,悉数务获,查起抢毁物件,传集被闹各店人,研研(讯)确情,录供通禀察办,均毋违延,一面由司分别移行藩司及警察总局暨皖省商会教育会一体查照云。

(1908 年 2 月 7 日,第 12 版)

饬拿滋事坯工

　　江西　皖抚去腊据浮梁县禀报,景德镇瓷业坯工藉端滋闹波及皖商吴隆元钱布店等情,当即批示云:坯工藉端讹诈滋闹,波及隆元钱布店,究竟有无抢夺情事,仰按察司饬即悬赏会营选差干练兵役勒限查拿,并令会同警察委员督饬巡丁一体协拘此案滋事正犯,并着查起抢毁物件、传集被扰各店人等研讯确情,录供禀办,一面由司分别移行藩司及警察总局暨皖省商会教育会一体查照。

(1908 年 2 月 15 日,第 12 版)

日本佐贺县有田磁业情形(续昨)

丙　烧　磁

　　一、窑式。窑皆以砖为之,外涂以泥,正面开一门,左右开四孔。将造成之器以泥盆盛之,层叠置放窑内,火发之后将门紧闭,数人陆续添柴,自各孔投入。若烧精细之磁,另有小窑上覆以屋。

　　二、烧料。向来烧料必需松柴,因恐来源易竭,后难为继。近时学校中以煤炭试验,亦可用,惟须量准其热度耳。将来若能改用煤炭,比之松柴,其费可省四分之二五云。

　　三、热度。陶质用泥,磁质用石,然亦以火候分之。烧陶器之热力以七百度为则,烧磁器之热力以一千三百度为则。磁质可为陶,陶质必不可为磁,因磁质坚能耐火力,陶质脆不能耐火力也。若烧铁底磁面之器,则用二百度至三百度之热力足矣。其烧时均经二十四点钟之则,苟过时过度,则磁陶器将成灰烬,铁底亦变为流质,不特爆裂已也。(编者注:本段的热力"度"即"摄氏度")

　　以上考查有田芳兰社磁业公司之实在情形也。有田有专教磁业学堂一所,日本磁业专门学堂只有田设立一处,其余工艺学堂中附设陶磁科。此校为官立,创于明治初年,建设之费洋一万五千元。常年经费,佐贺县辅助一万元、文部省津贴六百元。校中学生定额一百二十人、教习十七人,学费每月五角。教科有五:一曰陶业科,一曰陶画科,一(曰)模型科,一曰制品科,一曰图案科,每一科为一室,绘图演说切实讲求。校内设机器一副、窑一座,磁石、粘(黏)土及各器具,以资学生实地练习。迩来日本磁业之能蒸蒸日上者,赖有此耳。中国古磁冠于地球,西人视为宝贵品,近以古法失传,又不能参以新法,遂致因陋就简,日流窳败,无论国外之消(销)路已绝,即国内之销场亦半为洋磁所夺。为今之计,以造就人材(才)为要策,造就人才以派学生至有田为要策,学生卒业回国,再于景德镇及各出磁地方开立学堂,培植人材(才),一面设立公司改良形式,以为抵制之计。近闻湖南醴陵磁器颇著成效,赵次帅提倡实业不遗余力,愿设法辅助,俾底于成,安知将来中国之醴陵非即今日日本之有田耶? 附陈管见,以备探择。

(1908 年 2 月 28 日,第 20 版)

安徽磁业公所函

长江瓷器一项,经过安徽,完厘积弊太深,自三十年督办盐河厘卡,恽毓龄设立会查瓷船公所,瓷商稍苏,不意去年有景镇开行。黄锡恩者与康文汉等运动官场,冒称瓷董,禀办徽省磁器统捐局,宪批准后,大权独揽,浮收勒索,种种苛虐,逾于厘卡,非统捐之不便于商,实承办之未得其人耳。即如徽帮磁船在省城起载,只完华阳、盐河两卡之捐起载后再完坐贾,前既具禀上宪。刻届春运,凡我同帮,务结团体,沥情具禀,要求上宪饬提黄锡恩等另改妥章办理。幸蒙照准,我帮之福。万一不准,请各帮抵华阳时,将黄等浮收勒索万贯之巨款追出,以充瓷业公费,万难再任其削剥瓷业。公启。

(1908 年 3 月 19 日,第 20 版)

瓷坯书画改良

江西 德兴县相距景德镇百里,上年雇景镇坯工极力改良,瓷器精好,与景镇不相上下。今春,长江瓷客往德兴贩瓷者渐众,缘厚雇高手书画,足与景德争胜也。

(1908 年 5 月 27 日,第 12 版)

江西磁业公司开幕纪盛

南昌　景德镇奏办江西磁业公司,于五月初八日开工。是日在本厂举行开幕典礼,政、学、绅、商、军、工各界到者约千余人,由来宾周鹤俦、项瑞卿、吴瑶笙、陈仲西、胡维周、董墨仙、胡华荪、汪蔚卿暨本公司职员洪仲莲、陈麓生、汪勉斋、徐挥五、董香浦、余洲三、黄运轩、胡郁文等分任礼场职务,于上午十时同诣工厂,摇铃开幕。首由赞礼员引总理康中书特璋向北阙及发明陶业之先哲堂两处行礼,次行开工礼,次安徽旅昌公学全体奏琴歌,次总理宣布宗旨,次来宾致祝词:

一、浮梁县张植庵大令;二、民政部外城警厅黎堃甫主政;三、饶州分府吴太守珍聘;四、神州日报社;五、统税局席太守蒙倩;六、皖省咨议局许太史承尧;七、南洋两江师范实业学堂上江公学三校;八、广东粤商自治会;九、安徽旅昌公学;十、上海安徽路矿公会;十一、江西铁路公司;十二、饶州学界程梅暄君;十三、安徽旅汉同乡陈、朱、汪、吴诸君;十四、江西商船总会;十五、徽州中学堂监督洪泽臣内翰;十六、景镇商界;十七、国秀女校;十八、浮梁学界;十九、九江商界;二十、江西商务总会。

以上均由代表人宣读。次由胡君郁文君代总理读答词,致谢来宾。次总理对工人演说,谓:"世界各国把工人看得极重,本公司所定工章优待工人,无非欲尔等尊崇人格,使人人皆知重工。"次对学生演说,谓:"今日救国要务,全恃物质上的文明,诸生务宜实践研究,以为赴东留学之豫(预)备。"张植庵大令演说:"洋磁输入中国岁达百余万之多,景镇磁业大承其敝,若不亟行设法改良,将来数十万工人必有失业之患。"语极痛切,并训饬工人各宜自爱,勿蹈挟众滋事之旧习惯。次由吴瑶笙君演说:"工人与公司有密切关系,总理既以平等视工人,工人愈当振作,以求技艺上之进步。"演毕,由濬哲、迪智两学堂献歌,并合奏风琴。次军乐队奏乐,会场全体同祝公司万岁。至三点钟,摇铃闭会。请来宾公宴,并有萨哈尔都统特派来南考察商务委员许焕曾太守亦同莅会,来宾观礼者无不啧啧称叹,以为自有景镇以来,未尝有此洋洋大观云。

(1908 年 6 月 17 日,第 11 版)

请兵弹压坯工滋事

南昌　江西景德镇地方为产磁之所,窑工众多,良莠不齐,现因坯工一律罢工。争给夜酒钱及吸白熟米,窑主未允,竟群起蜂拥打碎坯房数家。经该镇同知艾司马督队弹压,劝令听候核办,惟势焰汹涌,尚恐有变,当即飞禀大吏,请迅派兵飞驰弹压,藉资镇静。

(1908 年 7 月 12 日,第 12 版)

专　　电

电五　(南昌)浮梁县令电禀赣抚,景德镇坯工滋事,由营县开导,于二十二日开工,请留营兵驻防。

(1908 年 7 月 25 日,第 4 版)

营弁弹压坯工得力

南昌　景德镇坯工闹事,停止工作已久。现悉此事由张管带驰往弹压,业已平靖。二十四日,饶州府劳太守上沈护院电云:南昌抚宪兵备处宪钧鉴,景镇停工日久,经张管带驰往,会县多方开导,于廿二日开工,足纾宪廑,并据该县张令禀,张管带熟悉情形,办事得力,拟请暂仍留镇弹压。闻已禀请辞差,求转禀宪台俯准从缓等情,附乞垂察卑府鼎勋禀。

(1908 年 7 月 28 日,第 11 版)

出洋学习瓷业

南昌　景德镇机器瓷业公司,五月间开办。刻闻该公司已选定聪颖子弟四名,派赴东洋入有田陶业学堂,肄习新式瓷器制法,以资改良。

(1908 年 8 月 8 日,第 11 版)

饬查景德镇应否设立总商会

九江　景德镇纸庄韩启大和等具禀赣抚,请设商务分会,奉冯中丞批示云:查景德镇地方,居天下四大镇之一。近年因磁业衰败,日形退步,颇有绅商发起,应设商务总会,以期挽救者。据禀,徐令孝泰任内曾经设立分会一节,卷查只据浮梁县于申复民政部咨查文内声叙,景镇设有商会局一所等语,既有总分会名目,亦未核议章程,举定总理,详请转咨商部立案,加札派委,其组织未能完备,可知所称即以现办巡警绅士带理办法,尤为苟简。究竟该镇或应设总会,或仅设分会,何者为宜? 革举徐凤钧有无冀揽事权,假公济私情事? 仰农工商矿局即饬浮梁县,会同景德镇同知,确切查明,邀集阖镇商人,按照定章,妥为筹议,克期禀办,总以能振兴商业,调和工党,使地方日臻繁盛为第一要义,不可稍存私见于其间也。

(1908 年 9 月 28 日,第 12 版)

上海中国古瓷赛珍会通告

示一国风教之朴醇,民智之瑰俊,诗歌而外,厥惟美术,不独音乐、图画、建筑、雕刻、绣组等足以征国粹而昭文物,即陶磁器皿之细,亦何莫不然? 中国开化之早,甲于寰宇。大匠名工类,多胜以人巧,不藉机械。即制磁一端,亦发明最古,精美独擅。迄今景德名窑,为时所重,几与隋珠赵璧同辉,媲于川岳,相照耀于东西,若效韫匮,而藏怀真自宝,将何以励考工之学,而餍稽古之心? 今设中国古磁赛珍会于上海,即此物之志也。本年七月二号,由董事局集议,于英副领事威金生之行馆,在座者威金生君、立德而君、柯克士君、施丹立君、爱司可女士、福开森君、巴君、胡二梅君等。首由威金生君声明此事缘起及其宗旨,旋经众议,决定于本年西历十一月第二星期内开办,将中国古磁陈列比赛,拟俟藏事后综纪本末,并附刊所赛各品之种目及图样,登载中国美术典内,以增神州光采(彩)。业经选定福君为本会会计员,巴君为本会书记员,所有详细章程及其余应办各事宜随后详酌妥定。此事颇受中西人士所欢迎,乐为赞助者不少。江督端午帅暨当世三数巨公,亦曾蒙允出其珍秘,送交本会陈赛,具征此事之荣誉光宠。会员某二君并议将此次陈赛一切细情,登诸欧美各美术报,并请订阅。世有好古博物之君子,赏鉴收藏,网罗辐凑(辏),不远万里,并致五都,非侈珊瑚、如意之豪,而彰玉敦、珠乐之盛,共襄美举,乐观厥成。敝会同人不胜企望,惟事当创始,虑或不周,大雅鸿博,幸赐教言,无任欣祷。函件请寄壳件洋行巴君处可也。

(1908 年 10 月 12 日,第 27 版,有删节)

商会限制庄票

江西　景德镇钱号,凡与窑户往来,多用银元(圆)、期票,如未到期,持票兑换须按日期多寡照算贴水。兹该处商会以各钱号所出之票日多一日,恐其周转不灵,牵动市面,特于日前会议,凡钱庄存本若干,只准出票若干,其未到期之票不准贴水先兑,以维市面。

(1908 年 10 月 17 日,第 12 版)

电复筹办商会事宜

南昌　赣藩复景镇总理瓷业公司内阁中书康电云:庚电已悉,前据韩启太和等具控即经批饬,以景德镇商务繁盛,无论设立总会、分会,均应由地方官督同绅商妥筹办理,揆其词意,有革举徐凤钧为坐办,不协商情。景镇人多口杂,动起风潮,未可稍涉勉强。乞与地方商绅董妥议禀办,以昭允协,敝处毫无成见也。

(1908 年 11 月 10 日,第 11 版)

赣省出产衰颓情形

江西　赣省所出物产,向以茶木、纸、布、油、靛、书、磁为大宗。近年种植、制造未能改良,因之资本愈亏愈甚,货物愈销愈缩,不及从前十之四五。……景德镇之磁器,历年古磁获利颇厚,近虽一二公司仿东西洋磁,而开办未久,仍觉无利可图云。

(1909 年 1 月 1 日,第 11 版,有删节)

代 白 捏 诬

景德镇巡警,向系浮梁县总办、分防府督办,出入款项皆由各宪核定,量入为出,酌立章程,照章办理,年终报销有案。今年瓷业公司中之康达、徐凤钧、汪龙光及隆元出官人胡承邺并妄人时霖等,私立商务总会,违章揽权,经三帮绅商控告,蒙各大宪批饬,浮梁县及分防府邀集本镇绅商照章公举另立。彼等见其所为不成,权不得专,因捏商家名目,以怙悛济恶等情诬控局绅侵渔公项,不知该巡警一项有亏无盈,现在经手者,无不负累。因前月廿五日公请分防府浮梁县宪并邀诬控有名人等,将出入款项彻底清算,毫丝无讹,邺、霖见帐(账)确实,自知诬控,遂赧颜逃窜。各商家多谓此次诬控,伊等并不知情,皆邺、霖等笼罩妄为也。大凡人力心,公出言实,方为正人,有益地方。今邺等违章揽权,既已妄为于前,捏名妄控,今又虚诬于后,如此行为,已成衣冠败类,乃为地方大害。某等见此,不胜忧惧,特将此事宣明,俾众周知,免再为其所惑焉。景镇不平人代白。

(1909 年 1 月 5 日,第 1 版)

敬告读者(续)

(一)商界

商界之恐慌,至今岁亦云极矣。以贸易论,若汉口,若天津,若上海,各大埠之贸易萧条已甚,钱业之倒闭者奚啻数十计,此自海通以来未有之现象也。以工艺论,若山东之玻璃,若景德之磁器,虽已摹(模)仿西式,极力改良,顾身本既重,售价自昂,销路因之不畅,此尚难称雄于实业界者也。惟多一度之失败,必多一度之改革,故戊申之岁为商界失败之岁,然则欲其进益求精,而恢复扩充已失败之事功者,我当拭目而俟将来之已(己)酉。总之,中国国势日削一日,外力日侵一日,若欲转弱为强,转贫为富,则不仅学界、商界足以胜任而愉快,而尤赖军民各界共振精神、共勉国民之资格,毋以数日而忽之,此记者所焚香默祷以祈望者也。

(1909 年 1 月 17 日,第 12 版)

奏办江西瓷业公司广告

本公司自戊申五月开办,所制瓷品均经同人研究,参采欧化,注意美术式样图绘,穷力追新,不但非外窑所及,且能驾乎官窑制品之右。去冬,装运成货出张沪上陈列所,中外人士无不欢迎。又,美国希君游历景镇,参观本厂,称本公司为中国未有之特色,欣然定购新式霁红瓶三千具。本公司出货伊始,同人深惧椎轮草昧,不足以餍购求者之盛心,不意风声所播,远及于欧美,此实同人始愿所不及此者也。今年拟即添建坯房,兼制普通日用品,又于饶州开办分厂,专用机器制造,并蒙□南洋端制军□藩沈方伯筹拨款项,设陶业专门学堂,招集聪颖子弟练习职工,总期货求优美,制必精良,以造成高等之工艺,为我国瓷业界放一异彩。赐顾诸君有定购货品,用何式样?画何花物?均请先开明定(订)单,酌付定资,邮寄本公司,议定价目,代为照办,或至上海英大马路本公司出张所接洽亦可。至批发成货,价更从廉。特此通告。

(1909 年 3 月 1 日,第 22 版)

江西瓷业公司小启

中国瓷业肇兴由来尚矣,而发皇于炎汉,然书史所见,仅有瓦、缶、瓯、罍之类。晋唐以降,陶缥琉璃瓷出,中国瓷制始擅美誉。延及于宋,则有柴定玛瑙釉等窑品器所贻,玮如球璧。更历前明成化以至国朝康熙间,品类益精,斯为极盛。至今中西人士咸不惜其重资,广事收罗,有得一二真品者,莫不珍为异宝。道光以后,斯道寝衰,流行于世者,仅有庸恶粗劣之品。间有可观,系出御窑,非民间所可得。西人有鉴于此,因而极力研求斯学,翻陈出新,遂造各种奇巧之品,转运中国,以擅美利。近年以来,充塞于市者莫非洋瓷,每年钱力溢出者不下数百万。今日我国瓷业若不急事改良,不但素日环球称美之唐瓷,声价从兹堕落,而偌大漏卮将何以抵塞?同人旷观世变,怒焉心忧,因招集巨资,奏准于江西之景德镇设立瓷业公司,聘请专门陶业家,以中国固有之美质,参用欧美之新法,以造各种美术品及日用品。自戊申五月开厂以来,所制瓷品,均经加意讨究,仿古者如均窑、厂官窑。雍正之东(冬)青釉,康熙之苹果绿等,皆与真品无异,且式样图绘穷力追新,较之古物又过之无不及。去腊,美商希君游历景镇,参观本厂,称本公司为中国未有之特色,欣然定购新式均红瓶三千具,即此一端固可证也。至于普通用品,除将固有之形式花样翻新,且制造各种西洋用品,今年正月罗致于沪上商品陈列所,众多以欧西瓷。目之内,有《万花献岁》一品,竟与日本之七宝烧无异,观者莫不啧啧称羡,谓为吾国美术学之进步。溯自本公司开工出货以迄今日未及一年,而西至日没,东及扶桑,莫不有口皆碑,争相定购,同人等犹恐椎轮草昧,不足餍求者之盛心,固当力图改良,为我瓷界放一异彩。迩者因景镇僻在偏隅,交通不便,用特设立出张所于上海英大马路望平街口,专以本厂成货便赐,顾诸君随时选用,且备有彩红工人,如有定画花样及书写款识,皆可随时应求,不误期约。若其定制、贩卖、选购大宗者,均可随求而供,冀以欢怿中外惠顾者之望。世界日益文明,人类之嗜好亦日与之俱进。成器致用在得之者,可以慰心悦目,怡养性情,而在本公司则以发挥国粹,恢张吾国固有之令闻,塞绝漏卮,且为工商之前导,然则交利之道宁有畛焉?特布区区,惟希均察。

(1909 年 3 月 6 日,第 10 版)

论中国今日亟宜仿造应用洋货(续)

上述两项,犹就其大者言之耳。此外,日常需用之物品,虽区区之数,无关大计,然综合而计之,其数亦甚可观。倘不即行仿造,亦大足为吾国财产界之隐患。他且不计,即如洋伞、洋灯、洋皂、洋烛、洋磁、洋纸、火柴,以至绒衣、绒袜等一切纤细之物品,均为家家必需、人人必用者,每年进口之额为数甚巨。……洋磁之销路迩来大有锐增之势,凡酒馆、茶楼所用之碗、碟、杯、樽,大半均已改用洋磁,甚至家常个人亦竟用洋磁,大有厌弃本磁、不屑一顾之势。设不亟谋仿造,恐江西一省之大利源又将为外人夺矣。数年前,饶州府之景德镇已有瓷业公司之设,专以改良本磁为主,现已出货,品质、花色均优于昔,苟能精益求精,不难达完美之境也。但区区一公司,恐仍无裨大局,所望各旧窑亦及时振作,勉图改进,庶可保我固有之利源。

(1909 年 3 月 10 日,第 2—3 版,有删节)

京 师 近 事

闻农工商部以江西景德镇磁业公司大加改良,已著成效,拟专折奏给该公司勋章,并给奖创办人,以示鼓励。

(1909 年 4 月 28 日,第 5 版,有删节)

醴陵磁业之改良

湖南　醴陵县湖南磁业公司自开办以来,略仿江西景镇办法,并请日本技师,参用东洋新法,所出磁品精美异常,釉下品尤为特色。但事属创办,所有购地、建厂、筑窑、采办机器物料需费浩繁,两次所招股本仍属不敷应用,拟再招股数万元,以资周转。现沈坐办又亲赴景德镇,细加考察,并购办釉料及御窑所用之各项料质,约费二千余金,陆续由赣运湘,以为特别改良之用。

(1909 年 5 月 19 日,第 12 版)

景德镇商务总会广告

景镇僻在一隅,界连三省,户口之盛,甲于江右,陶业出产,行销环球。其以熟货输出者,约四百万。其制瓷各材料,以生货输入者,约三百万。此外,米布各业约在三百万,茶市亦二百余万,诚天下一大商战之场。特瓷器虽为本镇出产大宗,而行色繁多,名称不一,虽久居镇者,不克悉其底里,其中尤以钱洋银价、窑位柴价参差复杂,屡起争端,以致工人停工,外商裹足,瓷产出口年逊一年。本会有鉴于斯,特于前月连开特别大会,将钱价一项议定一律。查去年钱价,每两作钱一千五百文,各行均受亏折;本年按照浮平色纹市价作为一千八百文,彼此不得复有争执,业已分别通报立案。兼得本镇分防府同知艾司马勤于政事,去年拿获会匪,惩办痞恶,禁烟禁赌,禁三脚班淫戏,遇事整顿不遗余力,向来掠人勒卖、拦路强抢以及奸拐等案,层见叠出,迭经密获严惩,申以诰(告)诚,强者敛迹,弱者改途,景镇旧习为之一变。盖此间固是工商荟萃、漫无纪叙之区,自开设商会,分行别业,提挈纲领,向时潜伏不出之端人正士,皆肯出力协助,谋抵于成,又得司马认真秉法,汰除害马,诚地方合群进化一大转折。用特布告各省贩运商人,其勿狃于夙昔见闻,谓此间仍是荆棘丛生,遂因之而裹足也。

(1909 年 7 月 14 日,第 1 版)

札饬仿制瓷瓶

南昌　赣抚冯中丞准邮传部电开。本部前因中国电线需用瓷瓶，皆系购自外洋，所用甚巨，利权外溢，殊非经久之道。查山东、江西所产瓷器日见发达，应令仿照制造，解部试验，于光绪三十四年(1908)十二月间咨行两省巡抚转饬各瓷厂仿办，不可视为缓图，咨明在案。近据山东博山瓷器公司赍来瓷瓶，长短未尽合用，应即切实改良。当将外洋电瓶式样移送，尊处速行，径札各瓷厂赶制，送部试验，此系挽回中国利益起见，毋再延缓，是为至要。当即行文司道并经饬景德、萍乡两窑厂赶紧仿制，一俟制成，即行解部试验。

(1909 年 7 月 14 日，第 11—12 版)

南洋劝业会进行之近状

南京　丝茶瓷别馆之筹备。劝业会场以丝、茶、瓷三种为中国特产，特画定地段，预备建造该业别馆，并行文无锡丝业出品协会及浙江出品协会，劝导丝商来宁筹建丝业别馆。醴陵及景德两处，改良中国瓷业进步最速，已有电允建造瓷业别馆矣。惟茶商较为散漫，茶业别馆之设，尚无端绪，现在劝业会事务所分别函致安徽、湖北、福建等省提倡此议。近来中国茶业销场大不如前，果欲振兴此业，则特建别馆亦考较之一道也。

(1909 年 10 月 8 日，第 10 版，有删节)

陶业学堂经费之困难

江西　江西磁业公司总理康特璋舍人现在饶州经营，新厂已经落成，所创办之陶业学堂刻正添招生徒，分为两等：其有中学预科及小学毕业者，则为陶业学堂之选；未入学堂者，则并入公司，专学职工。因办法趋重实用，经费又须增加，该堂经济毫无凭藉，全由康君独力筹画(划)，困苦情形当可想见。惟磁业为赣省最大出品，尚望江西大吏竭力提倡，俾其永久成立，则陶业前途之发达，可预期也。

(1909 年 10 月 31 日，第 12 版)

专　电

公电　（江西）各报馆鉴，景德镇瓷器出品协会，已于初二日组织成立，工商均甚踊跃。

（1909 年 11 月 20 日，第 4 版）

赣抚接济磁业公司之原因

南昌　江西景德镇磁业公司开办有年，规模宏大，现因股本重大，转运不灵，以致经济困难，由管理股东面商鄂督瑞制军，电请冯星岩中丞及劝业道傅观察，设法拨款接济，以维实业而垂久远。冯抚当即谕饬官银钱总号总办张观察，筹拨银二万两，以一万两为入官股之项，以一万两为放息之款。现已经藩司会同劝业道官银号详奉院准汇交该公司收用。

（1910 年 4 月 17 日，第 12 版）

南洋劝业会场之特色

南洋劝业会开会情形，已详载前报。兹悉场中已开各馆，均属精光夺目……如工艺馆之汉冶萍煤铁模型、开平煤矿模型、宜兴之陶器、湖南瓷业公司及江西景德镇之瓷器各模型。

（1910 年 6 月 8 日，第 6 版，有删节）

南漳县又将创立磁业公司

湖北　中国磁业以江西之景德、湖南之醴陵为最著，几有专利之势。兹鄂省模范两等小学校长冯君开瀋、蚕业讲习所长李君燠南，以其原籍南漳县（鄂之施南府属）发现磁料，富而且良，曾经送往湖南磁业公司制造器皿，光泽较赣、湘尤佳。刻特约集商学界同志，发起集股五万元，创办湖北南漳磁业有限公司，拟聘日本及赣、湘技师陶制，以求精美，而辟利源。昨已将章程禀请劝业道核示立案，以便保护。

（1911年3月30日，第12版）

委员催解星子白土捐

江西　南康星子县出产向以白土为大宗，既系运往景镇做磁之用。从前此项税捐，向归各卡抽收，自改办统税后，此项白土捐，即就近改归星子县征收，每年由商人认定捐缴洋银五千元，由县汇解来省。现费藩宪刘方伯清查此项白土捐款历年结欠，为数甚巨，自应派员前往催解。查有前任星子县刘大令仁寿，在任有年，征收情形较为熟悉，特札委前往，会同该县迅将积欠白土捐款催收汇解，毋稍违延。

（1911年5月30日，第12版）

景镇磁业公司之恐慌

景德镇商会日昨电致赣垣云：磁业公司系按照商律，以股份组织，定额招二十万元，瑞股三万，此外并无私置财产。沪上早经设有董事局，股款似非经理人所能吞没。该公司并于饶州附设陶业学堂，近年营业虽发达，而于中国磁业前途至有关系。近蒙委韩易委员来镇调查，将公司发封，并饬提款及货物解省。货物固与饷需无关，款项只有外欠可追，现时甫经阴历正月初旬，纷纷追欠，实滋惶扰，匪独公司名誉信用扫地无存，且因瑞澂一人而波及全体股东血本，后日必滋异议。敝会用敢沥呈实情，仰恳察照，电饬委员只须调查瑞股实数，交由省议会议决，充作本省公股，并饬饶镇公司同时启封，仍知照全体股东协议以后维持办法，庶于罚罪之中，仍寓恤商之意，实为公便。景德镇商务总会公叩。

（1912年3月9日，第6版）

议请减轻星子白土税

江西星子县所出白土,为制磁之原料,粗者每万块二十余元,细腻者每万块三十余元。前清光绪三十一年(1905)所定抽税章程,竟至每万块抽税十一元,每年预定销五百余万块,由星子县包办,年缴英洋六千元于公家。自此章颁行后,土厂土商均大受亏损。出产销路,逐年减缩。所包税额,亦每年短绌,赔累不堪,以致厂户相率歇业,土商裹足不前,而磁业亦大受其影响矣。余君振邦有见及此,拟请减轻此项,抽税约白土每万块酌抽洋二元五角,将从前所包缴之六千元改为一千五百元,至多不得逾二千元。业已备文呈请议会提议矣。

(1912年3月25日,第6版)

赣江鱼鳞片片

维持市面 景德镇地方金融停滞,钱商疲困。现在浔沪汇票仍属不通,于商业前途殊多窒碍,且全镇窑户力难支持,停造已久,所有遣散工人近将复返,如无工作,游闲无业数达万人,恐滋变端。业经该处商务总会电恳都督,颁发新印钞票十万元,交景镇国民分银行藉资周转。现经李督核准,如数发给,派员领解赴景矣。

(1912年4月4日,第6版)

公　　电

南昌李都督电 南京孙大总统、武昌黎副总统、各省都督均(钧)鉴:敝省景德镇瓷业公司瑞澂股款早经没收,严切划提在案,本难通融办理。兹据该镇商务总会呈明种种困难情形,瓷器又为今日当急谋发达之业,自应体恤商情,维持实业。准将瑞澂股款全数作为全省公股,仍令依旧营业,其瑞澂所执有之股票一律作废,不得转售,希即转饬所属一体知悉为祷。赣都督李烈钧叩。鱼。(编者注:民国时期常用汉字来代替发报日期,如本篇中"鱼"字代表六日,后文的"巧"字代表十八日)

(1912年4月9日,第2版)

赣垣近事录

瑞澂股款　赣省李都督于四月七号布告云,照得景德镇磁业公司瑞澂股款,早经没收,严切追提在案,本难通融办理。兹据该镇商务总会呈据种种困难情形,磁业又为今日当急谋发达之业,自应体恤商情,维持实业,准将瑞澂股款全数作废为全省公股,仍令浑合,依旧营业,其瑞澂所执有之股票一律作废,不得转售。除批知该总会及通电各省外,为此谕知各部厅并军、学、绅、商各界一体知悉。

(1912 年 4 月 13 日,第 6 版)

浙省定期庆祝凯旋军

浙省庆祝凯旋军,其种种筹备情形,已迭纪本报。兹闻犒赏勋章一项,前拟区分金、银二种,现经委员长派员查估,需款至七八万金。值此金融恐慌,不应再有糜(靡)费,我军人尊重名誉,当不因此介怀,业已禀商都督,一律改用银质等级加以度(镀)金,估计仅二万四千金。惟纪念杯、壶各磁器,原拟赴景德镇定制,因道远件多,旷日持久,亦拟另行更代,一切设备须两星期方能完善。闻拟订定四月__十五号为庆祝开幕期云。

(1912 年 4 月 13 日,第 6 版)

改良景德镇瓷业公司之办法

赣省景德镇瓷业公司办理非人,以致逐次衰败。前军务部朱总长有鉴于此,即拟具条陈数则,呈请都督鉴核施行。其条陈照录如下:(一)该公司股本,据该委员调查,不下三四十万元,不为少矣,而为经理者舞弊败坏若此。今宜召集各股东并另召股实绅商,公同商酌,重新组织,另举总理,查清账目、款项,责成康总理如数交出,不得借故迟延短少。所有瑞澂款以及该公司所借前清库款,概存公司,作为公家股本,以为振兴瓷业之用。(一)景德镇向有前清御窑厂,积弊尤多,向不归该公司经理,现已闭歇,惟所有窑厂以及模形(型)并各项应用器具俱在,仅未开工制造。今宜与各民厂合并为一,统归该公司经理,以便整顿改良。(一)公司组织完善,经理得法,瓷业固可振兴,然犹赖银钱周转灵便,以维持之。今宜于景德镇分设支银行,则金融机关既可活动,而各瓷商有时周转不及亦可借息于彼,公私均可大沾利益。(一)去岁各省起义后,商家观望不前,故所订之货大半至今尚未提取,而各处所用瓷器亦复不能一日缺少,故数月以来,瓷业生意均为外洋瓷商垄断,急宜通电各商速来提货,并告知大为改良以后,订货尽可源源不竭,一面设一分公司于上海,庶可抵制输入之外货,挽回已去之利益。(一)瓷业工匠以及杂项人工,本属不少,前因瓷货停滞,各厂停工,无可资生,几酿成绝大风潮。今若多方提倡,力求改良,则销货日多,所用人工亦因之加增,不惟一般游民可以利益均沾,尤可隐消祸患于无形也。

(1912 年 4 月 26 日,第 6 版)

景德镇兵变详志

赣省景德镇地方,人烟稠密,商务繁盛,所裁官兵(多属会匪)均混迹该镇。窑工勾结军队,于七月一号晚间三时,密议起事,放炮为号,派党占据电局,抢劫民国分银行。驻扎该镇建昌会馆之宪兵第二支部长梁持坚闻警,派兵飞往弹压。匪兵胆敢开抢抵拒,幸宪兵炮火泼辣,将匪击退。嗣宪兵回营休息,又闻炮声隆隆,正在预备出队往剿,讵料兵匪复聚多人,轰开后门,蜂拥而入,与宪兵交战至三时之久,互有死伤。宪兵以人数过少,伤多难支,以致溃散,所有存营枪械子弹,悉被匪兵夺去,乃将民国分银行抢劫一空。现闻支部长梁持坚、司务长何玉春均无下落,排长彭启瑞、漆立德逃至饶州府郡,急电告警。李督阅后,召集军事会议,谕令省城军警一体戒严,并发子弹万颗交警队,自五号晚间起,与军队负责严巡街巷,以防匪党窃发,布置颇为严密,并派何团长锡圭督率所部,定于六号乘轮起程,往剿景镇巨匪,并调军队防范邻境,以免窜扰而保治安。惟该镇分银行总理谢某,因为电报不通,于五号早间逃抵省行,报告被抢现款八万余元、官票五万余串,并谓官长多被戕害,匪党已举首领接管军队,以致乱势颇炽,非请大兵,万难扑灭也。附警电两则录下:

电一　南昌都督钧鉴:景镇久雨水漫,一号晚间,突有外来会匪煽惑驻镇独立队中之同党,劫制溃变,戕毙范督,带兄弟拆毁电机,劫释监犯,连夜围攻宪兵驻在之宁绍会馆,射击多时。前后门均系深巷,匪以大炮堵塞,四围满注洋油、火药,拟以全数焚杀。旁近商民泣诉投会,正惶骇间,匪首唐桂卿复拥兵劫持总协理、自治会绅,同赴伊处,肆意恫喝,野工游匪更扬言乘火劫掠。绅等处万难之际,踉跄往返,见宪兵子弹将竭,徒死无益,只得权宜哀恳匪徒,百端营救宪兵出险,幸无死伤。该匪辰后即劫掠民国分银行,比晚二次向银行税局搜洗一空,商店王肇兴、宏发等损失尚无确数,天明饱载远飏,不知去向。余匪更到处抢抄,合镇闭市。敝会等联合筹商,公举携眷住镇之前二营队官郭炳煜,另募旧部百二十名,编成保商卫民队,为暂设机关,并激励三区兵竭力弹压,当场格杀数人,余匪纷匿,民始得更生。一切调查损失及善后事宜,除由县知事(王明德)会同详悉呈报外,谨将此次兵匪肇乱及权宜布置各大概情形,先电驰陈,以慰厪系,并恳迅派大兵星夜前来驻扎,以安人心,至为盼祷。景镇商会吴简廷、陈庚昌,自治公所刘艻、胡钧、谢思言同叩。

电二　南昌都督暨财政司钧鉴:一号四鼓,独立队兵变;二号,敝局存局税款,扫数被抢,委员与友眷孑身逃命,衣物等件无一存在。专函随到,特此禀报。景镇统税委员汪龙光专人由乐平叩。

(1912 年 7 月 12 日,第 6 版)

景德镇乱首正法

赣省景德镇裁兵会匪谋变抢劫情形,已纪昨报。查此次官商损失数近百万,现在浮梁知事王明德,会同商务总会调查数目,造册报告,颇形忙碌。闻乱首唐桂卿,于三号黎明乘船起行,赴饶州府郡,预备密议联合黄锦龙旧部同党,大谋举动。幸经景镇开仗溃散宪兵侦悉,报告该府燕知事,调集军队,一体戒严。复经宪兵派人跟踪侦探,知该匪首确于五号抵郡,粗服上岸,因前后堵截至一狭巷,从后将其挟抱。该匪气力猛勇,几被脱逃,即经侦探开放手枪,将其伤倒,始得擒获,绑赴府署,由燕知事调兵围护。提案讯实,确属在镇乱首,且供九江劫案渠亦在内、请求速死等语,当饬军队绑赴校场,拍照枪毙矣。

(1912 年 7 月 13 日,第 6 版)

景德镇兵变余闻

景镇兵变各节迭志本报,兹又接赣友函云,该处匪徒已飏,市面复开,惟当乱匪未散之前,异常猖獗。……七月二日午,乱匪攻退宪兵后,即下令招兵,每人薪饷十六元,不一时，应招者千余人。匪首唐桂卿，为一目不识丁之徒，无丝毫约束，以致晚间大行抢劫，居民呼哭连天，惨不忍闻。兼之县署班监各犯劫出，一班亡命之徒尤如狼似虎，及各处散工、流氓到处劫掠，几于遍地皆匪。现查被抢各处开列于下：匪徒于二号晚抢统税局，扫洗一空，损失约计二万吊；民国分银行抢劫数次，于晚间扫洗一空，桌椅皆无留，损失约计十万；西瓜洲地方，某油榨被抢现洋三万余；其余各大钱商及各富户被抢犹不胜计。当抢银行时，该匪因行中银钱无多，不遂其欲，逼某茶房索经理甚急。某茶房无以应，向左膊猛劈一刀，幸未损命。三号午，各匪均饱载，分途远飏。四号遂由商会自治会公举前十标二营管带邹某，召集旧部百二十人，编为保商卫民团，缉获余匪多名，当场格毙，秩序始稍恢。携银行房屋现由自治会暂封，至匪首唐桂卿，系于五号午抵饶后，有现洋三千余元，船中即抢有一美貌之妾，因其行（形）迹可疑，遂被侦探缉获，业已枪毙矣。

另函云，宪兵败后，退守饶州，全体军械器具慨行被劫，幸饶地尚有驻广信欧阳部下一营可以救援，并借枪械与宪兵保卫。六号清晨，景镇商务总会派人来饶云，匪势暂平，强劫财产者全行逃去，未得财者由商绅各界出招，共举一人为带兵官，有枪者无论多少，每月饷洋十元，现在所招约有一百二十名，请宪兵连（联）合欧阳部下军队一同出发，宪兵部长已与欧阳部下军队相商，定于七号十二句钟，开往景镇，惟宪兵所借枪枝（支）只有二十杆，该部长拟将宪兵一半赴镇，一半尚驻饶云。

（1912 年 7 月 16 日，第 6 版）

景德镇兵变始末记

景德镇兵变一节，已迭纪本报。惟嫌尚未详尽，兹又将此事始末详记于左，以见其前因后果焉。

赣省饶州府属景德镇，地方向驻巡防队右路第十一营管带程佩玉，自光复后升为步队十标统带。月前奉令遣散，仅留一队，更名独立队，藉资弹压，经程统带保荐，该标教练官范海滨为督队官。自接事以来，遇事认真，纪律严明，地方赖以安静，初不料其猝起变端也。查该队于乱前数日间，有两兵士在花烟室打茶围纠缠不已，被宪兵查拿押责，因此遂成仇隙，队兵常思报复。实有浔阳遣散游勇唐桂卿并张某三人，皆系洪江会匪，潜来镇地，结党谋乱，以冀恢复洪家势焰。而唐桂卿又曾充该标号令，与队兵甚为熟识，肆意煽惑暴动之谋益急。适七月一号，淫雨连旬，洪水为灾，居民正在惶恐之际，唐等遂于是夜一句钟时，混入范督队寝室，伺其睡熟，连砍数十刀，复至内房，将范弟一并杀毙，声言伊来光复景镇。随即手提血刀，带领多人拥至驻镇赣省民国分银行，逼谢总理交出锁钥,恣意搬取银洋。复至浮梁公署,欲戕王知事,王已闻风逃匿。劈开班房,放出囚犯,囚内有司金标等,亦系洪江会首领,与唐结合招聚遣散之兵,及洪会土匪千余人,名曰临时兵,唐自僭称标统,司、张等称为营长,高悬红布黄字大旗大书"大汉重兴"四字,声势汹汹,遍街张贴四言告示。纵令所招匪兵三五成群,背负洋枪,手执马刀,沿门勒索,或三元五元、十元八元至数十元、百元不等,稍拂其欲即拍刀比枪恐吓,合街闭市。该匪复敢派数百人包围宁绍会馆,拖出大炮两尊,排列门首,又拖水龙,灌泼煤油,放火烧毙宪兵数人。商务、自治两会睹此情况,深恐地方糜烂,只得出为调和,力保宪兵出围,议令宪兵缴出军械,不能伤害。延至黄昏,宪兵寡难敌众,遂将枪械扳坏,交付商会,各背包袱逃生。自宪兵离镇,匪胆益大,是夜到处掳掠,求子街抢恒发土店、宏发南货店,小港嘴抢肇兴油榨,再抢统税局,撬开踏板,搜掠一空。又在洋货店强要洋伞,又向五洲药房诈去定时表四只,此七月二号事也。唐等抢得多赃,心满意足,兼畏省兵到镇扑灭卷赃,挈妓逃往饶郡被获枪毙。而新招匪兵见唐奔窜,均思趁此发财,复拥至银行,翻箱倒筐,百般搜括,自清晨掠至下午,所有衣箱、铺盖、器皿、什物劫去殆尽,后抬大炮至警署勒缴枪械,经杨警长喝令警士放枪,格杀两匪,遂各鸟散。(未完)

(1912 年 7 月 21 日,第 6 版)

专　电

南昌电　景德镇分银行被抢实数,经已查明,共计八万一千余元。

(1912 年 7 月 28 日,第 2 版)

赣江帆影录

银行总理更换　景德镇地方,自兵匪肇乱,该处分银行被抢纸币五万余串,现经李督饬,令财政司会同总行根查号数,预备通电禁止收用。惟以该行总理报告不实,闻已委定前充吉安防统领余邦宪驰往接办银行事务,并兼办景镇统税,以一事权而示整顿云。

(1912 年 7 月 31 日,第 7 版,有删节)

景镇商会为吴总理辨(辩)诬

景德镇商务总会电云,南昌商务总会鉴:景镇七月一号兵匪构祸,戕管带,围宪兵,抢劫银行税局及各商号时,知事王明德、警长杨兆璜避匿,地方无主,饱掠纷斗,野工痞徒横行街市,是民是匪不可究诘。敝总会及自治会仓猝(促)募兵百二十名,举裁缺队官郭炳焜督带,电奉都督照准,市面以靖,实具苦心,然不知□有无罪犯也。嗣大兵捕犯及鄙,其眷属认为商会□陷,哭求请保,外间又传有报复之言,众乃请总理吴简廷请保候查,致触怒于王参谋,电奉都督电以力保要犯,显系与匪勾通,饬查拿讯办,合镇惊骇。敝会吴总理,道德、学问、名誉、资望昭著耳,目前南洋赛会各会代表多曾接洽,能知梗概,何至有此污行?实为商界奇冤。现商旅寒心,各业停滞,敝会势将瓦解。除电请都督剖诉外,并乞贵会速赐转恳销案,以保镇市残余生命云。

(1912年8月5日,第6版)

赣省近事纪

景镇乱后情形 景德镇电云,南昌都督钧鉴:三十一号电敬悉。王参谋早已回省,商会总理吴简廷并未管押,其平日品端学粹,好义急公,素所钦佩。兹蒙免于深究,各界欣感。知事自前月三号出署驻镇,地方渐次安宁,时已匝月,以致征收减色,即日回署督催丁漕,以济军需。知事鳃鳃过虑,旦夕难安,又在该镇银根奇紧,市面恐慌,分银行钱票由知事劝核通行,保商票有商会担任,惟临时钱票二万有奇,三次文电请示未蒙解决。现已停用,当铺久闭,诚恐枝节横生。知事有地方之责,不能不据情详达,仰恳设法维持,以安民心。昨奉司法司电敬悉,同知署腾出,惟巡检署已为校地学生百余人修理千元。司法固属急务,教育尤为前提,况景镇素无学校,今教育萌芽经费支绌,一有迁移再建甚难,而且地据中央预为小学总汇,知事垫费提倡煞费苦衷,固不足惜,该镇教育前途不堪设想。现巡警中区合并支应局,亦系公业,均合法厅之用,若蒙允可,两全其美。伏乞电复只遵。浮梁知事王明德叩。

(1912年8月12日,第6版)

赣江鱼鳞片片

公电诉冤　景德镇分银行于兵变时被抢一案,巡警左右两署不遵调遣,以致贻误事机,业经浮梁县知事会同景镇警长杨兆璜禀陈罪状,当经警厅批令,即将孙长龄、江国镇两名解省,从重讯办。兹将关于此案之诉冤要电录下:

南昌警视厅总监吴钧鉴:顷据江巨明投称,伊子江国镇被黄淦诬告,奉钧批饬县知事解厅候办等情,据商民耳闻目睹,兵变时,警长、知事俱已逃匿,兵变后拿匪获赃,江国镇呈缴可据,黄淦突以勾结各匪控案,似属争功,诬陷国镇到案后,风闻县知事欲将就地正法,罗织深为可虞,事关人命,用是冒昧叩恳迅电知事,务将黄淦、国镇并解到省对质,庶几是非,真而公理见。谨呈。景镇全皖同乡会。巧。叩。

(1912 年 8 月 26 日,第 6 版,有删节)

工商部之政策(上)

北京通信员　思农

工商大会研究之唯一资料　工商部于十一月初一开工商大会,……工商总长刘揆一君于开会第一日演说三大政策:一选择基本产业,二划定保育时间,三解决资本问题,已包含此次所提出议案之主要宗旨。然其内容则尚非确实说明,不能了悉。记者因历访该部总长刘君及次长向瑞琨君,并主要部员,询其议案内容及其系统所在,汇记之,以供留心实业者之参考焉。

…………

基本产业之办法。该部现所最研究者,为基本产业之政策,其意以英国经产业革命而不致断伤元气者,即由巩固本国基本产业之故。该部研究之结果知,中国之可以为基本产业者共有七种,输出之品则为丝、茶、磁,抵制之品则为煤铁、棉纱、煤油、糖业。此意已见刘总长当日演说,兹特详其说明及办法如左:

…………

磁。注重以湘磁及江西普通磁器销俄国,再照往日江西景德镇御窑办法,力求改良,广销欧洲皇室。近日本磁器,即多冒用中国名色,销于欧洲者也。至宜兴陶器及广东陶器,则改良后拟专制为欧洲之日用品销售。

(1912 年 11 月 12 日,第 2—3 版,有删节)

杂 评 二

皖赣建筑铁路之商榷　皖赣建筑铁路之议,我闻之熟矣,扰攘数年,糜(靡)费百万,权利争竞,冲突频仍,寝至今日,全路迄无一里之告成。而李经羲等忽又以宁湘铁路新名词,思攫皖、赣、苏、湘四省之权利。呜呼,异矣。姑无论该路与水线平行,为贸易上碍难获利之要点,即就皖赣地形而言,皖南路通浙赣,万山纠纷,此时宜由芜宁道徽州以通江西之饶广,与浙路相衔接。浮梁之茶,景德之磁,皆足以供吾路转输之要品。更由饶广南下建抚,走宁赣以入广东之南韶,与粤汉相沟通,否则或走惠潮以达于海,收左海之物产,吸庾岭之菁英,为皖粤间辟一行旅捷径,如京汉之有津浦者。然今乃不此之计,而颟顸计及于平原四达之地,其亦可已而不已乎?何设想之离奇,竟令人不可臆度至于如此也。

(1913 年 3 月 11 日,第 6 版,有删节)

景镇磁业请押借十万元

江西景镇磁业有限公司总经理康达呈财政司文云:公司开办七年,所出物品颇得中外之欢迎,而近来举国商场不振,因之货物滞消(销),运转不灵,陷于危境,破产之忧,转瞬即是。伏念景镇磁业为我国江西之名产,而公司实磁界之模范,若不设法维持,听其消灭,不独前此之成绩,可惜公商十余万之股本将归无着,即我江西磁业前途因之阻步。惟现际商界恐慌之时,欲筹巨款实非易事,再四思维,不得不乞维持于公家。然当此财政困难之时,何敢援政府补助之条,干求非分?惟乞体念商艰,特别息借,拟以景、饶两厂之房屋,及一切窑场不动产作抵,向民国银行息借英洋十万元,分五年支取,十年归清,而原借一万五千两之款即于数内扣除。至于息率若干及分期交款之数目,及一切条件,统俟与银行面订。务乞俯念公司之存亡与江西磁业前途关系密切,俯允所请,实为公便。

(1913 年 5 月 28 日,第 7 版)

江西最近见闻录

拨兵缉捕景镇匪案　江西景德镇地方为产磁名区，窑工会聚数万之多，良莠不齐，乱事可虞。现该镇警署长周兆麟，会同浮梁县知事电称，二十七日傍晚突有匪徒数百人来镇，持矛荷枪，蜂拥起事，势甚猖獗。当经该署长率警抵击，始行散窜，夺获枪械为数甚多，并当场拿获匪众二十余名，讯有吴道杭、余辉鸣、王步周三名，确系匪首，直认不讳云云。当经李督电饬，就地正法，以昭炯戒，其余党匪拟俟讯有确供，再行分别惩办。惟李督以该镇五方杂处，匪徒混迹，复乱堪虞，特令宪兵司令官周秉权，即拨宪兵两排，于十月廿九日星夜起程驰往该镇，会同警察拿办窜匪，以资镇（震）慑矣。

（1913 年 11 月 4 日，第 6 版，有删节）

江西磁商之出品

磁业商号莫华记以巴拿马赛会将次届期，特在江西制就碗、盏、壶、盆、花瓶、花筒、花盆、花钵、花缸等物，及挂屏、插屏各项，大小计有千余件之多。所绘花卉人物，俱系仿古，价值六千余金，业经一律运沪，存储法租界升半里内，预备配制红木座架，以壮观瞻。内有磁质挂屏三幅，面积极大，屏上所绘者，即系制造磁器之程序，自挑选泥料为始，如何工作，如何绘图，以及上油（釉）、粉白、入窑烧炼各式图样，并注以说明，其为精致。前日，该号主已报请南商会执事员吴杏涛前往参观矣。

（1914 年 3 月 25 日，第 10 版）

浔 阳 小 志

九江商务表面尚可，内容实衰，其总原因在金融停滞。从前各银号、银行所放现款，总在三四百万以上。现合江西民国银行、交通银行、日人台湾银行、民国储蓄银行四家所放市面现款并计，较之前数，仅得十分之一耳。

进口以洋货为大宗。虽流行之区域渐广，而以购买力之耗弱，故近年无大增减。出口土产,茶为大宗,见前报告;次则杂粮,每年六陈(麦、蚕豆、豌豆、赤豆、菜子、草子,称六陈)百余万;棉花、芝麻,合共百余万。他若桐油聚于汉口,木聚于湖口,漆纸聚于吴城,磁则径由景德分运各地,均于九江无大关系。

(1914 年 4 月 8 日,第 6 版,有删节)

专　电

南京电　韩省长日昨接江西戚民政长电,谓顷接上海应季翁电称,黄炎培被敝署拘留,阅报惊疑,乞示慰等语。黄先生与扬旧交到赣后,官绅欢宴,竭诚款待,并由敝署发给护照,往景德镇一带参观。各校闻,径赴浙江报纸,平(凭)空造谣,诧异之至,乞转电季翁为恳。季翁住址并乞示及云云。

(1914 年 4 月 24 日,第 2 版)

江西瓷业公司之经过谭

曳泥

景镇瓷业驰誉全球,由来久矣。惟以商计,近利工、无学术,致无进步。外瓷输入年盛一年,景镇瓷业遂陷于日趋日下之势。江西瓷业公司之建设,即以改良瓷业、挽回权利为宗旨,开办以来,于今八载,由困难而臻稳健,实为景镇瓷业之模范。暇时辄与其经理人谈论困难之历史及补救之方法,窃以为有足供实业家之参考者,特分述如次:

㊀忆中屡失之失败。外人喜古式,内地好新奇,此系瓷业家之通论。公司开办之始,即专力于此,一时颇得社会之称许。后至货物积滞,乃知此等物品以罕见贵,本非日用所必需,仅供富者之玩赏,少则可得最高之价格,多则必致韫藏而待沽。按件计利,虽属倍蓰有余,而销行不广。通盘合计,赢(盈)余实仅活资,坐滞运转不灵,遂陷凶境。今则制品注重普通样式,暂从习惯改良,则逐渐从事,不复持急进主义。而改办以来,销行极速,零星计算,所获虽微,统筹全局,赢(盈)余实厚。故于仿古求奇之品,以一局部为之,虽出品无多,转获厚利。

㊁直接监工之失败。工人满千,管理不易,其旷废也。不必游戏只言笑,茶烟人旷分秒(秒)合,即旬日其走耗也。不必怀挟只原料,用具人损零件合,即巨款,纵有神智,

稽查难周,现改为分厂包工计价分利之法,使人自为谋,工自为督,旧时旷废走耗诸弊不禁自绝。

㈢改良过急之失败。见外瓷输入额数日增,急起仿造,以图挽救,于是表里兼营,百务齐举,种种试验耗费合计不资。迨至效有可期,则又力难为继。在西人营业,计远利不计近功,一切阶梯经验之资,虽多不惜。我国人求利心切,一至旷日无功,则资难续集,现在顺势循序,俟一事成功获利,再以余利谋及其他。如此递推递进,庶无中辍之虞。

总之,欲求一业之发达,必先立定基础,然后进行。好大喜功,操切过急,皆取败之由。用人必须利害与共,始能得人之死力。仅计一己之利,不为人谋,则暗中损失实大。制品须从习惯,稍加美观,若新异物品明知可获厚利,非损失数年不能成商路,资本稍薄者绝不可务此。如公司为抵制外瓷,仿造硬质瓷器及硬质陶器(即通用之大餐器具),试验已有成绩,以资本不充,不敢实行制造云云。

按,该公司计分两厂,一在景镇,一在饶州,以上所述皆景厂(在镇名景厂)之状况。至饶厂,以机代力,以煤代薪(窑为德国式,以余干县石炭为燃),输彼西学,施诸实验。四千年来开山伊始,工捷价廉,将操左券,且于厂中附设江西省立陶业学校〔原名中国陶业学校,款由各省拨助,于民国元年(1912)改归省办〕,五易星霜,主事者为日本高等窑业科毕业张浩君,其他理化、图画、管理、簿计,及铸瓷、压瓷、模型、雕刻等实习各项教师,皆一时海内外毕业专家。学级分中、初两等,收生不拘省界。又有艺徒一班,以养成职工。盖该公司之计划,皆从根本着想者也。

(1914年5月16日,第6版)

景 德 之 磁

自鄱阳湖溯昌江而上,闾阎扑地,万突刺天,以三十方里之地,而聚人口至三十万,以工业而直接、间接仰衣食于斯者数十百万。所奇者,手不假半部机械,口不谈半句学理,甚至目不识一丁字,惟恃天赋之聪明与材力。俾其业名闻万国,利赖众生。观于景德镇,谁谓中国人民生活能力薄弱哉?

景德磁器之出品总额,当清光绪初年,仅数十万元,厥后渐增,最多时年四百万元,光复之际,商工停滞,辛、壬两年独少,今则渐复旧额,年约三百余万元。

全镇烧窑户约百二十家,其燃料用木柴者八十余,用茅柴者三十余。窑主人专为人烧磁以取值,他不问也。其出资雇工制坯、发烧出卖者,曰做窑户。磁业有三十六行之称,某户做某种器,某工制某种坯,若者碗碟,若者瓶罍,若者圆器,若者琢器,若者雕镶,若者精,若者粗,以至某工用何法上釉,用何法施彩,各专其艺,不相通亦不许相通也。下至为人烧窑看火者,为人运坯入窑出窑者,各名一业。

窑户不须大资本,有数百元千元即可开办,而获利厚且速,一二年间千金可立致。所苦一事无把握,则烧窑成败也。旧式窑,皆半环,偃盖形,顶高二丈余。方开烧时,置磁坯于匣钵,匣钵作扁圆形,钵钵相叠且相倚,其高抵顶。及烧毕开视,则若干叠已倒毁,且彼此牵掣,东倾西应,毁坏无算,相与顿足浩叹。苟此一事克有把握者,虽家素封,而户金穴不难,而谈者皆归其祸于天,谓某户某户之发财皆天佑之也。

景德瓷业之精以分功(工)故,而其同盟要挟把持垄断,亦复并世无两。凡窑户雇工皆包做,其工资论件数不论时日,所以奖勤勉也,乃相约作工不准过多。凡烧瓷家多经三十六时乃成,俟其热度渐低,二运出,故隔五六日可烧一窑,乃相约必隔十日方准烧一窑。匣钵中储瓷坯,大圆小圆,彼此容切,若稍稍加以配当,其容受当较多,乃相约不准满置,此已无理取闹矣。可恶者,窑户送坯于他户,以薄板条长丈余、阔仅四寸者,满承磁坯,人各左右肩两条,颤巍巍行于狭巷稠人中,一触则板欹而坯堕,立召同业一呼百应,蜂拥入肆论赔。此数十磁坯之赔款尚有限,而合座茶酒耗费无算,积威所致,使人人遥见磁坯,立避三舍。记者始至,未及问禁不之知也,但见夕阳西下,一白往来,私念此瓷坯也非卖饼家以颁承筐可比,何彼工人不自珍其手泽乃尔?初不意其招人触损以取价也,犹幸余举趾(止)稍慎,不且闹大笑话,及今思之犹心悸。

凡此尚与瓷业之进步无关,吾今更述一事,见风习之顽陋与骄横焉。瓷器施彩之普通法用绘画,而其特别法则用印画。印画者,渗颜料于蜡纸,作花鸟形,由纸以印于瓷器。此法功省而美观,实工业之一进步。向例只用之于略见烧坏之瓷器,以稍掩其窳楛。七八年前,忽有人施之于良瓷器,群工大哗,谓将夺绘画者生计也,罢工相要,甚至斗殴杀人,酿成大祸,而此功省美观之印画法,卒不得露头角于瓷工界。

其罢工也,至捷且普法用。竹片削之使锐,缚鸡毛于其端,逐户掷送,户各一片,名曰鸡毛报,见者立停工作,违之则犯众怒。其罚不用他法,但毁其全厂工作物,使不复能工作,故魁桀攘臂一呼,无敢抗者。

以是之故,浮梁一县在前清号称难治,官斯土者日惴惴焉,惟瓷业罢工是惧,而长官愈畏祸,工人乃愈骄纵。磁业分三帮:曰都帮,旧南康府属都昌县人也,势力最雄厚;次曰徽帮,徽州各县人也;其余土、客合为一帮,曰杂帮。此三帮之名词已为社会公认,遇事则三帮取均势主义,而都昌以一县人占其全势力三之一,故人尤畏之。镇去浮梁城三十里,浮梁人恶此大工业之尽为客民占也,戏呼镇为租界,疾视之而无如何。

镇教育不发达,男女小学校仅三所。宗教亦不发达,天主、耶稣两教会皆殊萧索。工人工余,娱乐机关为茶肆、酒肆,为娼寮,昔时则雅(鸦)片尤盛。此作工之客民,年终归春,三月乃集,客氏多,故私娼独盛,工资高下相差甚巨。最高者以一身兼受数家之佣雇,月可得数十圆;最下每日除三餐外,得数十文耳。

夫以数十万无教育、无宗教之人民,麇于一地一业,焉得而不顽陋骄横把持垄断哉?夫其生活能力之高度,与其顽陋骄横把持垄断之高度,为正比例者也。

此大工业果尚有改良之希望否乎?当于下回通信述之。

(1914 年 5 月 19 日,第 6 版)

景德磁之前途

前书所述,顽陋骄横把持垄断之恶习,近顷亦稍稍戢矣。前清末叶,利地方官之畏葸迁就也,愈迁就愈骄纵。今则惧一扰祸兵队立开枪轰击,相戒不敢动,故民国成立三年,未有罢工之举。十年以来,有志之士受外界之激刺,竞言改良磁业。皖南康君特璋锐意实行,奔走鼓吹之结果,邀一时官绅之赞助,得筹集资本,设磁业公司于景德,设陶业学校于饶州,聘专门家一方传习,一方研究。尝至饶州参观其学校,与公司分厂联络,备有倒焰或石炭窑,与制坯、上釉各种器械,足供实地之修习,并足唤起青年对于磁工业之兴味,与其他实业学校设备不全者大异。

公司设分厂于饶州,备试验改良,而其景德本厂暂用旧法制造,以维营业,俟新法试验有效,逐渐改革。方初组织时,颇受制于一般工界,今则磁工同业。种种苛条厉禁,惟对于公司特别通融,不加干涉,故如印画、刷画等施彩新法,公司采用有年,并无障碍。夫恶习渐戢,则改良之时代至矣;学校成立,则改良之机关备矣;公司成立,则改良之萌芽生矣。

论根本上之改良,第一在陶土原质之提净与其配合成分之研究。景德现用之原料产于江西之星子、乐平、浮梁、余干与安徽之祁门等地,其中含铁约百分之三四,故磁色稍失之青。西洋磁质含铁仅百分之一,故色白。若此之类,凡关于原料之改良,应研究者一也。前书不云乎,最苦烧窑无把握,往往盒钵欹倒,毁坏无算。盒钵以乐平耐火土为之,乐平耐火土不惟粘力强,其溶(熔)度之高在摄氏表一千六百度以上,而犹患溶(熔)解欹倒。设能研究改良,使之溶(熔)度更高,便无此患。闻外国溶(熔)度最高之耐火砖,有达二(两)千度以上者,他若窑式之倒焰、直焰,燃料之用煤、用柴,于经济孰为便宜,于成货孰为精美,此关于烧窑之改良应研究者二也。此外,坯之式样,釉之色泽,画之美观,何者为投合文明社会之嗜好,何者为投合一般社会之嗜好,凡此种种,陶业学校与公司分厂正在一一实地研究中。

景德学校虽不多,有模范小学者,颇能用心研究教育。若于初步之小学教育中加入改良磁业之方法,使粗浅之知识与其技术普及于一般儿童,采用生活主义,多授乡土教材,固当为谈教育者所许,抑岂非改良景德磁业根本之根本也乎?

(1914 年 5 月 21 日,第 6 版)

景德磁之里面观

曳泥

景德磁在前清咸同之间,售额常达五六百万,是为极盛时期。然磁者,吾国唯一之实业,以与他国区区丹药,年亦售至数百万,较之已不可同日语。今则欲售至前额之半,已觉难得矣。

光绪初年尚有三百余万,前清末造益觉凋敝,至今年而复盛,已有达到三百万数之希望,故今年磁业大发达之声不绝于耳,一般磁业家莫不喜形于色。余以冷眼观之,不觉有两种之疑问:

㊀磁业复盛,果有兴于吾人扩张国货之希望否? 中国虽以磁器名于世,而外人购中国磁,实仅盖以习尚不同,用具自异,既不能适以所需,故普通用品出口绝少。其为外人所嗜者,仅少数之仿古细彩之美术磁瓶及模型人物而已。按件计利,所获虽厚,通年合计,为数实微。外人对于吾国日用常品,则加意仿造。余前年在南京见日本磁器,小至茶盅酒杯,亦莫不仿造吾国样式,虽现在消数不大,然不可不注意也。其他外磁搀(掺)入,夺去之利益已不可胜数。

自洋磁脸盆输入,景德镇之磁脸盆淘汰矣。自彼硬质陶器之各种餐盘输入,各地之茶楼酒肆不见有景德镇之磁盘矣。近又得一警告,即输入之磁,又增一种安南所制之桶壶(置藤筒内所用之茶壶),沿边各省就近购取者甚多,预料景镇此项磁壶又将陡减矣。观此可知,今年磁业复盛,并非扩张国货之现象也。

今日磁业复盛之原因无他,磁器虽非消耗品,用者平均数年必购置一次,自前清末造迨光复之后,伏莽满地,各处商店均不愿贮有充分之货物,勉支门市,即不添贩,贩亦少数。今则经此数年之久,用者损失已多,商店存货益少,遂积成此大加运贩之一时期也。

㊁今年业磁者,逢此旺年果能赚利否? 今年贩客虽多,而坯房亦陡增四百余家。家数既多,则货难居奇,纵有厚利,亦觉分散。况工人只有此数,一时乌能骤加,已觉所供不给所求。而余干、星子(该两县所出之白土名为磁业之主成分)之价,较去年已高数

成,成本则较重,售价则如故。而此数百家,其资本多半借贷而得,暗中已耗去几分之利息,欲赚厚利不亦难乎?

所最可虑者,尤为坯工。盖坯工思想卑鄙,欲望单简,所需苟足自赡,遂萌分外之念。家有隔宿之粮者,几不啻秦皇汉武之富贵,已极而求神仙。如是,非理之要挟起矣。自光复之后,绝不闻有罢工之事,亦因磁业衰败,坯房少而工人多,遂不得不安分,以保其饭碗。近日考察各坯房之工人,皆已露骄纵之态,甚至有已罢工者。虽主人一变其平日严厉之态度,而工人恒性待之,愈好而愈骄,稍有不慎,则鸡毛报一传,不浃辰而全体之罢工成矣,可不惧哉?

虽然小人怀刑,古今公例,地方官苟能维持得法,杜渐防微,不使其骑虎势成,遇有罢工之厂,即以严重之方法对付之,则此劫或可邀免。否则全体罢工之恶剧,再演于今日。元气未复之景镇,尚能收此巨创乎?余不暇为业磁者计盈亏,而亟为吾国之磁业前途危也。

(1914 年 6 月 22 日,第 6 版)

079

夏季之鄱阳湖

曳泥

鄱阳湖东南收赣河之水,西南收广信、昌江、乐平诸水,而诸水之上游多山谷,水势湍急,往往冲激泥沙,淤垫湖底,致湖身渐高,沿湖之地反多低于湖身。冬季水涸时,其浅处有仅深至二尺余者,可以见矣。

运输。冬季水既过浅,运载瓷器之船,稍大者均停泊外湖,由小船驳送该处装载。春季水深,交通稍便。至夏季,雨量最多,湖水涨溢,始可通行轮舶,而此时适有数百万之祁浮红茶,由昌江经此运出;数百万之婺源绿茶,由乐平经此运出。茶市性质,愈速愈佳,必须轮船拖带至浔。今夏各处来赶茶市之轮船已多二十余艘,汽笛呜呜,连绵不绝,而足为夏季之鄱湖生色也。

(1914 年 6 月 28 日,第 6 版)

命　令

六月二十六日大总统策令……又令财政总长周自齐呈据署江西财政厅厅长王纯详称,景德镇统税征收局局长洪汉文,自上年到差,截至本年四月底止,较原额盈收三万六千余元。前办湖口进口统税兼出口税捐征收局局长陈春华,于任差期内经征税款,除因乱事减免不计外,实照原额短收五万八千余元,请予分别奖惩等语。现在财政困难已极,全在经征赋税之员清白,乃心竭诚为国,使中饱净绝,涓滴归公,乃以裕度支而资挽救。其亏短公款,自肥囊橐者,则是害民蠹国,法无可贷,节经明发命令,著效者优奖,舞弊者严惩各在案。查景德镇统税征收局局长洪汉文,于赣乱初平之后征收税款,竟能额外增加至三万元以上,办理认真,成绩昭著,应准给予五等金质单鹤章,其应支劳绩金即按照奖励条例第四条、第六条之规定办理。至前办湖口进口统税兼出口税捐征收局局长陈春华,经征未及八月,而短收之款竟至五万八千余元之多,实属有亏职守,更难保无侵挪情弊。当此库款万绌之际,该员陈春华竟敢藐视法令,短收巨款,自非严加究治,则相率效尤,伊于胡底? 财政又安望起色? 且该员并经被控有案,着即发交该省普通文官惩戒委员会,查明控案,澈底根究,从严处罚,以昭儆戒。此令。

(1914 年 6 月 29 日,第 2 版,有删节)

景镇统税洋价争执之影响

曳泥

江西景德镇自三十日发表部令,完纳厘税一律改用银元(圆),商人吃亏过巨,十大班连日开会议决,一律停止运贩。迄今四日,街上担夫已绝迹,而税局亦阒寂无人。商会以事关部令,未便抵抗,再三劝导;商人以受累太大,血本攸关,情愿罢业。此事若再迟迟不能解决,则景镇瓷业将不堪问矣。

(一)小窑户之倒闭。窑户固多资本雄厚之家,而认息借资以营业者亦颇不少,借得四五百元,即能开设一家。盖客商买货,先有定(订)单,照单仿造,瓷成即可兑现价,周转极灵。若此次停至一二星期,已成之货不能易钱,周转即不灵,势必闭倒,即如今年新增数百家之窑,大都借资成立者,恐难免此巨厄矣。

(二)小客商之叫苦。小贩客商挟资数十百元,或货已买好,仅待包装。适遭此厄,则货价已交,所余仅敷川资,迟迟不行,将不免穷途之哭。或行装甫卸,尚未定瓷,欲买货则不知何日可运,货价交则旅费又罄;欲待不买,一经解决,则恐货价复贵,进退维谷,洵可叹也。

(三)大风潮之可虑。担夫卖力,日食仅足,扁担离肩,生计即绝。若再迟迟无货下河,担夫非检扁担不可。检扁担者,担夫罢工之代名词。如是,则此千百名之担夫,生计已绝,势不能不挺(铤)而走险,一经滋事,势必波及坯房。则坯房十余万,无智无识之工人素非安分之辈,不酿成最大风潮不止,则景镇尚可问耶? 深愿当道速设法解决之。须知年来民生大艰,商业凋敝,万不能再受巨创也。

(1914 年 7 月 12 日,第 6 版)

景镇磁商之大打击

曳泥

今年景德镇磁业之发达,为十余年来所未有。讵正在兴高彩(采)烈之际,陡来猛剧之打击,即统税完纳一律改收银元(圆)是也。前此完税,十成内可搭官票三成,此项官票银元(圆)一元可换一千六七百文。余七成,如系银元(圆),则照市价折钱,铜元(圆)则照数计算。前日忽奉省饬,于七月一日起,一律改收银元(圆),每一元又仅作价一千二百八十文。现在市价每元换钱一千三百五十余文,按照市价,抑短几近百文。上月二十九日,该镇商会曾往税局交涉,局长以事关通饬,只可遵照办理,遂于七月一日实行。各班磁商,以如此办法,明亏暗折,损失过巨。当此商业凋敝之秋,万难受此巨累,而商会再三交涉亦竟无效,不得已通告全镇磁商,自七月一日起,无论大小客商,一律不许运磁出镇。此事一日不解决,即停运一天。刻商会正在设法排解,未知其结果如何也。

(1914 年 7 月 13 日,第 6 版)

中国瓷业之荣誉

日本大正博览会,各国均往赴赛。昨据驻日中国农商部特派员胡玉轩君致沈仲礼君函,略云:此次尊处赴赛,仿古瓷品颇受日人奖誉。其仿雍正窑花瓶一件,已为日皇购去,一时东京报纸盛传其事云云。按中国瓷器,精美甲于全球,惜近年无人研究,以致日趋窳败,几令吾华唯一之国粹斩然中绝。沈君思所以力追其盛,搜集宋、明、清初诸品,不惜巨资,访求大匠,尚令驻江西景德镇厂监造,竭虑殚精,规规摹(模)仿。往岁以之赴比京(编者注:比京即比利时首都布鲁塞尔)博览会,得膺上赏;既赴义(意)国都朗(编者注:意国都朗即意大利都灵)大会,亦获最优等奖牌。今者大正博览会又受日皇特赏,从此列邦之赴赛者,咸晓然于吾国新瓷,其原质之优异,工艺之精,良方之古,昔盛时诚无多让矣。

(1914 年 7 月 17 日,第 10 版)

战事影响中之赣省瓷茶

曳泥

瓷

　　景镇今年瓷业之发达,为数十年未有之盛。自欧洲战事发生,汇兑不通,银根奇紧,倒闭钱庄三家,市面极为恐慌。幸商会向赣省银行借得票洋八万元藉以补救,金融稍形活动。汇兑近虽通行,汇费则每千陡涨四十余两,加以日前某商运瓷出口至青岛忽被扣留,故各处纷纷来电停止购货。现在,除已付过定价尽数取货,已不再添购一文。北京字号九家,昨已一律来电停止收货。资本不足之厂,已大半倒歇。全镇工人,至阴历七月十五日罢业者,约在二分之一以上,即资本充足之厂,亦仅可支持两月。似此情形,若延至两月以后,景镇将不堪问矣。

(1914 年 9 月 9 日,第 6 版,有删节)

景德镇之恐慌

曳泥

江波

　　江西景德镇坯工十余万人,类庞杂匪徒溷迹。自欧战发生,市面恐慌,工厂摇动,匪徒遂得承间煽惑。日前,竟有连(联)合浮梁、鄱阳等处匪徒起事之谣。至小抢案,已日有所闻,不意数年侦缉未获之巨匪江波者,日前忽被警局拿获。送县讯供,乃知江即饶州一带之首魁,连(联)合起事,言非子虚。同时,鄱阳水巡亦捕获形迹可疑一人,身中搜得旧红布小旗一面、小刀一柄。初刑讯时,一味支吾,后乃诱以种种方法,始得吐实:彼即鄱阳之匪首,匪众亦近千人,皆以绿袜白裤紫腰为标识,拟在鄱阳先抢元源粮食行所存客本五千元,即逃窜来镇。所供多与江波相合。问其党徒,则皆始终不招一人。现鄱阳已觉安靖,惟景镇因各班客号一律检单〔收回定(订)货之单〕,窑户多停歇,陡然失业者近数万人,故日来戒严甚吃紧也。

(1914 年 9 月 14 日,第 6 版,有删节)

景德镇党狱之内幕

曳泥

景镇之社会,除工商占有大部外,游民实占一小部分。下等游民无足论,稍高之游民,即镇人所称为三等绅士者。论其才智,仅能识丁,其攀附则高不能及知事,仅仅结识下级官长,藉其威势以作威福,然仅至平民而止,无赫赫之势,故其利害所关,不能出于镇区外也。

讵于庸庸之中,忽有铮然之声响,演出国事犯之大狱,牵连至三数人之多,频劳将军特派专员慎重会捕。事出意外,全镇骇然,未能测其究竟。兹以近日所闻,依次记之。

自八月间,镇人徐国鼎贩茶至浔,忽以三次革命(编者注:即护法运动)嫌疑被捕,舆论多谓实某探所构成。而九月间,卢龙山又……被捕,既不闻有确据,自不敢妄下断语。徐、卢之事犹未分明,而本月初间,又有专员到镇,会同军警围捕刘士馨之事。刘,吉安人,素以刀笔为生活,前数年为同乡主持讼案来镇,于镇地人事极熟,凡有讼事请刘捉刀者,不必细述案情,仅告以与某人讼,而刘无不首尾谙熟者,以故生涯颇佳。被捕之时,镇人多认刘为讼棍罪名……故一般舆论咸以刘实亦被人陷害也。

刘解省后,本月十六号下午,又喧传彭畹香、李兆芝二人被捕之事。彭在吉安世开瓷行,为某酒楼之大股东,其平日之行动,亦不过商而兼绅,不学无术而好交结,与前某下级官长颇昵。李为彭之亲戚,与彭同居,遇事为彭效奔走而已。

诸人被捕之原因,蛛丝马迹,不无可寻。五人中,除徐案系在浔发生外,卢之被捕,人多谓系某官长之冒功作用,彭实介绍之。至刘之被捕,则彭为原动,而某官长亦实助之。彭、李之被捕,则刘所攀也。

刘、彭相仇之原因,去年吉安会馆因债务与彭起诉,刘实主持之,致彭负有九千元之

景德镇瓷业史料
083

债务,彭衔之实深。而捕刘时,又为彭与某官长交情最热之时,故刘即解省,乃认定为彭所陷害。……

按,此案之发生,除徐而外,某官长实非无关系者。据镇人之揣测,有谓某官长亦将不免者。且彭之仇人,犹不止刘一人,若彭再不能辩白,则某等数人与彭有仇者,亦难保彭不挟嫌诬供,则案之蔓延恐未能已。吾人得不为镇人危也。

(1914 年 11 月 26 日,第 6 版,有删节)

景镇之公债谭

曳泥

江西景德镇公债,原定三万元,复核减至二万一千元。本镇虽受欧战之影响,然以商务之大富贾之多,区区二万之内债,当不至甚难,而不料已怨声载道,则官长之未能切实劝导,富绅之未能先行提倡致之也。

本镇商家之组织,向分三大帮:(一)窑帮,烧窑户与坯厂属之;(二)徽帮,安徽各属商人属之;(三)杂帮,安徽以外各地商人属之。向来对于各项捐款,皆由三帮均等承包,如庚子教堂之赔款即先例也。

此次募债之始,地方官亦颇以内债与派捐不同,亦曾开会一次,拟从事劝导,自由应募,并拟先请各首富绅商先为提倡。讵镇绅中之卓卓者,多半富贾,乃以如此办法,则彼不能免多数之担负,未免有碍绅士之权利,而违背其担任绅士之初心,遂将前议极力打消,故结果仍以旧法,三帮均派,每帮各承包七千元。

窑帮派法。烧窑户以柴为比例,坯厂以工人为比例。窑帮承包之七千债票,已将近缴足。惟徽帮、杂帮,除钱业、布业、洋货各商家外,尤多小本经纪,资本之多寡,又不能如窑帮有一定比例。故凡开有一店,虽资本极少,均有派购三数元之义务,而某机关之最大富绅,亦仅派购五元而已。

小民无知,至误认内债为捐款之一种。为首之人,又吓以官威,遂使吞声忍痛,勉强承认一时无钱可缴,则临门催逼,如催榷然。小民无辜,罹此痛苦。内债之性质,岂竟如此其苛耶?呜呼!国家之信用,将损失殆尽矣。

(1914 年 12 月 2 日,第 6 版)

景镇瓷税之萧条

曳泥

江西景德镇统税因欧战影响,瓷业凋敝,收数为之大减。日前,局长胡挺生具详财政司,略谓:局长到差以来,力除积弊,整顿税务,原冀收数畅旺,藉资挹注,无如时局变迁,有非人力所能挽回。查景镇统税,每年新定比较二十九万七千四百八十五元,而瓷税一项则居十之八九,诚以景镇本为产瓷之区,而各省商贾云集于兹。自改为统税以后,各商即分立十大帮,曰宁绍帮,曰关东帮,曰广帮,曰粮帮,曰川帮,曰苏湖帮,曰皖帮,曰芦合帮,曰丰西帮,曰鄂帮,而鄂帮又分为同信、同庆、孝感、麻黄、三邑、良子、马口等帮。而十大帮之外,则有古南帮、湖南帮、广帮(编者注:前后都有广帮,疑似《申报》勘误),销路尤在外洋,以暹逻(罗)、星(新)加坡、南洋各处商务最大。但使各处金融流动,本无短绌之虞,乃自此次欧战发生,各省商贾裹足,纷纷停办,即有办者,亦因金融恐慌,汇兑阻滞,相率停运。向之瓷商来镇办货者盈千累万,今则什不及百矣。现在全镇瓷业萧条,窑厂已多停闭,因此局税收数较之上年几有一落千丈之势。长此以往,则税项为收入大宗不能足额,其如三月比较何。此文去后,尚未知财政司及巡按使如何办法也。

(1914 年 12 月 25 日,第 6 版)

大正博览会事毕之报告

日本于去年三月间开办大正博览会,农商部曾派员前往办理中国赴会事务,年底方事竣回京,将情形详报该部。据云,会中设有外国馆一处,专为陈列各国赴会物品。我国于该馆内租地八十五坪,萃集中华全国物产八千余件,其种类曰陶磁器,曰美术工艺品,曰丝织物,曰棉毛织物,曰皮毛制物,曰玻璃制造,曰饮食品,曰学生成绩品,曰古今书画。其中大宗出品为苏杭之染织品,江西景德镇、江苏宜兴、山东博山之陶磁器,直隶、河南、山东、甘肃之毛毡,湖北织布局之棉麻织物。美术一门为其国内人士所称许者,于工艺美术,则如北京之雕漆器、景泰蓝,天津之象牙雕刻及银制器皿;于书画美术,则如江西李瑞清之隶书,上海吴昌硕之书画,桐城吴芝瑛之小楷暨小万柳堂廉泉氏所藏唐、宋、元、明、清五朝古书画,蔡鲜民、杨建益所藏之宋、元、明书画珍品;等等。出品八千余件,出品人百二十余名,而得纪念奖章七十余人。

（1915 年 1 月 13 日,第 6 版）

江西瓷业之荣誉

曳泥

景德镇江西瓷业公司开办以来,在股东虽未尝获有私利,而对于国货改良、抵制漏卮,颇具明效。盖以全镇瓷厂皆个人营业,财力不厚,制造品物仅能墨守常轨,不敢稍改旧观,故景镇瓷器之窳败,遂为社会所诟病。自改革后,御用瓷厂取消,不仅新瓷无出,即各种康熙、雍正、乾隆诸古式美术物品,亦几失传。该公司有鉴于此,故一方面仿造洋瓷,抵制外货,一方面仿制古瓷,销行各国。至于普通用品,绘画改良,样式翻新,均足为一时模范。政府昨特颁奖"艺精埏埴"四字匾额一方,于今日午刻由浮梁县陈知事率领保御队,全队用军乐前导,送匾至瓷业公司。全镇各行政机关、地方公团及各会馆、瓷行、客班前往致贺者五百余人。匾额至公司,首由经理张浩率领公司职员恭立门首迎入;悬挂后,行政长官及各来宾依次向匾额行礼,向经理行礼毕,经理复一一答谢。各瓷商见此情况,皆欢欣鼓舞,咸以改良瓷业、畅销国货,互相劝勉云。

（1915 年 2 月 18 日,第 7 版）

景镇恩关谭

曳泥

景镇磁商每届腊、正两月,运磁过卡,向不完税,是为每年一次之恩关。名为邀恩免税,实则恃众要挟,此项偷漏,每年不下五万余元。此习由来已久,每届年关,则沿卡而上泊聚磁船四五千号。至除夕,各船同时开行,一面鸣锣呼啸,声称皇恩免税,闯关而过。税员视此徒唤奈何而已。

前清季年,每年腊月中旬,则以木排横锁河心,而驻兵于两岸。磁商知不可以强迫从事,各帮乃各举代表,向税员苦告,遂有大船八百文、中船四百文、小船二百文之规定。然除夕之鸣锣闯关仍如故也。

此项恩关,磁商皆系杂帮,并无正式号货,奸商反覆(复)无定。光复之初,又闹恩关,二年度经税员传集各帮代表通盘筹画(划),视货色之优劣,定为八成、七成、六成等级,分别完纳,共约缴钱一万千文,遂由各帮代表环具切结。至年底,又闹恩关,结果由省行政公署特派专员办理此案,计缴税亦仅万二千余文。在税员表面虽迭经整顿,实则每次恩关,其贿金无不超过缴税归公之数。

现届四年二月,即旧历腊月、正月之间,沿卡磁船已泊聚三千余号,幸景镇驻有军队,各磁商虽未敢公然闯关,而停泊不行,每日派人向税员要求免税,几有非达目的不可之势。该税员则切实开导,并谓即闯关亦不阻止,如欲完税,必须遵照二年度成案,切实盘查数目、货色,以六、七、八成分别完纳,否则惟具结之各帮代表是问。现省中专员已于日昨到镇,惟细察此案之现状,非至三月初不能有结果也。

(1915 年 2 月 27 日,第 6 版)

江西巡按使莅鄱纪

曳泥

江西巡按使戚扬此次奉令出巡,于二十一日由省起节,二十三日抵鄱阳,轻车减(简)从,仅带各科随员共九人,警备队四十余人。所到各县,如近水之处,并不上岸。旱道过远之处,亦仅借用通常公地,止备椅桌,不容过事供张。至一切馈送土仪及酒席,无不一概摈斥。未到之先,即有通告到县,通示一切递呈及接见规则。

戚使既抵鄱阳,每日随带数人,亲至各处巡视,并派有专员在船收呈,无不随递随批。其情节较重之案,则立饬知事传案讯断。

戚使此次所尤注意者,凡地方之公正人士,则多方询问教育状况,尤切实视察。稍远之区,亦必派员前往。凡遇良好之学校,则教员、学生无不赏赐有加。至各校有不称职之管教员等,亦经剔退数人。对于学校经费,亦极力维持。如鄱阳竞成女学,元年原定常年经费一千串,旋经官绅破坏,借口附加税不足,减至七百串。戚使见该校经费过少,已饬知事赶紧筹画(划),恢复本来数目。

最良之校,则惟省立陶业学校,虽学生仅十余人,而成绩优美,实属罕见。戚使到校时,即亲书"功在陶成"四字于磁版(板),后颁奖"功同业广"四字匾额一方。该校经费,年定七千,去年所领未及半数,现经戚使此次亲加考核,深服该张校长维持该校之苦心及擘划(画)之周至,已面允照数拨发,以陶校实为磁业大发展之根据也。

(1915 年 3 月 6 日,第 6 版,有删节)

景镇恩关续纪

曳泥

江西景德镇磁商因取消恩关,致有磁船数千余号停阻该处,多数船商因税员不肯通融,迭次派人赴省诉愿亦无效,只得照章完税,陆续开行。惟鄂帮船数占各班之半,约二(两)千余号,尚停泊景镇,无行意。

查每年恩关之原因:(一)以历年习惯相沿成例;(一)以恩关磁商,皆自运自售,与转运号货之船商不同。故有自卖船之名,而运售磁器,每年仅有一次,其货色亦为最劣之品。如全镇磁厂每年提剩之脚货,为正式字号所唾弃者,至年终积下之数亦颇不少。此项脚货,全恃恩关。客商为消(销)路,其价最低,故完税亦不能以平常之货色论也。

恩关不通于钱庄、磁厂,尤有关系。盖此项磁商无甚资本,全恃信用以为周转,或直接向磁厂赊货,或由钱庄代出期票,约至货售之时兑价,此项总数亦不下十余万元。恩关货兑价约在仲春之际,即各厂开工时,正好以此为每年开工之费。今则时已初春,恩关未通,故钱庄、磁厂无不大为恐慌也。

三号,赣巡按使抵镇。恩关磁商及磁厂、钱庄,均以联(连)带关系,前往诉愿。巡按使以国税所在,应一律照章完纳。而磁商则以货色既劣,利息有限,万难照纳。此事尚不知如何结果也。

(1915年3月13日,第6版)

景德镇三年度之磁业

曳泥

景德镇磁业,去年春间开工之初,坯厂加至数百,各帮客商定单亦无不超过往年之数。磁业复盛,哄传一时,方谓数十年来冷淡之商情,将于此而一振。讵料天地不仁,欧云遽起,战端既开,波来东鲁,或以银行闭歇,或以交通阻滞,金融紧闭,客路不通,而景德镇之商情乃一落千丈。迨青岛战罢,始稍稍规复。至今日,调查销数之总额,乃在三百万以下,尚不及二年度之销数,尚何复盛之足云乎?兹将三年度该业之各种情形录下:

坯厂。坯厂之数,虽有四百余家,而殷实之户,不及半数。多以客路之盛,遂不惜借资经营,而客商定货,其价每多预兑,纵有尾找,亦皆于单尽缴齐。故业磁者,虽资本不足,尽可藉资客本,出货稍多,即可周转。自欧战发生,银根骤紧,客本已不可恃,勉强支撑,只有认息添借,其结果销货不多,虽殷实之户亏蚀有限,而借资之厂无不大为赔累矣。

烧窑户。烧窑户者,专受坯厂做成之磁坯而烧成之。其法照进窑之数,按件计价。窑内虽有倒匣破烂者,烧者不负责任。故烧窑只须柴价低廉,即不难获利,惟成本较大,不如坯厂之四五元即可开设一家。盖以窑及窑屋之租金、押金及闽柴各项须六七千元,乃可烧窑一座。去年因欧战发生,柴客恐烧窑不多,不易销售,遂不得不贱价以售,故去年柴价之低廉,亦近来所未有。烧窑户乃因此大获利益,其获利最高数之窑户,有达至八千元以上者,亦从来所少见者也。

客帮。近十年来,时势不靖,各帮客商故未尝购有充分之货额。迨至去年,各地颇觉安谧,故客商以为非大加采购不足以供当地之需求。迄欧战发生,各帮乃大受影响,而受创尤巨者,以关东、天津等帮为最。盖因该帮之销路在山东烟台、东省一带故也。关东帮之天有庆者,为该帮最老、最大之字号,已因银根之牵制而倒闭矣。其他如四川、湖北等帮,虽未受直接之影响,而各处金融不灵,川汉间每千两涨至三百两之汇水,亏折亦实不少。至广东帮,以外洋为销路者,受亏尤巨,尚以宁波帮犹薄有所获也。

杂帮。杂帮在十大帮之外,即湖北之孝感、马口、良子等帮,平时无甚交易,全恃每年一次之恩关,稍可获利。去年财政机关以国度已改,决定革除恩关陋习。商人以利之所在,始终希冀。每年恩关货出口之期总在阴历元旦前后,今则迟至本月中旬始陆续照章完税开行,而去年恩关磁数仅前年之半数,乃税局之收入较去年多至三分之二,开行之期较往年迟逾一月之久。以税局溢出往年之数,及此一月在镇之销(消)耗,通盘筹算,平均每担之货已增加成本一角有余,而售出之价目不能骤然增加,则获利恐更不易矣。

(1915 年 4 月 4 日,第 6 版)

赣巡按巡视景德镇后之布告

江西戚巡按使至景德镇考察后,发贴布告云:浮梁,剧邑也,景德为浮梁重镇。现在该县官、军、警与绅、商、工各界和衷共济,学风端谨,民风朴厚,本使考察之余,殊为嘉慰,所望互相劝勉,人人有公德心,以濬(浚)利源而复元气,本使有厚望焉。兹将应整顿、应奖惩各项开列于后,俾众周知特示。

一该县以瓷、茶为大宗,瓷尤擅长古今、著名中外。乃近来洋瓷充斥,固由于国民不知保存国粹,抑亦洋瓷价廉而色美,引人悦目之所致。然吾国瓷质全球无可比伦,而乾嘉以前制造绘画之精妙,欧美艳称,不惜购以重金,优胜之理自在。业此者宜分普通用品、特别用品,投时所好,而不失耆旧之典型,斯为得之。本使于鄱阳陶业学校,岁给公款,冀多得学生,以振兴陶业。有人谓,陶业学校设在本镇,较为方便,本使亦所赞许。世谓陶业绝技不肯传人,其实非也。延之为师,则声誉日隆,必以授徒为乐,况近在本镇,教员钟点,无碍谋生。而业瓷者,其子弟于瓷本耳濡目染,且大都入高等、初等小校者,毕业后加以专门之造就,即将制造绘画为实地之练习,必事半而功倍。该镇如其议办,公款不足,本使当挹注于省垣,以资提倡,或谓办学校不如以御窑厂变通而恢复之,立陶业模范,否则,二者合而为一,以御窑之模范,参学校之练习。本使择善而从,无成见焉。至瓷业之不能廉价,柴贵途远亦一原因。顷据商会抄送前情,种植公司办法,若照此说帖简章略加修正,仍官商集股合办,商如乐从,官必赞助。本使所以为瓷业谋者,当加意于以上两端,该知事其与商会暨各帮董事筹之。他若吾国茶业不振,由于焙茶、制茶之未善,该商能与各路茶商联络,以厚其力,互相研究,方有办法。昨有方挹芬等禀称,鄱邑枧田街等处山场,产柴甚富,足供烧窑十年之用,而为八甲吴姓阻截河道,致碍船运,此必有故,应饬该知事约鄱阳知事访悉实情,妥议办法,俾吴姓乐从,柴船亦得以通行,庶为两全之道。废弃之碎瓷堆积岸畔,日积月累,水涨则漂流数十里,致河道淤浅。现在已觉可虑,年复一年,将来必为大梗。闻前清曾有濬(浚)河经费,应如何规复,以维公益。冬季窑工停止,其无家可归者实繁,有徒得藉河工糊口,亦一举两得,该知事与商会注意。

一该镇为各省数十万人所萃聚,奸宄易伏,稽查良莠最为先着。人心本善良者千百,其中莠者一二,然一二人之莠即足以扰千万人之治安。闻窑、坯、红店各工良莠不齐,莠者往往潜匿于窑、坯、红店。各处警察有责,何能置诸不问?乃平时既不举发,每遇拿犯恃众抗拒,殊属不知法纪。现在,本使会同将军办理清乡,岂可徇情容隐?仰该知事速订管理规则具报,此后查出有庇护窝留情事,一并严惩,如肯交出者免坐,以维该镇秩序。

一民生、国计,二者必须兼顾。本使望瓷业之改良为民生也,严恩关之取销(消)为国计也,饷需浩繁,财政枯竭,统税断不容短绌,岂可别生觊觎?各帮深明大义,惟鄂帮哓哓不已,甚至瓷已上船,相率观望,则彭、曹数人误之也。除禀词早经批驳外,即责成彭、曹数人赶紧开导纳税前行,各帮勿受彭、曹数人愚弄,该彭、曹数人毋再存包揽中饱之私图,致干拿究。

一该镇警察最关重要,形式与精神必须兼备,人数不宜过少。现仅二百余名,尚有鞭长莫及之虑。经费各项以铺捐为大宗,闻每年认真办理,可得钱二万余千串。自裁去练捐三千余串,改为派员经管,较有起色,然委员司巡,每年须耗钱一千五六百千,益以小洋铜元(圆)补水抵扣,暨应酬酒水各费又钱六七百千,殊嫌浮糜,计不如警捐征收处裁撤,酌留司事二人,专司收款,可节省钱一千七八十千,藉以添置岗位,增加警察,保本镇之治安。已分函该知事暨商会议定具报。

（1915 年 4 月 6 日,第 6 版）

农商部注意景磁

曳泥

江西景镇磁业自乾嘉以降,渐次退化,近来提倡改良者,又多局于美术一面,不知普通用品价廉用广,其关于瓷业之盛衰尤巨。昨农商部特电景镇商会,略谓:磁陶工艺,吾国发明最早,故泰西各国咸称吾华为磁国。宋以前无论矣,明之成化、万历,清康、雍、乾、嘉,代有提倡。西人之重华磁,以其质坚而洁,久益润泽而有宝光,非若洋磁之硬度既低,用久则毛糙垢黑,且釉虽白色,实含毒质,遇酸尤易侵蚀,但常人购用不加深察,取其适观、趋时尚、价值低廉,以致利权外溢,国货日落通行。洋磁尤以杯、盘、茶具为大宗,下至溺器一项,亦年增一年,进口之数亦达数百万金。而中国各磁业公司,则注意于美术品,至普通品窳败如故,价值且昂于洋磁,欲保利权,势有不敌。为改良计,宜从普通用品着手,研求所以省工之法,以轻成本;加白釉色,改良绘事,以美外观;再造印画及磁砖等,以造时尚;开未有之源,节外溢之流云云。商会得电,当已布告于众。诚吾镇磁业家之当头棒喝也。

（1915 年 5 月 15 日,第 6 版）

昌 江 新 语

救国储金之努力

救国储金系商会发起,十四日假洪都书院特开大会。是日到者,除本镇工、商、政、学各界外,浮梁各乡亦有代表与会。开会时,首由商会会长报告,副会长、会董及各来宾

景德镇瓷业史料

091

依次演说,热心毅力,情见乎词。学界除少数富绅外,据闻各校教员多系贫士,则无论如何竭力,总不若彼富绅大贾之大力。然咸以天职所在,莫不愿效涓滴。昨闻竟成小学、模范小学、女子公学等校教员,皆已议决每人各将一月所入薪金之全数充作此项储金。该教员等薪金虽有限,然苟能由一镇之学校推之全国之学校,由学界推之各界,果能一致进行,则五千万元之数当不难立致。现在,浮梁各乡均已纷纷组织分所矣。

············

九行罢工之无理

九行头者,即各色匣厂、窑里及瓷行各种职工之统称。其中,匣厂尤以蛮悍著名,而本镇商务既大,妓寮尤盛,上等妓寮皆开设于匣厂左近。以吾人度之,该匣厂泥首垢面之苦工,得此莺俦燕侣之芳邻,纵非秀色可餐,而粉红黛绿,当可以为该厂之白土黄泥生色,则匣厂工人护花铃之责,当无旁贷矣。乃计不出此,骤作恶剧,不知罪孽,时有摧残芳菲之事。而娇弱花丛不堪蹂躏,为乞怜计,遂于每年酿若干金,以为工人寿。不知何时,九行头中之他八行,以九行既有相关之休戚,应享同等之利益,遂定为每年妓一名则出洋九元,以为九行均沾之利益,每年共计一千余元,由来已久,尚觉相安。近则已开抽花捐,该妓寮已有享受法律保护之权利,欲取销(消)此无谓之耗费,此项陋规遂为官厅所知。知事以该职工无故收捐,实属讹诈,为化私为公之举,提充警察之费。工人等明知无理可说,恨恨而已。惟匣厂尤不甘心,以破坏妓寮之心,说挽回风俗之话,呈请知事将妓寮取销(消)。知事既洞烛其奸,见如此无理取闹,遂以大笋片饷之。讵该工等不责自己怀意不良,反谓忠而受责,匣厂遂一律罢工。此外,各行因匣厂牺牲,两股原为九行,遂亦相率罢工以报之。闻知事已定有正当办法,勒令开工。所幸目前瓷业尚不发达,当无甚妨碍也。

(1915 年 5 月 26 日,第 6 版,有删节)

景德镇砖匣两厂尚未开工

本镇九行头,因争妓馆陋规,致起罢工风潮一节,曾记本报。今则除砖厂、匣厂两行外,其余已经继续开工。推该两行未开工之原因,缘该两行工人多系由农而工者,去工厂而入畎亩,仍属旧业,况此时正西畴有事之时,否则罢工已三星期之久,讵能不作而食乎?至该厂之所以如此决裂者,盖其事始发生时,该厂以呈请取销(消)妓馆为词,目的虽在争陋规,而手续自谓正当,不蒙受理,而遭重责,犹复枷锁其人,押游妓馆,故该工等以此为莫大之奇辱。该厂既自以为持之有故,言之成理,故以罢工之要挟,冀恢复其不规则之权利,至今犹无开工之意。砖厂更于前晚将厂中小棚十余所一炬焚之,以示破釜沉舟之决心也。

本镇磁业系分业工作,各种工厂有相互之关系,实如一完全有机体,牵一发即动全身者。磁业虽初时不甚畅旺,而每年成例,各工厂均以端阳节为加增充分工作之期。该厂停工已久,今则渐露恐慌之现象,盖匣者为装置磁坯入窑之器,无匣钵则坯不能烧,而坯厂受牵制矣;无坯则烧户亦无可烧,而成磁之源绝矣;驯至磁土之担夫,窑柴之担夫,下瓷之担夫等种种副业之职工,纵不愿罢工,而不得不休息矣。以此等数十万之工人,悉入于无生计之途,其间情形殊难问也。

此种恶剧若果演成,则不仅工商将受其困,即磁税为本省财源之大宗,磁业既停,税于何有? 其关于本省财政尤非浅鲜。现闻该县知事正在设法挽救,而该工厂亦已赴省上控。若果相持不下,其结果实难推测矣。

(1915年6月8日,第6版)

景德镇商会开特别会纪

劝导匣厂开工　不得要领而散

上月三十日午后五时,商会见匣厂罢工风潮坚持不变,影响全镇关系绝大,特聚集全镇绅商各界,邀到匣厂工头,开会劝导。首由会长吴君致以恳切之慰词,略谓“尔等此次受此大辱,地方各界无不扼腕叹息,无如匣厂再停数天,全镇将不堪问。为保全镇市起见,不得不奉劝尔等委屈迁就,以开工作”,并谓“如果相持至全镇摇动之时,则知事为地方计,不免加以不可思议之罪名,彼时本会虽明知尔等处于覆盆之下,亦莫可如何,则尔等悔已莫及矣”等语。工头等乃谓:“此事本原因于呈请取消妓馆而起,工等小人言轻,既不直于官,诸公领袖地方,为官所信任,若能设法将妓馆取消,则工等即可开工。若谓恐无花捐,警费不足,然花捐必非妓女所带来之钱,亦不过商家间接所纳者,诸公当能以他种方法抽捐,以补此款。否则,工等受此枷锁押游妓馆之奇辱,必请官亦将妓馆龟头押游匣厂以洗此辱,则工等亦可心服也。”会长答以取消妓馆,将来或可办到,至枷锁龟头一节,殊无理由,以尔等之被辱非出于龟头之控告,乃知事所为也。工等乃谓:“官既可以无故将工等穷辱之,亦何不可以无故施之龟头,岂工等之身分(份)尚不如龟头耶? 果不如龟头者,工等只有弃此贱役而去耳。若惧有非分之罪,则工等即刻返乡以从事耕耘,退为农民,当可无罪矣。若业农犹不免于罪戾,则田间农民,其数甚多,工等亦何恤焉?"嗣经商会诸君反复辩论,而该工等不可理喻,仍不得要领而散。

(1915年6月9日,第7版)

救国储金纪要

昨日之收数

昨日(五号星期二)为中国银行收受储金之第七十二日,计收银洋三千七百四十四元又银一百九十五两四钱四分。又为交通银行收受储金之第四十六日,计收银洋一百三十三元又银六两五钱三分。两共收洋三千八百七十七元又银二百零一两九钱七分,连前共计已收银洋七十万零一千四百十六元、银四千四百六十六两六钱五分八厘。
…………

景德商会之电稿

江西景德镇商务总会吴简廷、陈庚昌、张锦明三君支日电告上海总事务所云,五月中□接贵所函电,由敝会联合各界开发起大会,到者极为踊跃,工界尤居多数。敝镇情形与他埠微异,土著极少,窑客各商必至端节后到齐,欲谋普及,未能急切从事。现敝会办理本届选举完竣,本日续开干事会议,定会中附设事务所,即以会长兼充正副干事,当场认定储款二千一百二十元零,干事领去储册百余份,分途劝募,积极进行,藉尽微忱,必不有辜雅意。先此电闻。

(1915年7月6日,第10版,有删节)

国磁模范厂成立纪

曳泥

江西景德镇原有御窑一所,自前明万历年间开办,迄于有清,专造进贡呈磁,以供皇家之用,每年所费国帑十余万金。在昔专制时代,以皇帝之尊用此本不为过,况吾国之磁在乾嘉以前固多精良之品,而道咸以降,民厂出品则逐渐退化,其间能保持历代古磁之精华，流传不绝，使今日得以摹（模）仿者，皆御厂之力。盖美术古磁，成本甚大，民厂无此厚力，御厂则非营业可比，乃绝对以美观为目的者，故花样则不厌精良，成本则不计轻重，亦吾华国磁之砥柱也。

民军起义，御窑停办，历朝贡磁留存之底样，为种种军政府瓜分净尽，原料、器械荡焉无存，故近年屡经赣当道之筹画（划），欲就御窑开办模范工厂，均以仅有空基未能成立，其事遂寝。今中央以提倡实业断非一纸空文所能有效，而急宜维持者，尤以磁业为最，故早有国厂之议，只以财部无款，一时未能实行。兹经九江关监督兼陶业监督郭保（葆）昌之建议，决就御窑基础改办，而国磁工厂遂得以成立焉。

郭监督于磁业本有经验，景镇情形尤为谙熟，并闻此事之成立并不隶于财部，而直接于总统者，开办资本拟定五十万元。大概办法约分两种：一为国用者，不惜资本，专造精美及仿古雅磁，为对于各友邦赠品之用；一为营业者，则仿造新磁，以趋时尚，务求价廉易售，以扩张国货。至其详细组织，须俟郭监督至镇调查清悉，再行赴京请示，方可确定。并闻郭监督不日即行来镇，开办之期约在八月间也。

（1915 年 7 月 18 日，第 6 版）

江西磁业公司合并御窑之先声

曳泥

江西磁业公司，自前清丁未成立，定股本四十万元，设总厂于景镇从事制造，设分厂于饶州研究改良。一切布置，悉依四十万元资本规画（划），迨后所收股本仅十六万元，以十余万元之实力支持四十万元之规模，改良工作又复兼程并进，拦积甚多，暗耗颇为不少。辛亥光复，工厂驻兵，赣乱、欧战相继迭发，客路停滞，加以借银扣息，种种损失，前资已罄，后不为继，营业不畅，职是之故。

自去年改用包工办法，工头各自督作，公司坐收毛利。现在实力，每年可出货二十万元，公司可得毛利二万余元，但若作二十万之交易，非十万成本不可。该公司现在计画（划）筹款之法，不外或招股或借债或请求补助之三途而已。际此时势，经济维艰，三者无一非易与者。该经理将商之陶务监督收归官有，或官商合办，亦属维持一法也。

归官办之计画（划），在公司免筹款之劳，而前途发达或尚可期，改良目的或尚可达，固非失计。为官窑计，现在仅余空屋，窑炉器械荡焉无存，与其从（重）新建设，旷日需资，何若因公司已成之基，事半功倍。且官窑意在创立模范，诱起将来之企业，则该公司自在提倡之中，故亦未始非两得之道也。陶务监督业已来镇调查，一切俟计画（划）略定,即行赴京商定开办。该公司经理亦于日前来镇,与陶务监督商订条件,事务就绪,尚须报告股东会商定妥。闻此办法已得一部分股东之赞同,则不久将见诸实行矣。

(1915年8月14日,第6版)

景德镇陶务之维持办法

农商部呈拟议维持景德镇陶务办法文云:窃本部承准政事堂,交景德镇陶务监督郭葆昌调查陶务报告一件,奉批交农商部等因,并据该监督详同前由到部。查景德镇瓷质优美,冠于全国,出品精良,久驰中外,只以前此官窑督率未得其人,办理不尽合法,一切故步自封,遂无成效。而专重贡品,不注意于普通器具,尤为该窑不能发达之一大原因。该监督此次调查报告至为详尽,所陈第一办法,就窑厂原有基地、房屋,收回重加组织,立全国窑厂之模范,一以仿古制造之精进,一以求普通用品之改良等语,诚为整顿陶务之上策。惟名为模范,规画(划)须宏,欲求改良,端资考察。现今国帑支绌,尚未有此扩充之财力;欧战未停,派员考察亦多窒碍,此项计划目前自难实行。本部再四思维,现惟有责成该监督将前清官窑原有基地、厂屋一律收回,量事修葺,所存该处县署会馆等瓷胎、瓷样,照册点收,妥为保管,其现有工匠,仍令照常制作,使无废业。此为暂维现状,徐图扩充计,可以保存原有之官物,静俟将来之时机,庶于保守之中仍寓进取之意,亦即与该监督所拟,仍以官窑名义就窑厂组织之第三办法无甚大异。至所拟第二办法,迁地以谋发展一节,容俟陶务扩充时,再行相度地势,妥筹办理云云。已奉批令,准如所议办理,即由该部转行遵照矣。

(1915年11月4日,第6版)

赣闻零拾

景德镇之大火。赣省旧今两载,水灾火灾层见叠出。兹闻景德镇瓷器大街,旧历本月初九日,忽遭大火灾,延烧八十余家,损失瓷器无算。旋经该处军、警两界竭力施救,始得扑灭。现已拍电到省,报告各上峰察核矣。

(1915年11月23日,第6版,有删节)

独立声中之江西

赣东自玉山等县独立后,近日消息颇觉沉寂,……惟乐思德已以赣东护国军总司令名义电浙请援,若官兵定欲进兵,将来不免一场恶战。赣东各属人民近日颇形惊惶,深恐发生战事,糜烂地方,富户多纷纷迁避。景德镇为本省四大镇之一,居赣东北隅,现该镇磁业大受影响。窑户往年初夏时皆须开工,近则仍如平日,冷落异常,工人丛集,骚扰堪虞,惟秩序现尚未乱。该镇总商会为维持地方,以杜谣言起见,昨日有电来省云"敝镇警察弹压,地方官绅一心,力持镇静,绝无浮议,诚恐谣传失实。特此电详"云云。

(1916年5月19日,第6版,有删节)

景德镇之大水灾

景德镇之大水灾。赣省景德镇于上月二十九日午后,大雨如注,至次日上午始行停止,河水骤涨五六丈,沿河店屋概行浸没,居民始而登楼,继而升屋,低矮之屋均为水淹,高大之屋亦多被冲倒,居民死于水者约数千人,损失货物、财产不计其数。据乡老言,谓三十年来所仅见云。又,自景镇至饶州沿河一带市镇,如凤港利阳镇、古贤(县)渡商稼坊,房屋多被冲损。又,鄱圩之最大者,如东南圩、北圩等处数十村落,田禾淹尽,现在窑柴、死尸,捞起无数。

(1916年7月11日,第7版)

专　电

北京电　元首约王敬芳进见,谈两点钟之久,对于裁厘加税,力主厉行,提倡国货,尤多伍秩庸之功,谓公府力行节俭,已非前此滥费,将来退职,愿当会员。垂询景德镇磁器独未贩运出洋原因,答称:税率既大,又逐卡递捐,故谓可就产地完纳一道。嘱王调查复后付议。又云,蚕桑利溥,已饬部订颁奖例,务实力提倡,普及全国。

(1916年10月8日,第3版)

瓷器同业今日开会

吾国瓷器素称精良,而原料之丰富优美,尤甲于全球。惟以墨守旧法,不知改良,故数千年只有退化,而无进步。近自洋磁进口,销路几尽为所夺,虽该业中不乏热心志士,研究改良,渐见进步,然为厘金所苦,终难推销。查江西景德镇为磁产名区,惟由该处将磁器运至上海,须完纳厘金十八道,且有种种苛税,横生阻碍,致吾国磁业有江河日下之势。此次国货维持会副会长王文典君,赴京请愿,加税裁厘,蒙大总统询及磁业状况,谕令设法推销,悉心改良,并允将一切苛税于明年正月悉行免除,以轻成本。现闻磁业公所陶理堂君等,与王文典君讨论多次,派定陈协芬亲赴南洋新加坡各岛考察一切,并带瓷器样品至该处打样,设法推销,定于今日(三十日)假宁波路中旺弄钱江会馆开瓷业茶话会,邀集同业讨论进行方法,并请王文典君莅会演说报告,俾资研究云。

(1916年10月30日,第10版)

赣省地方渐就平静

《字林报》八日江西大姑塘通讯云,赣省全境,现甫告安谧,鄱阳湖周围及赣江一带,商业进行如常。近两年来,赣省颜料业大为发达,农民多改种靛青,其获利胜于他种收成。此种靛青销路畅旺,由九江运至上海等各口岸者,为数甚巨,故赣省现已成为颜料出产地。各大江滨皆满堆木桶,中所装者皆颜料也,而尤以乐平出产最丰。仅此一城,运往海滨之货数已不资。景德窑业现亦日见起色,此皆地方安静之效也。九江与湖口二处,仍驻有张勋之兵,居民畏之颇甚。若辈辄于中国轮船占据官舱,要索供应,不名一文,且于船中随意行走,莫敢与较。凡兵多之处,商民即不敢安事营业,若辈何为留赣,诚莫明其故也。

(1916年11月16日,第6版)

瓷业请求补助

赣省出产原以景德镇瓷器为大宗，年来因洋瓷畅销，景镇瓷业遂受暗中打击，日就衰敝。前有康达等创设江西瓷业公司，力求改良，以图挽救。近以商货、金融均各停滞，不得已赴京，由某要人代请政府恳予补助，已奉大总统将原呈发交农商部转咨到赣，由赣省长酌予补助，以咨提倡云。

（1916 年 12 月 5 日，第 7 版）

赣省三总商会反对常关加税

赣省九江姑塘关借免料完钞名目变更税则，各商会群起反对，经景德镇总商会代表电约九江总商会，至南昌总商会，开全省商会大会。九江总商会即派代表余彦昭（茶帮董事）、陈蔼亭（扎货帮董事）、刘奉书（转运帮董事）到省，与南昌会长龚梅生、卢馥窗、章润斋及罗伯农等，公同讨论。九江、景镇代表，将电呈中央各文稿，交众阅看。南昌总商会，亦将各分会文卷及本会电部文稿共三十余件，概行检出，互相传览。讨论良久，结果决由三总会联名电部力争，当由省总商会主稿拟电拍发，电云：

北京国务院、参众两院、财政部、农商部、税务处、商会联合会钧鉴：浔关免料完钞加征货税一案，迭经电恳撤消（销），并由浔商会详陈财、农两部税务处在案，查船料、货税两不相干，一免一加，理由何在？宽待联单，子口偏枯，内地商民鱼爵相驱，势所必至，土货阻滞，影响税收，病国病商，何忍出此？景镇瓷商业已停运，倘致停工，妨害治安，尤为可虑。各部各商，惶急万状，纷纷抗议，愤怨沸腾，只得合词电恳迅将本案撤消（销），速予宣示，以安商业而定人心，不胜迫切待命之至。南昌、九江、景镇暨各商会等叩。

（1916 年 12 月 29 日，第 7 版）

姑塘设关增税之反响

本埠瓷业公所近据江西景德镇瓷商来电云，九江常关在姑塘设立分关，增抽半税，不日实行,众情惶急,行将停工罢运,要求联合电部请求取销(消)等因,该公所接电后,以上年此案发生,曾由本所函恳国货维持会,电达正会长王文典面陈政府,请求撤销,当蒙大总统谕部缓办,乃迄今仅隔一月,忽又实行加征,众情惶骇,若不仍请维持,则瓷业生计将绝,国货前途何堪设想?现景德瓷商代表纷纷莅沪,要求电部力争,故该公所除专函请求国货维持会订期开会讨论办法外,一面由所派各代表联名电请政府维持。又,一访函云,九江景德瓷业于上年为浔关免料完钞,有碍瓷电,经本埠瓷业公所恳请国货维持会正会长王文典君面陈政府,请求撤销,并经财政部令行浔监督缓办在案,现该关又拟即日实行,致磁商方面颇为恐慌,故又函请国货维持会于本星期三开会讨论办法,以保生计,而维国产。兹将财政部原令录下:

财政部令九江关监督第三百三十九号案,查上年十月据该关监督详报,拟议民船免料完钞加征货税一事,当以船料一项向为该关大宗收入,改征货税,虑启商人之惶惑,应暂免议,纷更批示在案。嗣准税务处迭次来咨,以该埠驳船及洋式船艇逐渐增多,民船纳料重于纳钞,于营业不免失败,商请筹议变通。本部复以事关重大,改革之后究竟货税能否可资抵补,施行是否不生阻力,应即派员切实调查,于本年八月间令饬赣关监督沈保儒等赴该关详细查复,以凭核夺。去后兹据沈监督呈复,遵将此案与该关副税务司卫尔持详细讨论,并赴九江商会调查,佥以免料完钞及加增货税均属可行等语,另缮说帖呈请察核,前来本部复核。该关原拟改征船钞,另抽半税办法,既沈监督查复预计收入抵补,尚属有盈无绌,该处商会对于此案亦表赞成,自应准予试办,除咨行税务处外,合行令知遵照。此令。

(1917 年 3 月 27 日,第 10 版)

国货维持会对于浔关加税之会议

此次景德瓷商,因浔关重提前案,在姑塘设立分关,实行加征半税,全体恐慌,遂电请本埠瓷业公所,转恳国货维持会订期会议,协助方法,并推派代表莅沪接洽等情,已纪前报。兹悉该会于昨日下午三时特开临时会议,各会员及代表等先后莅会,首由王会长宣布开会宗旨,继由各会员互相讨论,佥以该关奉令停办仅及三月,忽然实行加征,际此商业艰难之时,何堪再事加征?况洋瓷充塞于市,再行此竭泽而渔之政策,国产殆将灭绝。本会为热心维持国货之机关,天职所在,自当力予维护,以保瓷业生计,当经公众议决,电呈政府,请予维持,冀达撤销之目的而后已。议毕散会,已钟鸣四下矣。兹将该会致北京电稿录后:

北京大总统、段总理、农商部、财政部、税务处钧鉴:浔关加钞案去年已奉大总统谕令,财政部令行九江关缓办在案,顷据景德镇瓷商等来电云,今浔关仍在姑塘设立分关,加征半税,不日实行,商情惶急,行将停工罢运等因。查华瓷与洋瓷税则悬殊,若再加征,不啻竭泽而渔,广洋瓷之销流,置国货于死命。况华瓷受恶税之束缚,有司不知保护,虽不加征,销路已年减一年,一经实行,宁非自杀?敝会为保全工业、维持治安起见,为此迫电陈恳大总统,段总理,农商、财政两总长暨税务处,令饬该关,迅即撤销浔关加钞新案,以苏商困,而保国货,不胜迫切待命之至。谨电。中华国货维持会叩。俭。

(1917 年 3 月 29 日,第 10 版)

赣省商会请免浔关加税

浔关免料完钞加征货税一案,上年经浔商会等否认,迭将利害情形先后文电陈明农商部、财政部、税务处,当奉指令核准缓办。乃近顷财政部、税务处又提议进行,并疑商人不无误会,令由关督转向商会开导,税司更将浔商会等上年禀情详驳,意在必达其加税之目的。浔商异常愤急,然恐一方面力量有限,因特通函江西全省商会,并电致景德镇总商会,各派代表来浔筹商办法。兹悉省垣代表龚梅生、罗朗山,景镇代表陈佛西、余鸿宾均已到浔,特由商会邀集各行各业开会,公同讨论,佥以商人生命攸关,既无误会之可言,焉有开导之余地。议毕,旋以南昌、景德镇、九江总商会暨各商会各业代表等名义,电呈财政部、税务处,仍请取销(消)前案。略谓:自浔关督函转部令并抄送税司原详驳议后,商会等邀集各商公同讨论,莫名惶骇。查原详所指各节,在上年发生之初,各商未悉规定税率,故电呈各情容有出入。迨阅征收细则,其骤加负担或数倍或至二十余倍,则事实具(俱)在,毫不可掩。值此商业凋敝之时,创此苛税,商命何堪?现各商等咸以此案为生死关头,求之而免则生,否则惟有停业待毙。商会等代表商情,难安缄默,除将各业抵死不认理由另文分别呈达外,合先电达钧部,迅令浔关督免予提议,以安商业而靖人心云云。

(1917 年 4 月 10 日,第 6 版)

浔商对于浔关加税之呼吁

浔商否认浔关加税情形,屡志前报。兹又于八号由各业商人暨各商会代表在浔商

会开会,讨论结果,拍电恳请大总统及国务院撤销前案。兹将电文录下:

北京大总统、国务院钧鉴:浔关免料改钞加征货税一案,上年经商会等迭请取销(消),蒙准缓办。讵本年复由关督转奉部令,并抄送税司详文驳议,仍须提议进行等因,商会等邀集各行讨论,均莫名惶骇。查洋货、华货税则悬殊,若再加征,诚为自杀。除电陈税务处,财政、农商部外,合电恳大总统、国务院迅饬撤销前案,以安商业而靖人心,不胜急切待命之至。南昌、景德镇、九江总商会暨各商会各业代表等公叩。齐。

(1917 年 4 月 14 日,第 7 版)

关于浔关加征货税之函电

本埠国货维持会会长王文典,因浔关免科(料)改钞加征货税一事,于日前晋京赴财政部、税务处、总商会等处接洽磋商,已志前报。昨日,该会又接到九江关监督来函,照录于下:

径启者,本关免科(料)改钞加征货税一案,迭经敝监督与贵会暨各商会各业代表接洽讨论,复经贵会暨各商会各业代表函请维持,并抄送分致财政部、税务处、农商部电文一纸等因,到署正在核办间,适财政部暨税务处真电,除将办理情形电复外,相应抄录往来电文,函达贵会暨各商会各业代表,查照可也。此致上海中华国货维持会台照。

附财政部来电　九江关监督姑塘设立分关,各商会以加征货税又经提议进行,纷纷来电反对,究竟开导情形如何,盼速复财政部。真。

税务处来电　九江关监督据上海国货维持会来电,转据景德瓷商等电称,浔关仍在姑塘设立外关,加征半税等语,姑塘除盐、茶、竹、木外是否加增货税,速望电复税务处。真。

九江关覆(复)电一　北京财政部鉴:真电敬悉,南昌景德商会代表均来浔,开导尚无效果,详情另呈景。文。

九江关复电二　北京税务处鉴:真电敬悉,姑塘并无加征货税情事,惟提议进行,商会均反对,开导尚无效果,详情另呈景。文。

(1917 年 4 月 27 日,第 10 版)

关于浔关免料加税之驳议

九江常关免料加税一案,前经九江总商会公推代表陈仲西来沪,与国货维持等会接洽,请代设法维持,已志前报。兹悉国货维持会现又接到九江总商会来函,附录该会分致税务处、财政、农商两部及江西省长、财政厅、九江关监督、浔阳道尹,请求取销(消)前案呈文之原稿,于此问题言之甚详。亟录如下:

为呈请事,窃于民国六年(1917)三月十五号接准九江关监督函准本关税务司咨录详驳景德镇与九江总商会禀请取销(消)九江常关民船免料改钞加征货税一案,除原详理由九江关监督分别呈咨,仍再照录,随文附呈,俾便参究,并磁、茶各业情形,另详载各该业之说帖外,谨将副税司详驳九江商会数端一一驳复如下:

一原详首称税率因革权操政府,又称忍视国家损失二十余万金,不听其设法补救等语,查税法之制定或变更,其权限应属何种机关,人民对于纳税应负何等义务,不可不据现行有效之法律为解释之基础。查《临时约法》第十三条有曰:人民依法律有纳税之义务。又第九条(编者注:《申报》勘误,应为第十九条)有曰,参议院之职权如左:一、议决一切法律案;三、议决全国之税法等语,是税法制定或变更之权完全属诸代表民意之国会。国民除依法纳税外,亦未负有应听设法补救,容忍非法征收之义务。况裁厘尚未实行,江西沿途局卡林立,商货业已不堪其扰,今再增一常关机关收税,众商认为税上加税,岂非实在? 至于民船生计,税司既知系为独享免钞之洋驳所夺,自应就洋驳方面筹商补救之方,以为酌剂盈虚,乌可以甲受乙之损失而强令丙为弥补? 揆情度理,岂能为平? 乃欲行此不平之新税,而犹曰商人所称加重担负为悬揣,将谁欺乎? 如谓研究货税之终结,实出自洋商,非取诸华商,一似多取之并不为虐,试问洋商购买华货能否概不问价,任凭华商操纵自如? 以顾成本而反证之,洋货售与吾华,似货税终结取之华商,不妨加重,而各国必减轻出口税率,抑又何旨? 此第一端驳议之不当也。

一原详又有船料,于实际上皆取之买户等语,是旧章纳料,于民船生计丝毫无损,与前项所驳有关。民船生计,词意大相抵触,又何必轻改数百年之旧章? 市数千户,足船以名义上之虚,恩重全省工商,以实际上之惨痛,推其极不过欲,并船商纳料之损失,悉取偿于商货而已。此第二端驳议之不当也。

一赣关沈督奉部派来浔调查,即应会同浔关监督通函商会开会讨论,取得商会议案,藉资凭证,如系暗访,即商会会长亦不应会晤,恐泄机宜,乃以不明不暗、似吞似吐之调查,焉得成为真正确当之事实? 是沈监督一方面所呈节略,无论如何均属意造,不辨自明,此第三端驳议之不当也。

一原详又称三联单手续繁重,购买物品且有限制等语。查光绪二十三年(1897)与外人所订通商条例,并无限制,如烟酒公卖税,政府预算时亦收入之一大宗,卒受三联单影响而暗短,预计之收数起视政府又有何方法补救。盖本国营业计不能与外人享同等之优待利益久矣。商人实逼处此厉税政策之下,复重以叠床架屋之货税,渊丛鱼雀,避重就轻,势所必然,何得谓为过虑。此第四端驳议之不当也。

总之,各省厘捐,江西特重,且各省并非一律设有常关,政府对于担负过重之江西何必定行此种落井下石之计划?现经多数商会代表来浔讨论,群凛切肤之痛,非同意气之争,为此除分别呈函外,理合具文呈请钧部俯赐鉴察实情,饬即取销(消)前案,以顺群情,而维商业,不胜迫切待命之至。谨呈。

(1917 年 4 月 28 日,第 10 版)

浔关加钞问题之近讯

浔关免料加税一事,前经本埠国货维持会徇赣省商界之请,代呈农商部请予维持,已迭志前报。兹悉该会又接驻浔江西全省商业会议处来函,略谓:顷据九江茶业公所报告内称,浔关加税一案,迭经全省商会及各行各业合力争议,电呈部处请予撤销,阴历三月初十日奉浔关监督转到处令准暂缓提议,十一日常关副税司复邀敝业董事到关,告以此案虽暂缓议,究难撤销,或可从减轻税额,磋商办法,并引奉天常关改税问题,各商停运货物一月抵制无效之前事以为证,意在劝导商人稍减税率,预为复议之地。经敝董事答以:茶业浔为一小部分,且各事须由上海作主,此案关系全省商业,亦非一帮可能发表意见。副税司复告以:各业均须陆续邀来,从长计议。伏思此案经全省商会费尽全力,仅博得"暂缓提议"四字,而其继续进行未知纪极,倘有一帮一业稍示松懈,于争议前途大有关碍。为此据实报告,务希贵处转知各商会通告各行各业,促起注意,是所至盼等语,除分函各商会外,合亟奔报贵会,请速转致各行各业,对于此项绝对不能承认之事,勿稍放松,致贻大悔,是为切要。

再,该会正会长王文典氏,前因此案亲自晋京,面谒政府当道,代请停办。兹悉该会现接王会长自京来函,大致谓:浔关加钞一案,刻已得财政部俯允从缓,并于昨日表行九江关缓办,但此案已蒙大总统面允停办,现正与财部交涉,俟完全取消停办字样达到后,再行电闻,望即转达磁、茶二公所及九江、江西、景德三商会,以慰众望等语。该会接函后,昨已分别转函茶业、磁业二公所,及九江、江西、景德三商会,一体查照矣。

(1917 年 5 月 10 日,第 10 版)

补录浔关副税务司之详文

九江关免料加税一案,经中华国货维持会具呈农商部,请令该关撤销,前奉部批,并将九江常关副税务司详总税务司文暨船户罗成如等禀抄发阅看等情,已详本月九日报端。兹将部批钞发之副税务司详文补志如下:

为详复事,窃奉发下署理本关监督抄交之景德镇暨九江商会反对免料改征货税电函,当悉心研究,觉其误会暨不实之点甚多,兹逐一指出,谨为税务司陈之。查新定磁器,税率不分粗细,每百斤只抽关平银三钱五分,并无每件六十五斤征收关平银四钱三分八厘之多,而景德镇商会所称半税四钱三分八厘者,显系该商会以海关税则,细磁九钱,粗磁四钱五分,归并折半计算。殊不知,拟定之磁器税率并非依据海关则例,系以前近四年之价值匀摊后,酌抽一成又四分之一。惜该商会未曾详细调查,遽行揣拟,致与常关税率不符,故其援行船载大草为比例,揆之实在情形,相差尚远。盖千件大草,每件六十五斤,或六百五十担之大草,实无须完关平银四百三十八两之多,只须完关平银二百二十七两五钱,且能载重如此多件之民船,其船料亦不过二十元。即以惯能取巧之船论,亦须有六百六十丈之容积,方能装载。计其船料正税,当缴库平银十六两,另须缴耗羡四两六钱四分,正耗共计约合关平银二十两四钱九分,再加入签费三百文,统计约合洋三十一元,是其核算并非确切。至谓磁器如加常税,则成本既重,销路必滞一节,自表面观之,似有理由,然细加审察,亦无十分依据。窃尝作实地之试验,用方木箱贮放家用各式粗细磁器,如饭碗、茶杯、羹碟等类,大小一千三百五十件,计重三百九十斤。以此作为标准,则前称一千件之大草或六百五十担之大草,应有二十二万五千件,照税率每百斤三钱五分,计征关平银二百二十七两五钱,或洋三百四十一元二角五分,更以二十二万五千件摊派,每件只纳税一文半,况照税料完钞办法,尚须于此数内扣除船料三十一元。夫增此些须之担负,何得称为奇重难堪?即如用调剂之法,对于贫民日用之粗磁,价仍其旧,细磁则每件酌加三四文,事尤轻而易举,其得负亦定资弥补。由是观之,该商会果能先事咨询,何致多生周折,此景德镇商会电称各节有误会暨不实之情形也。若夫九江商会反对之理由分析之,厂有五端:一为货物已有统税,常关无征税之必要,如实行征税则商人多一重担负;二为料归船户,税出商人,界限绝然不相混合;三为赣关沈监督来浔调查时,未曾通知九江关监督,亦未将始末情形宣布公同讨论,且会晤该会会长时亦无赞成之决议,所呈节略难昭核实;四为常关实行改征,则商人冒用洋商三联单势必日多,而国税将暗受损失;五为茶税现抵征库平银二钱六厘,而新税则则定为每百斤征关平银五钱,与政府减税维持之原意相矛盾。然综此五端,其理由均未能充足,姑依序驳议之。夫货税应由何机关征暨税率应如何因革,以利国计民生,其权衡例应操之政府,即如船料一项规定,系在数百年前通则,时局变迁自应更张旧制。年来小轮日增月盛,而洋式拖驳又复畅行,查该拖驳照章每四个月只完海关船钞一次,即无须逐次报完常料,因此常税之损失年甚一年。况南浔铁路通车,又受一层影响,是常税之改革实为切要之图。商会既属公团,忍视国家损失,岁入二十万金,不听其设法补救乎? 不第此也,拖船享完钞之优待,而民船独令向隅,不惟不能持平,长此相沿,亦殊有关民船生计。此间操舟为业者,不下数千户,彼等亦有身家性命,既同是国民,应同等是。常关改用新章,不但偏颇悉化,即商人所悬揣之加增担负,并亦无之考。本关拟定新税则,系为挽回前之损失起见,非以增税为目的,故税则既单且简。综计所征货品只额定二十五种,而税率之规定亦轻,绝不同芜湖等关办理之烦琐,试以前开磁器核算一事证之,即可瞭然。

(1917 年 5 月 12 日,第 11 版)

瓷商请弛禁现洋出口

赣省近因市面现金缺乏,银根奇紧,大为恐慌,罗财政厅长曾商由南昌商会及汇划公所自行暂禁现洋出口。昨有景德镇商会,忽电财政厅,以据本镇钱商报告,省城禁止现洋出口,殊形惶恐。景镇现正瓷商云集之时,所携带款项,均属申汉汇票,由各钱庄赴省掉(调)换现洋,以资周转,且景镇系属省区,应请变通办理。凡有由省运往景镇之现洋,查有景镇商会及南浔商会执照,即请准予放行云云。罗厅长接电后,已函致南昌总商会,体察情形,核议见复,如果于市面无甚窒碍,他商不致借口,则即可由该会将转运数目及行号名牌开单,请由南昌总商会转函到厅,填给护照,以便稽查。

(1917 年 6 月 19 日,第 7 版,有删节)

鄱阳开濬(浚)湖口说

鄱阳湖居五湖之一,在江西之东北,其深阔不及洞庭,而在商业之价值,殊不逊于各湖。惟每届夏季水涨,湖水漫溢,骤至浸塌圩堤,淹没田庐,酿成灾祲。首当其冲者则为鄱阳县,其街市每年夏秋间辄有一二月浸于水中,幸免之年殊不多得。道路往来,水浅则以桥板作路,水深则藉小艇交通。盖以湖身太浅,水发不能收容,或长江之水稍满,湖水不能流出,遂致漫滥而成灾也。

鄱湖水满之时,固有漫溢之害,若至冬季水落,又有干涸之虞。因水流至近湖之处,其势曲折如羊肠,上流水来夹带沙土,至此流势纡缓,砂土因之沉淀,返渐垫塞,故每届冬季,近湖处之名龙口者,水深至不盈尺,平时轮舶通行无阻,至此时即小小民船亦不易通行矣。

龙口之长不过数里,而此道难关影响于商业上殊不浅鲜。盖由鄱湖运出之货,其大宗为景镇之磁器,祁浮之红茶,婺源之绿茶。此外,如乐平、余干所产之靛,自欧战后逐年增加,数亦甚巨,即鄱阳烟草、豆、麦亦皆出口之大者,但其妨害之最大者为磁,无关系者为茶,其他各项则皆不免受累。因茶之出口皆在春夏,秋水发之时,磁业最旺时,适在冬季,若烟、靛等物则随时出口者也。

旺年冬底,运磁之船多至三四千号,大者一二千石,小者亦七八百石。景镇河道概系浅滩,平时大船皆停泊鄱阳河干,用驳船由镇运下装载至,冬干则大船须停泊鄱湖外之猪婆山地方,小船及驳船至龙口,将货雇小艇分送出口,船则请近处朱村人推挽出口,不特小艇须钱,每曳船出口一号之工资,大者二三十元,小亦数元。此处以朱族人最大工作,为其专利,他人不能染指。工资虽昂,因船至龙口须听其处置,不得不予取予求也。鄱阳欲防水灾,须将全湖疏通,然工程过大,而区区龙口地方早有开濬(浚)之议,只以经费难筹,屡议屡辍。现任知事汪浩到任后,地方人士见其筹公益捐造监狱,工程巨万,不觉困难,群服其筹措有方,故今春重提此议。知事慨然担任,派人估工勘量,计长七里,须费约三万元左右。

议成一面咨照景德镇磁商认费,一面向本地商贾、航业各班劝募,合计已筹集二万元。戚省长许拨助三千元,其他不足之数,知事愿担任筹措。现已立所开办,阴历十一月底可以开工,所长即委任朱姓绅士苃充当,并与朱苃约定所需工人以朱族人口为限,因此河果开通,则朱族已失去此种拖船之财源,以此限制工程为口族之专利,以示调济(剂)。此项工程虽非巨工,而关系既大,收效亦殊不易,若董其事者不得其法,则今年开濬(浚),明年大水涨落之时仍将两岸泥土冲入,一二年后不免依然淤塞,将来再议重开,谁复相信?故不可不郑重出之也。

(1917 年 10 月 21 日,第 7 版)

磁商负债被拘

江西景德镇官银号,前与磁商陈荣中往来,被欠银一千二三百两,屡索无着,陈即他往。兹经该银号访悉,陈现住上海新北门内某碗店中,因即禀准该处县知事,移请上海县沈知事,于前日饬派侦探王桂生等,按址前往,将陈荣中拘解到署,发科研讯一过,判令收押候示。昨日午后由福佑路卢家弄碗店同业甲、乙二人到署具状,声请将陈荣中交保出外,所欠之洋分期归偿等语,谕候核示遵办。

(1917 年 11 月 21 日,第 11 版)

磁商负债被拘续志

江西景德镇官银号,前被磁商陈荣中亏欠公款银一千二百两,延不归偿,潜行来沪。经该号禀准,该处县公署移请上海县沈知事派探将陈拘案,押候讯核在案。兹悉陈荣中近在本城劝业场附近新开碗店,前日经沈知事发科讯问,认欠属实,判令管押之后,即由陈之同业、现在卢家弄开设严森泰、彭永成两碗店之主人,于翌日投署具禀,请将陈荣中具保出外。所欠之银,分四期归偿,第一期本年旧历十月终先缴银三百两,余由该两店负责等情,当经沈知事核准,将陈提案交严森泰等暂时保出,如所约之款迟延不缴,仍须提案押追。

(1917 年 11 月 22 日,第 11 版)

南 昌 通 信

赣督陈光远因军事旁午、防务吃紧,屡电中央,要求拨款,政府置之不问。现在查有江西存储官窑瓷器,由前九江关监督郭保(葆)昌亲在景德镇监造"洪宪"纪念品瓷器若干件,估计约值三百万元上下。现值军款需用甚急,筹措为艰。日前特电恳中央准其变卖,以充军费。闻已奉中央覆(复)电照准。

(1918 年 3 月 1 日,第 7 版,有删节)

成美学会缘起及章程

北京大学会计课职员郑阳和君，教员胡适君，发起一会，名曰成美学会。其宗旨在于捐集基金，以津贴可以成才而无力求学之学生。

西洋各国学校多有此种私人捐助之津贴费，而尤以美国为最多。其法大抵由私人捐款于学校，指定为某科学生或某籍学生之习某科者之津贴，由学校考选合格之自费学生而给与(予)之。窃尝推原其功用，盖有四端：(一)使贫家优秀子弟可以求学，此其最浅而易见者也；(二)指定为援助某籍学生之用，以助某地教育之发达，本校之各省官费，盖有类于此；(三)指定为某科学生之用，例如今日学机械科或医科者甚少，则多设该科等津贴以鼓励之，此最足以补助学术之发达者也；(四)指定为某籍或某科者之津贴，例如，江西景德镇人，欲提倡其地瓷业之研究，则多设瓷类工科学额，以鼓励之，此则既辅助学术，又可改良地方实业，其用更大矣。

吾国今日虽有各省官费资送学生之法，而绝少私家津贴之举，即间有之，亦仅视为个人慈善事业，既无组织，又无群力，以为之助，故所被甚寡，收效亦微。

今(成美学会)之设，欲以群力经营此种事业，有此永久之机关，则有志向学者，随时皆有请费之所。用集腋成裘之法，则捐款者无论多寡，皆可收育才之效，其用意在于补今日学制之缺陷，而应社会之需要，深望赞同此旨者之有以维持助成之耳。

成美学会缘起。天之生人，贫富安患，常失于均。均之之法，是在以富济贫，以安救患已耳。然消极的慈善事业，其利益止于个人，不如积极的集资助学，其利益之所及，直接在于个人，间接及于一社会一国家，远且及于世界。矧在今日国家之需才孔亟，社会之造就宜宏。所可憾者，天地生材，美质难得，苟有之矣，使其或以财用不足，遂莫由研究高深学术，致不克蔚为国才。则非第其一个人之不幸，实亦社会、国家之大不幸，可惜孰甚焉。考中外历史，在我邦，则夙有"上品无寒门、下品无世族"之诮；在他邦，则有于凡受大学教育出而任事者，谓其在社会自成一阶级，几拟于少数之贵族。夫以高等教育之重要，实为一国命脉所关，乃唯富者得以席丰履豫，独占机会。其有敏而好学、家境贫窭者，辄抱向隅之叹。而其结果，则足以减少人才之数，并促生阶级之感。某等怵于斯弊，思所以祛除之。爰有斯会之创，唯冀合群策群力，以共成之。社会前途幸甚，国家前途幸甚。发起人：郑阳和、胡适。赞成人：蔡元培、章士钊、王景春。

(1918 年 3 月 6 日，第 11 版)

纪鄱阳之恐慌情形

赣东景德镇鄱阳地方,土匪蠢动,后经军、民两长会派陆军一营、警备两队,驰往该地,分头兜剿,已志前报。兹闻上月中旬,有都昌人洪江会匪陈雨祥、黄淦在景镇地方暗设机关,勾结窑工,图谋起事,工人等入会甚众,聚合党徒数千人。陈乃自称靖国军赣北总司令,黄为团长。事为驻防该镇警备队营长陈德龙探知,即出其不意将该机关部破获,拿获首领陈雨祥一名,搜获证据多件,电奉军、民两长核准,已将陈就地正法,此十日以前之事也。

(1918 年 6 月 12 日,第 7 版,有删节)

磁器店亏款案之商妥

沪海道尹公署前饬上海县知事,查追陈广顺磁器店,亏欠江西景德镇官银号款项。兹悉陈广顺店主,因于前年遭火灾后损失甚巨,以致亏欠该银号往来银一千二百两,后经商妥,分作四期清还。兹应呈缴本年分欠款三百两,径行呈缴沪海道署,转解江西景德镇官银号归款,是以沈知事不再饬追矣。

(1918 年 11 月 17 日,第 11 版)

赣省教育会欢迎省议员纪

本月三日,赣省教育会欢迎省议员大会,午前十二时摇铃开会。首由副会长桂汝丹述欢迎之主旨,又报告本会之经过状况及困难情形,……次由吴树枏报告本省历年教育状况,……次由教育厅科长程时煊报告本年度教育行政计划:㈠创办甲种商业学校,预算经费约六千元。㈡第一工业添设矿科,以应本省赣南各县之要需,盖赣南矿苗甚富,惜无矿业人才耳。第二工业添设图案科,以为改良景德镇磁业之预备。以上二科,预算经费只需六千元。㈢暂在第二师范附设赣南女子师范讲习科,以为第二女子师范之基础。以上三端正在筹备,惟本省支出总预算有八百余万元,而教育费仅占二十分之一,且去年各校经费竟积欠四五个月之多,大有停办之势,此层应请诸公注意云云。

(1919 年 3 月 8 日,第 7 版,有删节)

关于提倡国货之消息

国货维持会

中华国货维持会昨晚开第八届第十七次常会,快钟九时半开会,汪星一主席报告议案……㊀磁商陶理堂来函,请由本会函致江西景德镇总商会、磁商公会及窑帮等处,请改良磁器花色,并从速出货,以应销路,公决照办,分函各处请即实行。

(1919 年 6 月 8 日,第 12 版,有删节)

国货维持会常会纪事

中华国货维持会昨晚开常会,徐枝春主席宣布议案:㊀报告广东国货维持会来函,通知成立;㊀报告湖州义成丝织厂沈武来函,请设法仿造铁机织绸所用之纸板,又谓用过废板能否设法重新化制,公议此项织花所用之纸板消耗极多,必须设法仿造,庶可挽回利权,拟访求此种人才,介绍研究;㊀报告江西景德镇窑帮复函陈明,从前五天一烧,现需十天一烧,甚至半月不能一烧,并非故意禁闭,实因各处运镇窑柴被各厘卡意外苛索,自民国成立以后,税厘几已加重十倍,做柴之客俱系小本经营,不堪亏折,视为畏途。查窑柴向无税额,现在果欲推广国货磁器,必须开广柴源,非请将窑柴完全免税不可。在本省各长官念国家财政支绌,均以裕税为急,必不许免税,不知窑柴一项免税即所以裕税,如去年到镇窑柴仅二百五十万担左右,全年合计窑柴正税,公家收入有几?惟司事苛索,直达巨万,黯(暗)无天日等语,公议函请财政部,江西省长,财政、实业两厅长,保全吾国著名实业,将窑柴完全免税云。

(1919 年 7 月 27 日,第 10 版)

江西景德镇之磁器业

中美新闻社译《密勒评论报》云,景德镇为中国四大镇之一,位于江西省之东北向,人口三十万,风气闭塞,迄今当地无一报纸。居民中三分之二从事于制磁器及陶器。考其历史,自汉代以来,中国始有磁器,而陶器之作尤早,约在数世纪前。景德镇地近鄱阳湖,环湖区域多产佳泥,分十余种。与皖交界处有一名山,均产精美白泥。华人有习用之二语:曰磁骨,曰磁肉,即所以合成磁器之模型。前者骨力脆薄,乃益以后者之坚韧,设非泥之混合分量适称,则置之炉中,经火煅炼,非爆裂即倾陷耳。磁骨之泥为不镕(熔)解之物质,得自一种腐烂之花岗石。磁肉之泥,则为色白可镕(熔)解之物质,系结晶体,乃石瑛(英)与小晶所合成。此二种之泥,均制成泥砖,形白而且软,用小船运至该镇,专作此项之用,操舟业者约有数人。此泥既提净,乃捏成各式泥块,再置诸陶工之轮架上,轮轴疾转数度后,陶工即用手术捏成各种器皿之模型,方圆凹凸,无不如意。既成,置一长槃(盘)上,俟第二技师增添柄握,加以藻饰,然后使全具光洁,曝之令干。第三层工夫为上釉,或喷,或渍,或浸,其道不一。未上釉前,亦可着红蓝诸色,既加标记,即可入炉受煅。凡磁器入窑时,均须护以坚强之泥制圆筒,名曰护磁筒,以防火势过烈或至损坏。此种泥筒可用至五六次。凡纳入护筒之磁器,每件均置诸一种泥台上,其上预撒以稻草之灰,以防与他件融合。窑内之物须受一千六百至二千之热度,然后息(熄)火,使渐冷。凡系无彩饰之素磁,经此一烧后,已完全告成。如加花饰,则须再烧。若特别绘画,恒须数星期或数月,始成一器。该镇之业磁器者,以器之形式、种类而分派别。新办之江西磁业公司,各类器皿无不制造,应有尽有,采用新法,颇能获利,纯系华商,并无外股,每年出品总值价墨银十余万元。该公司之出品,曾于一九一五年巴拿马博览会得优奖。各厂女工甚多,并收学徒,妇稚亦能于磁器上刻花、作字。造胚(坯)之工资每日自一角至一元不等,绘画工资每日自一角二分至三元不等。该镇每年售出磁器共值价五六百万元,多半销于国内。其销行国外者,一九一六年共值银一〇九二〇八一元。华人现已能制西式杯盆之属,销路颇广,名曰玲珑窑。在美国纽约有一瑞记公司,为输出景德镇磁器之最大商行。此公司由其常驻之经理人,每年收买出口磁器不下价银八万元,每件均包以稻草,然后装箱,即景德镇当地所制,箱上加以华、英文标记,直接运至纽约云。

(1919 年 8 月 13 日,第 7 版)

江西之实业观

我国实业不发达之故,固由于人民道德、知识、资本之薄弱,外力得以乘隙而入,而当局狃于积习,不知身为倡导,事事悉落人后,实为最大原因。江西以产磁、茶、木、煤著名世界,徒以人民知识浅陋,昧于利害,如伐木不务造林,制磁不仿西式,采煤则依旧法,售茶则贪近利,由是成效不著,输出渐少,货弃于地,良可痛惜。前实业厅长夏同龢,既不安于位而去,新任厅长邹日烜(江西遂川人)与他方感情尚洽,深望其对于实业果能积极进行,则江西前途之福也。

本省所制陶业,以景德镇为天然佳品,风行中外。近年以受洋磁响影(编者注:即影响),输出渐以不振。该镇磁质优美,惟胚(坯)工厂人未能研究心得,形式尚旧,不合西人心理,以致相形见拙(绌)。闻实业厅拟于陶业学校设一制胚(坯)科,专研究陶业制胚(坯)之学,已派技术员前往该镇调查情形,以便着手改良矣。

(1919 年 8 月 15 日,第 7 版,有删节)

中国陶磁业之衰退

中美新闻社特别调查稿云,中国陶磁器之产地为江西之景德镇、湖南之醴陵、江苏之宜兴、山东之博山、广东之潮州及福建之德化等处为主要地。其中,白色者为磁器,磁器之产地当推景德及醴陵二处,惟醴陵所产磁器较少,而景德独多,此外则无闻也。考景德镇之磁器制造,始于宋而盛于元,及明代最为完备。宣德、成化年间所出之磁器最为精美,万历间以釉上五彩画著名。及清康熙间已达极盛之时,嗣后渐呈退步之象,此堪惜也。该镇居民大抵业磁陶业,其职工之数约十五万人。市上所设之店铺,殆多与制造磁陶器之工场有密切之关系,如土石采掘业、原料粉碎业、白土行、释(釉)灰行、做瓷业、烧工业、彩工业、选身(瓷)业、磁商及磁行,土(模)型行、匣钵厂是也。所用之原料,除一部分外,则大抵仰给星子、余子(干)、明砂、贵溪、乐平、祁门、三宝蓬、银坑坞、寿器坞等处。至运输机关,则用民船、帆船或沙船,以输至天津、芝罘、牛庄、福州、厦门、广州,近来亦稍知利用铁路,以期便捷。惟其装货之法尚未完备,破损时有所闻,关系匪浅,是亦不容忽略者也。海外亦有输出,据一九一七年之调查,磁器输出额为十一万二千八百七十二担,值价银一百五十一万三千四百十三两;陶土器之输出额为二十五万七千四百八十八担,值价银九万三千四百四十八两。一九一八年之磁器输出额为九万五千五百六十八担,值价银一百四十八万二千六百十九两;陶土器之输出额为五万七千六百六十九担,值价银七万三千八百六十七两,逐渐减少,贸易亦无起色。若磁器制造之趋向,则近来已渐趋于粗货,因国人之需求,粗多而细少,制造者视需求者之方向而转移故也。然实则工艺渐渐退化,驯至仅能制造粗货,而不能制造细货,则中国磁业之前途尚堪问乎? 况东西洋之陶磁器,年来之输入额日见增加,将来中国之陶磁业或尽为所夺亦未可知。爱国者奈何不加之意也。

(1919 年 8 月 20 日,第 7 版)

景镇瓷业公司被焚详情

景德镇瓷业公司前日全厂被焚,诚可惜也。查该公司之地址,系在前清御窑厂内,周围约一里,南窑、北窑在焉。近因工人复杂,照料艰难,将北窑租与杨某。某日,该公司经理巡视全厂,至北窑,察出窑蓬破绽,即向杨某即(请)其暂停营业,重将窑蓬建筑。杨答以无妨,经理亦无如何。乃是日,火龙果将窑蓬烧化,掀开一大洞,火从洞出,延及窑楼材料,而其时守护工人又不施以灌救,直至水龙趋至,事已不可为矣。该厂失慎后,该经理即电告各股东,各股东先后回电,饬其查询起火缘由,而尤以江朝宗之回电为最激烈。该经理即至商会开会,提起赔款问题,各会董赞成者半,反对者亦半。总理陈某亦窑业大家,闻暗与公司角斗,反对更甚,一场会议遂毫无结果而散。旋由经理赴县,请缉火犯,并谒浮梁县知事韩兆鸿,面呈赔款理由。知事当柬请商会首领陈某来署,询其意见。陈乃将其素抱宗旨禀覆知事,唯唯称是。该经理得信后,心颇不服,恐将来仍须提起诉讼也。

(1919 年 10 月 6 日,第 7 版)

国货维持会消息

前日星期五(六日)下午三时,中华国货维持会在新会所开第九届第二十九次常会,由汪星一主席,报告各案,请众公决,各案列后:……(八)磁业公所函陈赣省长官:自夏历六月朔日起,加百分之十五附税,请为抗议案,议决先行函致景德镇商会窑业帮公会,速向该省官厅据理力争,取销(消)新税,以恤商难,俟商会复到后,再定办法。议毕散会,已六时许矣。

(1920年8月9日,第11版,有删节)

新加磁税之函请抗议

中华国货维持会昨致江西景德镇商会函云:径启者,顷接上海磁业公所来函,内详。顷据景镇人云,景镇至湖口十分厘金,业于阴历六月初一日起,每百元加收十五元。窃维磁业凋敝,数年于兹,只缘外货价廉,国货成本太重故也。历年谋请减税,藉挽利权,今乃适得其反,行见国货更形窒销,且将因各路少办而缩短税源,于商于国,两有不利。敬祈贵会鼎力维持,并乞函请景镇总商会窑帮,陶庆、陶成两公会提出抗议,务将新加厘金从速取销(消),庶几商困稍纾,而国货不至完全受打击也云云。久仰贵会维持工商,素具热忱,该磁业受此次加税影响,确属成本太重,苟销路因此而窒滞,则国货前途大有关系,而国家税源亦不无打击。据此除函请窑帮,陶庆、陶成公会据理力争外,合亟转请贵会协同力争,以达取销(消)目的,至纫公谊。

(1920年8月11日,第10版)

景德镇瓷业史料

115

伦敦通信(续)

伦敦商品展览会

英人最好用磁器,无论贵贱人家,其客堂寝室,皆藏有磁器。磁器物之精粗,亦可占其生活之歉欠。铁磁类器物,只用于厨房中,绝无陈诸卧室及客堂者。国人喜用铁磁面盆,在英伦则尚未一见,故吾国号称磁器国,而实则大不讲究磁器。磁器既为英人嗜好,即为其发达之重要原因。反而观之,国人好用铁磁,而铁磁绝少见造于吾国,良可慨也。

英人所制贵磁,多效吾国,缘以吾国为磁器祖国。一般人的心理,固仍推重中国为磁业之冠,故制造者不能不仿效之,以博社会之欢迎也。其运输于吾国者,多为社会所不重视之物。英人恒以喜新厌故之心理度中国人,且以所制中国式的磁器,恐不及中国之好,故多以纯粹之西洋式,运往东方,实则中国人好古守旧之风,世界无更有出其右者。彼若以其仿制的西洋中国磁,运输吾国,则恐景德镇磁业,不能敌之矣。

总之,英国磁业进步最速,彼恒收买吾国之制品,用科学方法分晰(析)考究,其易超胜吾国,固不容有疑义。目前,据劝业场中之观察,其式样之脱俗,绘画之精细,着色之鲜妍奇古,实为罕见。兹就陈列于该劝业场之磁窑业工场者,约有数百,而在白(伯)明翰、格拉斯哥,尚不知多少。据询问处执事人云,英国磁业,年来实大进步,各种磁品,既日益精良,而价值又日渐低廉,盖其生产额增加也。

(1921 年 4 月 19 日,第 6 版,有删节)

江西瓷业公司布告

敬启者,江西瓷业公司股东鉴:本公司迭经变故,困难丛生,久疏报告,兹幸清理就绪,已将经过情形进行计画(划),编成报告书并账表,分致各股东诸君。其有住址未能详悉者,邮递不易,凡旅居上海股东,敬请至北京路谦泰昌何杰甫君取阅。此外,各埠股东即请函致景镇本公司或九江、北京本公司分销处,寄递均可。特此布告。江西瓷业公司谨启。北京路兴泰里谦泰昌茶栈。

(1921 年 8 月 6 日,第 1 版)

筹备自治之函询

上海县商会昨致市经董函云:径启者,准上海总商会函开,本月十六日,接江西景德镇总商会函开,各省地方自治,奉部令依法筹备,查颁行法制,有普通市、特别市之规定。敝镇为繁盛商埠,人口满数十万以上,有设置特别市之必要。尊处与敝埠同一情形,未识如何筹备,乞将进行即日详复,以凭遵照办理等语。查城内及南市一带,在前清时本有自治机关之组织,现在依据颁行市制,究有如何筹备,尊处见闻较确,拟请代为查明示复,以凭转致等因到会。惟本邑市自治究竟有无恢复消息,曾否筹备进行,敝会尚多隔膜,为特据函奉询,即请示复,以凭转致。

(1921 年 12 月 24 日,第 14 版)

江西饶州之职业教育

本社(编者注:即中华职业教育社)委托章君伯寅调查之报告　(一)省立第二乙种工业学校。全校学生一百名,预科一年,本科三年毕业,常年经费一万三千元。成绩室陈列瓷器,有仿古者,有西式者,有施彩者,有素烧者,各极其妙。校内大窑一,每年烧三回;小窑一,上半年两星期烧一回,下半年每星期烧一回。参观原料配合室,见瓷器、陶器、玻璃之外,又有洋灰、珐琅砖瓦、景泰蓝之配合。分析室研究定性定量粘(黏)土燃料,其分合之颜色,并廉价发售,以便业窑者施彩之用。附属乙种工校,取实地练习窑业之便利,设景德镇,实习时间占三分之二,不待毕业,为人争聘以去者,时有所闻,是职业需要教育之好现象也。

(1922 年 3 月 9 日,第 16 版,有删节)

景镇时疫流行

景德镇为赣东产磁名区,商务素称繁盛,惟居民对于地方公众卫生,素不讲求。而该镇官厅警所于卫生行政事宜,又复无所施设,致全镇大街小巷垃圾山积,居户之倾弃秽物,行人之随处溺(尿)便,均在所不禁。每交秋令,辄酿成危险时疫。前年秋季,镇民染疫死者多至数千人。今岁入秋以来,河街沿岸,疫症又炽,染疫死者日辄数十起。计七、八两月间,全镇之患疫者不下三四千人。病初起时,多系身热吐泻,腹痛转筋,类似虎列拉(编者注:霍乱的早期译法),每多不及医治而死。虽该镇总商会设有慈善公会,施药送诊,及昌江、仁济等医院,不乏著名医生,然终不及上海西医之注射盐水等新法,收效神速。幸月来天气转寒,疫症较前稍杀,而居民之患疟痢者仍复不少。甚愿负地方之责者,速谋补救之法也。

(1922 年 10 月 31 日,第 10 版)

中国赴美习窑业学之第一人

杨伯琴君……下月中旬由沪出发　北京女高师校教员杨伯琴,此次由教育部选派赴美以利诺大学(编者注:即伊利诺伊大学)习窑业学,西名为 Ceramic Engineering,包括玻璃、珐琅、陶器、磁器、水泥等,十年前犹属于化学,今已成独立科学。杨君曾毕业于上海兵工学校,十余年来,历任四川高等工业学校及北京女高师教授,于化学研究极深,著有《普遍化学》《分析化学》等书,于去年年终,由部选定赴湖北各工厂,及景德、宜兴等处考察,历时数月。闻中国留美学生之习窑者,彼为第一人。即以美国论之,大学中之设窑业学者,亦只 Ohio(俄亥俄州)、Illinois(伊利诺伊州)两处。杨君此次来沪,由寰球学生会许兆丰为之代订舱位、领取护照,定下月十五日,乘中国邮船公司尼罗号出发赴美云。

(1922 年 11 月 11 日,第 17 版)

景德镇商会函复瓷厂家数

上海总商会前因瑞典总领事函询江西有名瓷厂制造家数,曾函致江西景德镇总商会探询,近接景德镇总商会复函云:径复者,本月二十日准贵会函开,瑞典总领事探听江省有名瓷厂制造家数,转函敝会查明开送等因。查瓷器一项,为本镇特产,制造出品,几及千家,大都各擅一艺,以普通品为最夥。其尤著名者,除瓷业公司外,青花则有陈新兴,琢器则有鄢德亿,彩红则有施亦成,他如工业学校、国华瓷厂及美术绘画家之王碧珍(编者注:即王琦)、汪野亭、汪晓棠等,均属质彩精工,营销中外。准函前因,相应函复贵总商会,请烦查照转达是荷。

(1923 年 3 月 11 日,第 13 版)

江西瓷器大批运沪

南京路永安公司三楼中瓷部,近日运到大批景德镇名瓷,大都以普通日用品为多。闻该公司在景德自设办庄,故所来之货,较别家益为新颖。其中饭碗尤为价廉,每全

（筒）自五角起至二元五角止。各种花瓶、花盆，皆仿古玩，制造虽是新瓷，但质地、画工，皆极精细，价格亦廉。时当春令，百花盛放，故是项消（销）路颇盛云。

（1923 年 4 月 6 日，第 17 版）

建华瓷器价廉物美

南京路昼锦里口建华改良瓷业公司，系由九江总厂分设来沪，专运江西景德镇各种名瓷，如花瓶、花盆以及中西菜席之桌碟，大小不一，所绘各种花草、人物，均维（惟）妙维（惟）肖，玲珑可爱。茶具每套售价自二元五角起至四五元不等，其余各种瓷器，定价亦廉云。

（1923 年 4 月 10 日，第 17 版）

江西新学制会议之结果

赣省年来因省长问题未能解决，遂致教育厅一席，亦在虚悬中。教育事业未能积极进行，此诚大可痛心之事。自新学制经教部颁布，各省多招集教育界人开会研究，以为实施之准备。赣教育厅既以厅长未解决，无人负责，只得放弃，乃由省教育会发起，组织江西实施新学制讨论会，召集全省教育界人于一堂，讨论实施方法，于五日举行开幕礼，共开五次大会，于十三日议决各案，十四日行闭幕礼。惟查讨论之际，各方之提议案虽有足多者，而其偏私处亦在在予吾人以感触。如办中学之人，则偏重于扩充中学；办师范之人，则偏重于扩充师范；办小学之人，则偏重于扩充小学；办专门学校之人，则偏重于扩充专门，如法专、农专、医专，则均有改办大学之提议，而于地方需要及经济状况，则未免不大注意。现改办大学之法专、农专、业经通过，医专则以设备不完，遂被否决，此犹仅意见之稍偏者。至如小学界某人，竟有小学得办初级中学之提议，虽经该会打销（消）此案，亦可见此中人之心理矣。兹将该会议决各案志之如下：

一、初等教育股审查结果：（甲）关于省会各小学校，（乙）各县小学校，（文长从略）经众议决照原案通过。二、高等教育股审查结果，经众议决，农业专门学校、法政专门学校改办为江西大学，暂设农科、法科，医学专门暂行仍旧，第一甲种工业学校照原案通过，改为工业专门学校，第二甲种工业学校改办窑业专门学校，迁移景德镇，体育专门学校照原案通过。三、全体审查会对于江西实施新学制委员会之办法案,经众议决,"名称"江西实施新学制促进会,"办法":(一)由本讨论会会员为发起人;(二)邀请国内外之赣籍教育专家加入为会员;(三)本会章程及各项细则,另订之;(四)中等教育股审查结果,(原文亦长)经众议决,照原案通过。以上各案议决后,蔡漱芳主席乃将私立女子法政讲习所所长金士珏提议男校设女教员案,及女子公学改办,改用女子初级中学案报告,众谓该两案因在提议案截止之后到会,未便交议,改为附入议决各案,函送教育厅参考云。

(1923 年 4 月 18 日,第 7 版)

景德镇瓷器等廉售一月

陶正昌瓷器号,开设南京路中市,已历多年。现自旧历三月初一日起,举行春季大廉价一月。所有该号向江西景德镇订办之瓷器,及由各地运到者,种类繁多,一律标明较廉之价目出售云。

(1923 年 4 月 23 日,第 17 版)

景德瓷器之改良法

天英

江西景德镇瓷器,为吾华工业界之精品,而原料与制作,不甚讲求,遂有退步而无进步。改良之法,其要有六:

一、瓷质宜洁泽。景镇瓷器,向以祁门东乡所产之土(俗呼祁东个子,每块重二斤,时价二分),及浮梁东港之土(俗呼明砂高岭,每块重四两,时价二厘),两种合淘为泥,配作瓷骨。又以浮梁北乡之土为釉(俗呼釉果,每块重四斤,时价五六分)。该处坯户,因惜工本,每不肯细淘,仅去渣滓一二成,迨坯成后,又不复加研究,以致所出各瓷,即名为细料者,亦多斑点,实为憾事。法宜先将所用之土,重加淘汰,务使渣滓除去四五成,及坯成之后,复用显微镜逐细照视,遇有毛孔,应即剔补,以免烧成斑点,似此瓷质既洁,釉色光亮,售价即可提高。至淘泥之所,必须凿有水池,以防泥泄。然此等水池,当用塞门得土为之(此土极坚,且性宜湿)。今该处坯房,亦有用水池者,但多以条砖砌成,虽不致漏泄瓷泥，而池畔尘土丛杂，难免搀（掺）入。既欲求精，不能不加意讲求，以顾瓷质而清本源。

二、形式宜翻新。景镇各坯工，明敏者实亦不乏其选，见有外帮定购新瓷，及仿古各器，无论何项形式，但具有陈样，或绘有图形者，皆可制造，信手捏成，无不酷肖。特以风气未开，拘泥旧制，除外帮定烧之外，多不肯频翻花样，以致所出各瓷少独出心裁之器。是宜选派名匠至外洋，细加考察，并购西式瓷器，如面汤台、火炉架、花砖，以及洋餐所用盘、碗、杯、碟等类，凡为西人日用所需，中国向来所无者，各购多种，带回景镇，由明敏工人，逐件仿造，冀开生面。

三、绘画宜精细。查景镇瓷器，如画青色者，施于未烧之坯；画彩色者，施于已烧之器。近因瓷器生意不甚发达，虽工笔、写意各项，均有画工，而艺皆不精，且多敷衍。揆厥原由，固因工价微薄，难延高手，且所有山水、花卉、鸟兽各稿，多系照旧摹写，以致所出花样，陈陈相因。今欲改良，必须不惜工价，采访心手灵敏之画工，重资雇用，令将中国暨西瓷所绘花色，无论圆器、琢器、大件、小件，可仿者仿，当变者变，自然新奇醒目，笔墨精良。或试购东洋橡皮所制之模，蘸用颜料，印成花样，更省人力而呈美观。

四、颜色宜鲜明。景镇瓷器，需用颜料。青色者，皆仰给于云南；若金、朱、蓝、碧各种彩，大半出诸远省，或购自外洋。其价固贵贱不等，彼处工匠，每因吝惜工本，不细擂磨（如擂云南料者，每钵八两，限十二日擂毕应用），且和以别物，以致渣滓未尽，而浓淡不匀。况画过之后，必须俟各器配定，汇齐入炉。其时随处搁放，沾垢蒙灰，实所不免。今宜将所购颜料，应擂者加工研磨，淘滤尽净，并不得使稍和伪料，且豫（预）为设立架、厨等件，以便将所画之器，无论已成未成，每日于放工时，概行收检，俾免沾尘，则将来入炉再烧，颜色光耀，自然鲜洁。

五、坯房宜增广。查景镇地方，人烟稠密，址无多。各处坯房，大都因陋就简，基厂屋既窄且低，各工麇集，污秽不堪。非但已造坯砖，难求鲜洁，且遇天时炎暑，染病者多。今须将房屋增高，使之轩厂（敞），人既可受空气，而坯亦易晾干，且地位加宽，则所成之坯铺陈排列，亦不虑其碰损。至淘泥之处，最多淤浊，必须筑墙间隔，庶几工作之地，较易洁净，不致酿成时疫。

六、窑位宜缩小。景镇柴、槎各窑，虽号称一百余座，而平时亦多停歇。推原其故，实因造窑者为贪出货之故，加大尺寸。讵知窑愈大而风愈猛，风既猛而火不聚，火力既散，则瓷色每多黯（暗）淡，风力既猛，则匣钵亦易颓斜，所烧之货虽多，然残缺不成者有之，全匣倾卸者有之。以故频年亏折，开闭不时，殊为可惜。今须将窑位缩小，但求烧造一器，即可得一器之利。况窑之获利，只在勤烧，出瓷果良，则销场自广，销场既广，则窑必勤烧。且窑以愈烧而愈炼，亦愈炼而愈坚，顾本保基，不亦重乎？

商品陈列所征求出品

总商会商品陈列所,定十月十日双十节举行展览会。前曾分函各处国货工厂等,征求出品。现因会期甚促,昨特委派职员周盛德等,分赴各工厂,接洽调换陈列品,并添增新出品等,预拟本月内,布置完备云。

闻该陈列所近由甘肃织呢公司送来大宗驼呢、驼绒、羊毛等毯,花色成分,均极优美,价亦低廉,与舶来品不相上下,零买定购,均从客便。此外,又有陶正昌新出景德镇磁器多种,托该所售品部照码减作八五折发售,货色无多,爱购国货者,幸勿失此良机。

(1923 年 9 月 16 日,第 14 版,有删节)

江西磁器之运售

民国路新北门刘祥泰磁号,由刘君志华为经理,专采办江西景德镇名磁,如花瓶、花插以及杯、碟等俱备,所绘花木鸟兽,唯(惟)妙唯(惟)肖,并可题名定款,价格颇廉。该号将于阴历九月中旬,举行正式开幕云。

(1923 年 9 月 24 日,第 17 版)

江西磁器之运售

民国路新北门西首一三二号熊德懋祥磁号,经理董君文卿,营瓷业多年。该号各货,均采江西景德镇名厂,仿制古维新时各式磁器,东、西大门,均可出入,左右、中间,特装新式四面八方玻璃橱,陈列人物、戏曲、飞禽、走兽之磁器,备有礼券,以便顾客送礼之用云。

(1923 年 10 月 9 日,第 17 版)

皖产磁泥仍禁贩运

上海总商会前准益昌机器公司来函,请求转电安徽省长,询问磁业原料之祁土,可否弛禁,准予转运。昨已得安徽省公署复函,内开:上海总商会鉴,鱼代电悉,查祁土向销景镇,关系本国窑业,聂前省长曾准赣军、民两长咨请禁运,以维国货,并经许前省长于安迪生购运磁泥案内,仍一再重申前令,禁止外运各在案,准电前因。本署为维持景镇磁业暨禁运原案起见,未便量予弛禁,以杜纷纠,尚乞鉴原为荷。吕调元谏印。该会准函复,即转益中机器公司,复知祁土碍难开禁情由,函云:径启者,前承函示,以祁土外销与景镇磁业并无妨碍,当经电呈吕省长请予弛禁,并分函景德镇总商会在案。兹于本月十九日接其谏日代电内开等因,除俟续得景镇商会复函,再行布达外,合先奉闻,即祈察照是荷。此致。益中机器有限公司。

(1923 年 10 月 20 日,第 14 版)

景德镇商会再反对祁土弛禁

祁土外运一案,曾志本报。昨日本埠总商会又接江西景德镇总商会来函,仍土不弛禁,文曰:前奉台函,谨聆一切,益中公司所称接祁门土业公会章焕奎报告,祁土一项,景镇年销多至四百万斤,仅占土额百分之一等语,系一面之词,不足取信。查祁门各港碓厂,共三十三处,每厂全年产额,不足四百万斤。景镇销数,即增加倍余,亦不嫌停滞。近因运镇祁土,日见缺乏,调查在镇各土行,去岁仅销三百二十万斤。陶器家以无货应用,大受影响。现惟上等瓷器,尚有此种原料,稍次者均以他种土货配合,未敢轻率动用,已足证供不应求之实在状况。(中略)此项瓷土,关系我国特产,自应共同爱护。既非自处有余地步,不加遏止,恐利权日渐外溢,本埠窑业将有坐困之虞。景镇与祁门壤地相连,知之最稔,实非凭空臆测。敝会为保存国产,维持窑业起见,用敢据实函复,尚希代为转达。毋任切祷。

(1923 年 11 月 4 日,第 13 版)

建华瓷器增设廉价部

南京路建华瓷业公司,销售江西景德镇各种瓷器。现设廉价部,廉售应用瓷器多种。经理袁君正东,已于两星期前亲赴江西采办新货,约于阴历十一月中,携运大批瓷货到沪云。

(1923 年 11 月 7 日,第 17 版)

续请祁门白土弛禁

安徽祁门所产白土,质地纯良,为制瓷唯一原料,惟向由该地瓷业公司订约,尽数承购,不准运往外埠。近来该处设有祁门瓷土公会,不以瓷业承包禁止外运为然。前闻本埠益中公司,因欲制造电气瓷料,曾请总商会转商该处,请其弛禁,该公会拟乘此打破禁止外运之成例,旋因皖省长徇瓷业之请,未允通融,事遂中止。昨日,该公会又详述货多应推销外埠之理由,函请总商会,转函皖省长,秉公办理,从速弛禁,以利商业云。

(1924 年 1 月 13 日,第 15 版)

质兴申号磁器廉价

北四川路质兴申号,开设有年,设庄于江西景德镇,运售各种磁器及花瓶、玩具等,颇为完备。兹因存货甚多,自十二月初一起,特举行廉价一月,往购者颇为踊跃云。

(1924 年 1 月 14 日,第 17 版)

祁门白土运动弛禁

祁门瓷土公会函请沪总商会转函皖省长,续请弛禁祁门白土,以便运出销售等情,已志本报。兹悉该会以此案前曾据情转恳安徽省公署及江西瓷业公司,允予出口在案,旋接复函,与该公会所呈出产数额,不相符合,咸谓不敷应用,未便出口。究属如何,远在数千里外,无从悬揣。如欲弛禁,请就近商诸祁门商会及安庆总商会代为力争,似较便利。昨日业将此意据实函复矣。

(1924 年 1 月 17 日,第 14 版)

景德镇变卖窑厂基地之抗争

江西景德镇珠山,为当地名胜之区,俗谓九龙抢珠,盖以有九山凸形似得名,位置在镇中心。前清御窑厂设于此,厂前有工业学校、模范工厂、女子工学、模范学校、积谷仓,龙珠阁古迹亦在焉。日前,垦务局派委罗某至镇,变卖该处基地,阖镇舆论哗然,以为数千年之古迹,一旦被人变卖,镇将亡矣。景镇、浮梁各界,为保存御窑厂前后地基事,假浮梁公所,特于前日开全体大会。人山人海,势焰高张(涨),一个个磨(摩)拳擦掌,俱谓应将罗某逐出总商会,幸经稳健者再三开导(原定在商会开会,因罗某住商会不便)。三时,人数已有千余,由浮梁绅士蔡邦隽发言,大致以景镇之御窑厂,珠山突起,商埠宏开,其地势甚高,甬道宽敞,为景镇精华所聚,加以此地每至初夏,淫雨连绵,山洪暴涨,一般居住近河之苦工人均纷纷逃往厂前头门内,以避水灾。且此厂地,非特名胜、古迹俱(俱)在,即造磁器一项,亦中国著名之工厂。此厂一经变卖则厂亡,景镇与之俱亡。民六(编者注:民国六年,即 1917 年)时,财产清理局意欲变卖,经同人等分禀各当道,誓死力争,禀准保存,以垂久远,存案俱在。今日亦是讨论救济及保存办法,万不能令其变卖云云。经各帮首领讨论良久,议决一面分派代表,向罗文鼎接洽,向县知事要求保存;一面由景镇徽、杂、窑三帮及浮梁绅、商、学、工界分电蔡督理、钟垦务局长、省议长、新民报馆,力争务须达到保存目的。浮梁推定蔡邦隽、吴麟瑞等四人,窑帮推定袁祖良等四人,杂帮推定邓小禹、袁蕃等四人,徽帮推定程镜湖、董杰珊等四人,共十六人,前往总商会向罗交涉。散会时已万家灯火矣。

(1924 年 1 月 26 日,第 7 版)

赣瓷运沪发售

南京路建华瓷业公司经理袁君正东,客腊由赣返沪,带来大批瓷器,销售甚畅,所有新货,月后尚将再运沪发行云。

(1924 年 3 月 18 日,《本埠增刊》第 1 版)

芜商包办江苏磁捐之反响

苏省征收进口之磁器捐,向归各关卡完纳,嗣因磁商经过关卡,往往发生冲突,于是改为磁器统捐。自前清光绪二十八年(1902),即在芜湖设立江苏驻芜磁器统捐局。凡进口磁器船,经过芜湖,须照章完纳统捐,每石征收钱一百八十文,洋价作一千三扣算。惟局长一席,须由二十五帮磁商一致证明,认为殷实,呈请江苏财政厅给委包办。当设立时,即由磁商公举邱某承办。其时实征实解,每年税收约一万四千余元。厥后邱某辞退,复于民国八年(1919),由磁商公举叶文泉接办,荏苒数载,办理持平,每年额定比较二万零五百元。去冬,江苏财政当局增加磁捐比额,磁商呼吁无效,旋由叶居间调停,始加比二千元,于十二月间定案,现在比较为二万二千五百元。不意有陶同春者(一说系芜湖总商会布业会董之化名)垂涎此席,央托安庆道尹谢学霖向江苏财政厅运动,除增加比较一千元外,又加保证金一万元,委任状业已到手,因鉴于空气不佳,尚未接事。至于磁商方面,以陶并非磁业商人,又未经磁商公举,全体一致否认,当推代表赴宁,向江苏财政厅表示反对。财厅长严家炽即电询芜湖总商会,究竟磁商中有无陶同春其人。该会复电,谓陶系殷实磁器商人,曾开设同记磁器店,已在商会注册云云。其实,同记磁器店系本年开设,范围极小,资本亦甚有限。各处磁商得此消息后,纷纷推举代表来芜开会集议讨论对付方法。二十四日下午二时许,有上海磁商代表陶鸿钧(即旅沪湖北同乡会副会长)、景德镇八帮磁商代表吴承业(即景镇航商自治公会会长)及景德镇鄂帮航商总代表李鸿喜等数十人,同至总商会质问,谓陶同春在河南岸开设之同记磁器店,资本既属有限,且尚未开张,贵会为何代其朦(蒙)报殷实磁商?如果陶同春接办之后,磁商势必增加担负,应请贵会维持。适商会汤会长公出,不得要领而散。嗣又齐赴同记磁器店,见该店悬有“恭贺新张”之玻璃镜框一面,下款署“景德镇磁商公会敬贺”字样。景镇代表吴承业,谓该会并未送其镜框,显系冒名可知,当将该镜框携至警察四分署保存,以作冒名之录证。当时各磁商及磁器船户,意欲将该店捣毁,幸警察四署先期得讯,比派警察前往劝令解散,故未滋生事端。各代表因时间过晚,只得暂回磁器统捐公所,开会讨论,决定次日(二十五日)下午二时,再至总商会作第二次之请愿。届时到者为上海代表陶鸿钧、景镇代表吴承业、景镇鄂帮航商总代表李鸿喜、景镇马口航商代表石馥棠等十余人,由汤会长出面接见。各代表首先陈述磁商之种种困苦,并谓包办此捐毫无好处,要求会长转达陶同春停止进行,或取消增加比较及保证金,庶磁商不致增加担负。汤会长谓:陶同春是否包办此项统捐,本会无干涉之权。至于增加捐税一层,本会有维持商业之职责,当然首先反对,总以商人减轻担负为宗旨。各代表颇为满意,遂兴辞而出。闻磁商对于改委陶同春为局长,仍主张反对,将来能否接事尚未可知。并闻上海代表陶鸿钧定二十六日回沪,以便召集同业开会,讨论进行反对方法。

(1924 年 3 月 27 日,第 7 版)

芜商反对包办磁捐之激昂

芜商陶同春因此次包办江苏驻芜磁器统捐,除认缴保证金一万元外,又增加比较一千元,致引起磁商之反对,一切经过情形,已迭志前报。兹闻陶对于此事,现仍积极进行,以期早日开征,并在河南岸大巷口租赁戚义成民房另设新局,内部布置,亦已完竣。所有大票、布告等件,已由苏省领到。陶因急于接事,曾派该局坐办胡玉书,与磁商代表李鸿喜、沈家良等接洽,声明完税手续,仍照旧章办理,决不增加磁商担负,请转运全体磁业商人,以免误会,结果颇为圆满。陶原定四月一日接事,江宁认捐局,除咨请芜湖警察厅饬属维护外,并布告磁商遵章完纳捐款,略谓:案查磁业统捐,现因叶董文泉扣至本年三月底认办期满,经财政厅核准,由本业商人陶同春认办,并饬先缴押款,行局饬遵在案。兹据该认商呈缴押款,并声称于四月一日接办前来,除呈报财政厅查照外,合行布告磁业商人一体知悉,务各遵照定章,赴陶商处完纳捐款,毋得偷越阻抗,致干查究云云。此项布告发出之后,磁商于三月三十一日下午,在公所开会讨论,多数仍不承认陶为局长,适前办该捐之陈隆玉由宁到芜,亦表示反对,立即聚集百余人,拥至新局,将该局桌椅、器具等件,捣毁一空。迨警察四署阎署长闻讯,即派徐巡官率领巡士到场弹压,其时捣毁局所之人,业经纷纷散去。警察厅长储莘,接到四署电话报告后,当令督察长赵镜涵率卫队二十名,驰往维持秩序。迨抵该局,见磁商已经解散,比即率队折回。厥后景德镇八帮磁商代表吴承业、鄂帮航商代表李鸿喜等四人,因事至警察四署,当被警厅储厅长得悉,即打电话通知四署,令将吴承业等四人一并送厅,暂行扣留,以便追究主使之人。陶以该局既被捣毁,当然不能开征,除将捣毁局所情形报告本埠官厅外,一面电呈苏省当轴请示办理。至于扣留警厅之吴承业等四人,现已有人为之取保,警厅储厅长即请总商会汤会长征求陶同意,陶谓:与吴等四人毫无恶感,是否准予保释,乃官厅之权,商人不便过问云云。汤会长已据情转告储厅长,故延至一日晚间,吴等四人仍扣留警厅未放。闻磁商方面,现已浼(浼)托前任局长叶文卿,转恳总商会汤会长,出任调停,

景德镇瓷业史料

127

并拟提出相当条件。陶将来是否承认,尚不得而知。说者谓此事一时恐不易解决也。

(1924 年 4 月 3 日,第 7 版)

国内专电二

九江电　曹派陆部咨议程凤翔,携款赴景德办磁,前晚到该镇。

(1924 年 4 月 8 日,第 6 版,有删节)

景德镇通信

曹锟派程凤翔办瓷　窑帮与何知事为难

　　景埠磁器之名贵,中外咸知,其中细磁等件,除外洋、香港销路外,吾国官场送礼制办者,为数亦甚夥。去岁曹锟在景所办磁器,已陆续制就运京。近复派程凤翔,于三月二十九日由省来镇,采办细磁多种。同来者,有蔡成勋所派景副官,及浔阳道署第三科王科长。是晚抵埠,适大雨倾盆,官厅往接者,如何知事,陈营长,赵、张两警佐等,均躬至河岸彩棚迎接。程等于军乐声中,与欢迎者略一周旋,即乘肩舆诣御窑署为下榻处。闻程此来,须在景勾留五六月,守候定制各种细瓷。凡景埠著名瓷厂,均在选定之列。昨向施亦成瓷厂预购大号花瓶二十余支(只),价值二千余元,所制各瓷品,一律均书"衍庆楼制"字样,连日正在物色样品,以便照造。最可异者,程到景前数日,外间盛传曹派委员密查某事。而官场方面,亦无确实表示,于是传说纷纭,莫衷一是。迨程到景翌日,始知为办瓷而来。此亦内地绝少显宦往来,不无少见多怪故也。

　　景埠工人既多,情形最为复杂,年来窑业罢工风潮,层见叠出。去岁因坯工积怨,掳去窑帮值年会首罗士华,嗣由窑业探知,报县派警将罗救出,当时拿获为首工人向春生一名,解送浮梁县署讯办。窑帮以向等掳人,应请处以死刑,惟何知事以是案恐有别情,尚须审慎办理,坚持不允,此案遂久搁置。而窑帮以事关重要,县署既不予严惩,即公呈省署,谓何不谙民情,请予调换云云。省署接呈后,即电令何依法办理。何奉电后,即传窑帮首领王汉、龚祝三等到县,出示蔡电,并质问具呈撤换理由,明白答覆(复),致双方互起冲突而散。景镇总商会会长陈仲西,亦系窑帮,与何感情亦不甚洽。四月一日,窑帮全体特在总商会开紧急会议,讨论应付方针,要求徽帮加入,再电省署,如上官不允,则窑帮将一律停业为抵制。现徽帮为维持两方和平计,居间调停,惟双方意见甚深,恐一时不易疏解也。苟窑帮一旦歇业,景埠数万工人何以为生,甚非地方之福。尚望当局审明利害,妥商处置方法也。(四月二日)

(1924 年 4 月 12 日,第 10 版)

芜 湖 近 讯

江西景德镇总商会,以鄂帮磁客王兴顺欠该镇元兴昌、隆元两钱庄款项甚巨,业经该两庄派友胡厚仁等,在芜湖下游西梁山地方,将王兴顺磁船寻获。特电此间总商会,咨函水警四署,请将磁船扣留,以便向该磁客交涉。

(1924 年 4 月 19 日,第 7 版,有删节)

窑工因窑主延长春窑罢工

景埠前日一部分窑工,因窑主王汉延长开烧春窑,又演罢工。向例窑在三月前开者,谓之春窑,凡工作者,窑主概不送饭。三月朔始,谓之正窑,在窑工作者,则由窑主送饭。今二月已届,正窑陆续开工,而王汉延长春窑,正窑因此停搁。该窑工不服,即将窑门拆去,概行下窑。当时由王报之县署,拘窑工数人,激起该窑工人罢业。复经县署派警弹压,勒令工作无效。昨日该工人多数闲赋(编者注:即赋闲)归去,返乡务农事矣。

(1924 年 4 月 24 日,第 11 版,有删节)

景 德

现洋来源不旺 景埠各钱庄现洋,多恃南昌为发源地,九江、饶州、乐平等处次之。近来,南昌禁止现洋出口,来源因之缺乏,幸刻磁、茶两业,尚未发动,现洋用途不多,金融不致枯竭,故月来洋厘仍松,铜元(圆)来源甚旺,钱价已低至一千八百五十文。现各庄止在各处办洋,预为茶、磁发动之用。

食粮拥挤跌价 景镇粮食,全仰给于外来,价格高低,随来源旺否为定率。月来广信、抚州、余干各帮,来米拥挤,计到大帮米船百余艘。各粮食行,均有满仓足食之概。近日顶上晚双,每石跌至五元六角,早双五元二角。较之半月前,每石已低至五六角之多,而来米仍继续不已,将来价格,仍须松动云。

(1924 年 4 月 25 日,第 10 版)

赣瓷运来多种

南京路虹庙东首陶正昌磁号,向以运售江西官窑磁器为名。现由产地运到咖啡茶杯、各式茶具、尿斗、嫁妆用品等甚夥,磁质坚洁,画工清雅,现一律廉售三十天云。

(1924 年 4 月 26 日,《本埠增刊》第 1 版)

官卖御窑基地争持未决

景埠厂前御窑民房基地,为明时国有官产,所占地税,历由浮梁县署征收。去岁省署鉴于景镇御窑停顿,瓷器多未改良,欲在景设立瓷业学校,就地筹资,颇感困难。继思将御窑基地变价,尚可值四五万元,以之办校,绰有余裕。地方士绅,一致坚请保留,亦难概行标卖,遂令垦务局布告景埠绅民,将御窑所有基地,除古迹、御诗亭、工业女子模范诸学校、广利庙、积谷仓及厂前照墙基地依旧保留外,余离御窑四周之民房基地,概在标卖之例。前月曾派武委员葆岑来镇,测量官产基地,每丈定价四十五元,共可值洋四万余元,所入不无小补。现旅景三帮及浮邑各界,以省署坚行标卖,前经屡请无效,似亦未便再阻,不如共筹妥善办法,遂于二十一日下午,特假火神庙开解决会议,提议请求减少地价,以轻佃户担负。除厂前古迹、诸学校及照墙基地保留外,所余基地仅有千余丈,每丈售价二十元,所值有几,纵省库如何支绌,当不急此区区。再以售价二万元,照扣半数认缴一万元,佃户减轻担负,两方互得其益,事或有济,议决一致请武委转呈省署照行。而武委碍于作价太少,未即应允,须商省署核夺,方可实行。至将来能否邀上官核准,减价标卖,尚在不可知之数也。(四月二十二日)

(1924 年 5 月 1 日,第 11 版)

景　德

细彩同业会议组设公所　　景埠瓷帮细彩同业,鉴于各行均多固结团体,组设公所,特定四月二十六日,邀集全镇各省县同业,在东门头芝阳图画会开会,筹备合组细彩同业公所,昨(二十四)已函邀同业届时莅会矣。

祁门同乡倡设会馆　　祁门旅镇同乡,人数日众。在镇商业,以瓷土、窑柴两项为大宗。现由江西瓷业公司经理黄立中、前商会会长康达及饶华阶、郑子喻等,发起建设祁门会馆。地址择定新安会馆附近正街汪开太瓷号基地,馆造西式,由白土、窑柴项下,每元抽捐洋两角,立集基金洋四万元为经费,刻正在进行中。

(1924 年 5 月 4 日,第 11 版)

祁门白土尚未弛禁

旅沪祁门同乡会,前电安徽省长,请弛禁白土,迅予放行。兹接复文,谓此案已于六月十八日令催祁门县知事迅速咨商浮梁知事,订期会查,并咨请江西省长转行饬催在案。据电前情,在未经查复以前,仍应静候解决,仰即知照云云。

(1924 年 7 月 7 日,第 14 版)

景德镇金融界之恐慌
发行保商票二十万元

景镇金融市面,与各埠情形迥然不同。平时赖以流通市用者,为钱庄自出期票,其少现洋流通。兹据该业调查所得,计各庄所出期票,不下四百余万元(仅通行本埠),在银根不急时,似可互相通用。一遇银根吃紧,势必周转不灵,立成不保之危险,早为识者忧之。近因受江浙影响,南昌、九江、饶、乐等处,均无现洋进口,各庄存底空虚,期票补水兑现,纷至沓来,兼之秋节在迩,各业住户,需款尤殷,市面大起恐慌,纷纷吁请商会维持。连日总商会为此事,特开紧急会议,讨论救济方法。经众表决,先由商会发行临时流通券二十万元(后改保商票),以济眉急,一面出示,给贴各庄门首,鸣锣通知各界,在近本月初十到期支票,一律展至十二日照兑,并暂停止补现,藉维市面。日来,商会三帮代表筹办此项商票,异常忙碌。钱庄需票者,须有在镇不动产契据作押,并由钱业公所指定殷实钱铺二十家担保,方可领票,期以三月为限,届期由商会兑现收回,以昭实信。此举不啻为钱业起死回生之良剂,诸盼急急进行,惟窑、布两帮,表示反对,多不赞同。嗣经各帮代表陈仲西(窑帮)、张启东(钱业)、施维明(陶业)、吴瑶笙(电灯公司经理)等力向疏通,似相谅解。现商票已印就,今晚在总商会楼上由正、副会长监视盖章,准十一日发行。惟钱业大小庄号,争领商票,如数仍缺额,不敷分配,并有要求加印者,但各庄本月初十期票,需实款若干,迄秘不宣示,如十二票兑不行,市面将愈形恐慌。据该业中人言,有此商票发出,可以无恐。就外间情形观测之,市面现洋缺乏,无可讳饰,纵初十期票如数兑现,转瞬秋节月底票期又至,外款无来,搁浅危险,恐终不免。但今日仍有少数票户,持票到各庄补现,声称需洋籴米,生活恃此支持,鹄立待兑,情形极为可怜,惟幸未有发生挤兑者。商会对于此事,力加维护,如节关能维持稳渡,市面尚可相安,否则资本不充之钱号,恐有迫倒之危险。顷间商会县署,亦奉蔡督理来电,谓现银根吃紧,须保存现洋,禁运出口,本省各银行钞票,一律行使通用,不得兑现,饬各维持照办云云。浮梁县署,今午亦出示布告,略谓:银根吃紧,本镇各铺所出本月初十到期支票,已经商会议定,一律展限两日照兑,其各遵办毋违特示云云。此外,各大钱庄,晚间均早闭门,并有请警保护者,以免不肖之徒乘机扰事。余如磁业各行交易,完全停顿,市面颇呈一种萧条景象矣。(九月九日)

(1924年9月19日,第6版)

景德镇因钱荒罢市

江西景镇通信,景德镇因挤兑铜元(圆),今(二十一)日发生罢市风潮。推其原因,皆由商票所酿成。前次商会因金融紧迫,特出保商票,维持市面,并无折扣,与现币一律通行,每月给息二分,藉维信用。嗣因浮梁县张知事邀集三帮公议,取消此项月息,作为本镇善举之用,以致大失人望。兼以景镇货物均由他埠运来,而逐日所收之商票,又不能抵汇外各款,故多至钱业补现,钱业因视为牟利之机会,高抬补水。初尚九五折,后渐至九折,一般商店因亦随而抬高,百货莫不增价,贫民尤感苦痛。盖景镇向多工人,如坯坊窑户等所发月俸,均系商票。现届年关将至,或有归省者,或有寄里者,既以商票补现,未免受亏较大。况彼等薪水微末,每月所得数元之工资,何堪受此意外之损失,故多向钱业兑换铜元(圆)。景镇铜元(圆)缺乏,须往赣浔等处购办,偶未运到,遂致不能应市。乃工人等智识短浅,以为钱业有意将铜元(圆)藏匿不换,于是纷至钱业索兑。有言无者,即将其柜台、家伙等物概行捣毁,盐、油、钱店尤遭若辈蹂躏,即报官派警,前来保护,亦无若何效果。故钱业倒闭之声,日有所闻,均因损失过巨,无力支持。间或有将钱店招牌,改换京货及铜丝店者,以免若辈滋扰。联(连)日由商会讨论救济方法,亦无切实办法。昨临时货业联合会代表王大藩、时尔农等三十余人,至县署磋商。张知事拟出铜元(圆)券,藉作救济钱荒之用,然各业以商票限期十月底收回,届时竟未实行,今再出铜元(圆)券,将来不免再蹈覆辙,故未表赞成。昨晚,钱业公所开紧急夜会,直至天明,未得善策,遂于今晨(二十一日)全体罢市,人心惶惶,市面颇呈不安之象,下午仍有至钱业击门者。虽有军警日夜梭巡,恐此风潮非一时所能平息也。(十一月二十一日)

(1924 年 12 月 2 日,第 5 版)

建华磁器号减价

南京路四九九号建华瓷业公司,专销江西景德镇极细改良瓷器。现逢春季,该公司自初一日起大减价一月,照码八折,并设有廉价部,门市异常踊跃云。

(1925 年 3 月 28 日,第 19 版)

江西瓷业公司紧要声明

本公司出品,久为中外欢迎,凡向本埠购买者,皆以有无本公司底款分别真伪。近来鱼目混珠者多亦于瓷底书写某某公司,冀图影射,其中稍有区别,识者尚能辨明,固不可究。不料伪造本公司六字底款者,竟亦常有所闻。现已在景镇查获罗新发、王森泰、刘德茂、余兴泰彩红等店,果然伪造不少,除将该瓷充公外,并分别处罚。兹特登报声明,以杜朦(蒙)混。嗣后惠顾诸君,凡在各埠购买本公司瓷器者,务须格外注意,免受欺朦(蒙)。此布。

(1925 年 5 月 11 日,第 18 版)

先 施 公 司

先施之货物,以英、美、法为多,并在伦敦设有机关,专司办货之责,邮电往来,时通消息。至国货方面,近来销场极大,如毛巾、绸缎、香港土布、内地土布、男女袜等,均属国货。尤有一事,附述于此,即该公司近自江西景德镇定购制成之白瓷器,另在沪聘专员专任书画之事,故顾客欲在瓷上题诗写字,均可约定照办。

(1925 年 5 月 22 日,《本埠增刊》第 1 版,有删节)

碗青金水现货到沪

碗青一物,原名养(氧)化钴,湘名磁墨,赣名青花,洋料随地而异,为青花磁器必需颜料。江西路美商丰裕洋行发售之孔雀牌,营销最久。凡磁器产地,如湘之醴陵、赣之景德镇、浙之温处,无不购用该行出品。又有美国墨鹤牌金水,为细磁添金所必需,质有浓、稀、淡三种。该行刻为推广销路起见,聘长沙德茂长为湘省经理,景德镇查裕顺为赣省经理,以便就地留意,并指点用户,故近日运到现货充足,以应客帮采购云。

(1925 年 7 月 6 日,第 17 版)

建华瓷业公司廉价一月

南京路中市建华瓷业公司,系江西分设来沪,运售景德镇各种极品瓷器,出品精良,久已名驰遐迩。近以国人提倡推销国货,热忱爱国,特于今日(初十)起,大减价一月,一律照码八折云。

(1925 年 8 月 28 日,第 19 版)

吾国瓷器改良与救济策

嘉琪

天下事不盛则衰,不盈则绌,万事皆然,古今同辙。达者知其然也,于是竭其脑力,穷其智才,事之不善者变之,物之不良者改之。结绳纪(记)事,何如文字之适宜;野处穴居,何如屋厦之安适。物换星移,民智日启,沧桑几度,始成四千年余地大物博、声名文物之中国。在昔闭关时代,尚知有所改良,奈何门户大开,在竞争潮流之世,反不急起直追,从事商战,与列强争为长雄,驰骋宇宙,任其国之委(萎)靡不振,朝乾夕惕,惟恐覆亡,至于此极也。

欧洲各国,开化未久,观其工业之发达,商业进步之速,不惮改良,争奇斗胜。不但中国之所能者尽能之,更进求其精细而夺我之利权,抑发明人所未有者,开其利薮。物不厌精,心不厌细,勿庞然自大,不守满以自盈。人心如此,智识如此,又何怪其雄视人寰、凌铄弱肉也哉?反观吾国则何如耶?百业凋弊(敝),工物钝拙,固有者不能改为至善,未有者亦不望以所发明。人心厌粗恶而好华丽,喜价贱而恶昂贵,优胜劣败,相形见拙(绌),自必舍其固有之土货,而趋赴于异国之商品,亦必然之势也。吾国今日土货滞销,比比皆是。吾不论其他,独专言乎瓷器。瓷器为吾国出口之大宗品,亦为吾国固有之利权,今且半夺于他国,昔之超群独步为人所独嗜者,今且鄙夷而厌视之,人心好恶之不同耶?反求诸已,毋亦世界文明,物质进化,徒守旧法,不足与人争奇巧耳。抚今追昔,触事兴怀,吾于此得书其梗概而研究之。

瓷器为吾国特产,声播世界。西方人士常以陈列华瓷为荣富,名贵可知矣。自学术昌明,制造咸以科学的方法出之,吾国瓷器,犹守其师徒相传之旧习,且艺术复不逮古时。人则购我瓷土,运其巧思,花样新颖,质地精致。于是昔以产瓷自豪之吾国,不但输出日减,国人且亦乐用外瓷,转而为逆输入。吾有良基,不自保之;吾有良土,不自用之。嘉琪业瓷,遭逢其会,怃焉生惧。语云工欲善其事,必先利其器。亡羊补牢,桑榆未晚,不揣固陋,亦欲书其管见,而筹挽救之方焉。

一、制瓷宜求改良新法。世无百年不变之法,天旋地转,民智日增,人之眼光不同,则百物当因时制宜,以求趋合人心,且改良云者,不独求适合时宜已也。工多者求所以省之,本重者求所以减轻,不如此何以言商战,而获厚利也。若瓷器之合(和)泥、成坯、敷釉、设色、施彩,俱涉理化,非专修特考不能涉其堂奥。即师徒相传不无杰出之辈,但艺术往往一传而绝,故欲期改良出品,自非采法于各国各瓷厂,检人之长,补我之短,以求改良,勿畏难而苟安,勿作辍而无常也。

二、设施工人教育。工业良窳,系于工人智识。产瓷大区之景德镇,地既偏僻,人民大多未受教育,期以改良,杳不可得。故欲改良出品者,自非教育不为功,就地设立:(甲)平民义务学校,专为工人子弟就学;(乙)瓷工补习学校,专为失学工人补习,并授以造瓷艺术大要;(丙)瓷器专修学校,专为有志研究者,及已经补习完成之瓷工,养成为制瓷、烧瓷、施彩、绘画之专门人士,以备瓷厂充任指导。既有相当学识,益以旧有经验,改良较为易易(得)也。

三、创立瓷器陈列所。夫既受相当之学识,得辅以固有之心得,改良较为易得,然有学识而无观摩,仍不能收大效。故应设立瓷器陈列所,搜罗古今中外瓷器,俾资参考。如我国后周河南之柴窑,北宋之定窑,逊清之龙泉窑,他若意国瓷多黄色,德国瓷多碧色,荷国瓷多绿色,英、美国瓷多白色。若不以各国古今之瓷器,穷其色泽图画之异,则必不能更求新奇,轶过前人,冠绝各国也。

四、豁免厘金及减轻出口税。厘金为苛税,最病商民,当然豁免,人皆知之矣。然吾国出口税重,入口税轻,轻重失宜,亦殊解人难索。查各国出口之税,大抵减轻,以鼓励商人振发其贸易观念,俾于他国竞争,换他国之金钱,流通己国之货,于财政前途大有关系也。如印度、缅甸等国,出口之税甚至全部豁免,其故可想矣。吾国政府能体恤商艰,减轻或酌免出口之税,使我营瓷业者,以海外贸易为有利可图者,出而与他国竞争,庶几固有者增进之,未有者提倡之,国强民富,意中事耳。

五、宜广告以寓提倡。现有此商品则宜大声疾呼,以供同好而广招徕,务使家喻户晓,妇孺咸知,然后人之购用者多矣。外国贸易重视广告,虽破巨资,在所不惜。如德国某马戏院以二十万元之资本,而耗十二万元之广告费,真所谓将欲取之,必先与之也。若知所改良,更辅以广告之力,声誉之隆,当不胫而走。

勿河汉斯言,而忽视之,唯是凡事图始为难。况此创见之事,同业心理,信用难周,言之匪易,行之维艰。惟上列数端为目前亟宜筹画(划)之事,而不可须臾或缓。吾国瓷业界不乏英贤,定有崇论宏议,匡我不逮,愿相商榷焉。

(1925 年 9 月 5 日,第 23—24 版)

陶 磁 业

骏

中国工业,大抵创自国人,而被外人夺之。数十年来,中国素具独步之丝业、纸业、茶业、棉业等,莫不被外人剥夺殆尽,几复无存在之能力,言之可痛,亦可叹也。然则我国殆无一胜人者乎？有之,其唯陶磁业乎？

陶磁为我国特产品,自唐以下,以迄清末,磁业实为我国重要之实业品。迄今各国,莫不赞誉以为不可及之物,历届各国比较,无非优先在磁。此亦我国工业界,稍可引以为自慰者也。

陶磁器可分陶、磁器两种。此两者之区别,大抵磁器精致而有光泽,击之作清音,质坚而耐用。陶器则粗劣而不耐用,故价亦稍廉。制作之法,先以黏土调匀,置之各德(种)模型中,曝于日光下,待其干后,再入窑烧之,加以色彩,如是则质坚而有光彩矣。

我国磁业,各省均有之,其较重要者,不外六七十处,其间尤以江西之景德镇,福建之德化,广东之石湾,与夫江苏之宜兴为最著。景德与德化,以磁业著名,而石湾与宜兴,则著名陶业,此四处所以成此业之中心者,大抵因生产丰富、土质精良之所致也。

景德一镇,磁业特著。其创始之时期远在宋朝,厥后渐行发展改革,已成为我国磁业之中心。十一世纪以来,凡提及磁业者,莫不知有景德镇一地,盖已播名全世矣。

我国磁业之产额,向无一定之总计。至输出额,照民国十三年(1924)海关贸易册所载,总计磁器为三百万零七百三十元;陶器、瓦器,总计六十四万八千两。其间香港销全数五分之三,此外,美国、新加坡、檀香山(编者注:今名火奴鲁鲁,美国夏威夷州首府。此时夏威夷已并入美国,《申报》原文如此表述)、缅甸及英国等地,亦均运销云。

总之,我国对于磁业,若能有充分之提倡,加之以改革,则不难趋世界最后之独步。然而国人心理,往往恃表而忽其实,每见花纹巧妙之外货,以其价廉而竞购之。因之外国磁器,输入日多,舍我几百年之祖业于不顾,殊可愧惜。幸而国人觉悟渐多,而广东、江西各磁器制造厂,又复极力改革,以与外货相竞争。吾深愿同胞有以扶助我国之陶磁业也。

(1925年10月4日,《本埠增刊》第2版)

参观瓷品成绩展览会记

程仿尚

乙丑秋十月三日至初十日,景镇瓷业美术研究社开第一次成绩展览会,予承该社宠召,期在初四。是日微雨,道途泥滑,予与友偕往,则至者甚寥寥,于是从容纵览,意殊舒适。

会址即市东莲花塘旧址,风景素佳。浙绍陈公,宰斯邑时,复因地制宜,辟荒山,拓芜塘,筑公园,莳花木,遂成今日绝好之游地。时值菊花挺秀,尤饶逸趣。会门前缀一瓷器牌坊屹然矗立，堂皇瑰玮，足壮观瞻。入内则琳琅满室，绚烂迷离，流眸四顾，目为之眩。

瓷品种类既多，名目尤夥。予门外汉，殊难详举，然可概括为陈设品与日用品，陈设品占十之七八，日用品仅二三焉。

瓷画专工国粹画，如人物、山水、花鸟之类，或笔法工细，或遗貌取唐，咸有所长。景瓷改良，以瓷画进步为最速，设色粉彩多于古彩（粉彩、古彩皆绘术名），且悉心研究国货颜料之配合以代洋料，尤难能可贵（瓷画颜料为有色矿质研成细粉，敷于瓷画，经火以后，色始大现，故渲染时较洋料为难）。花鸟之类，今虽间用洋料，顾研究不已，终有以代之，是亦挽利权与实业之一端也。其他如肖像画、西洋风景画、水彩画，及各种图案，亦多佳构。

雕刻瓷品，不乏细巧之艺，其尤精者，如叶君之蛋艇，人物七八，其大仅及米粒，而须眉毕露，各具神态。举凡艇内之陈设，大而卧榻桌椅，小而烟炉杯壶，无一不备。又吴君所刻阳纹山水两幅，一则重楼复阁，画栋雕栏，如观建章之宫；一则高峰峻岭，路曲泉湍，宛似蜀道之图。其技之精，可以冠绝一时矣。参观既毕，快然而返，而吾友语予曰：日用品为国人所最需要者，其有待于改良，以广推销也亟矣，乃该社侧重于陈设品，而略于日用品，恐非所以谋瓷业进步之道欤？

曩者吾尝留意国人日用所需之瓷品，则舶来者多于景瓷，盖彼有物美价廉之誉，我则便宜无好货，遂相形而见绌焉。其实景瓷质料远出彼上，苟一面亟求改良之方，一面排除输运之艰，则安见不物美价廉，推销内外也哉？予韪其言，□笔记之，想有心瓷业者，当不河汉斯言。（却酬）

（1925 年 12 月 17 日，第 12 版）

质兴瓷器减价

北四川路邮局北首质兴申号，向分庄在江西景德镇，坐办各种瓷器，运销国内外，历有年所。兹以夏历新年将届，特于十二月初一日起，举行大减价一月，藉应各界之需要。闻花瓶、玩物等，定价尤低廉，连日天气晴朗，顾客拥挤云。

（1926 年 1 月 18 日，《本埠增刊》第 1 版）

总商会对限止进出口货意见

　　总商会昨电北京农商部云,奉第一八〇号训令,抄发国际联盟会经济委员会拟就废除限止进出口货国际公约草案全文,饬即详加研究,如有意见,应即从速呈部,以凭转复等因。查此项草约,完全为增进国际贸易之便利起见,各国商业政策,利害不同,即使此项草案完全通过,成为约文,而各国有运用关税政策之自由,其结果与禁止或限制无殊。而我国则关税成为协定,禁品列入条约,草案所拟废除之种种限制,一经签订,转有切实遵守之义务,利未形而害已见,诚不可不慎之于始。就本会思虑所及者言之,陶磁为吾国特产,而此项原料,出于祁门等处。据景德镇磁业所调查,仅敷该处制造之需。近年屡有人拟运外求售,均为该镇同业反对而止,此少数特殊之原料,应予保存者一也。又如新疆所产棉花,品质佳良,向为俄人垄断以去,如果该省欲兴纺织,必先禁止原料之外输,否则实业永无振兴之日。其他类例,尚难枚举,此因于一地之经济情形,而必须设法限制者又一也。如照该草案第四条之原文,则凡因目的在经济而限制进口、出口者,均为本约所禁止。虽第五条有对付非常或特别之情形,本约并不妨害其权利,但非常或特别,其界说既无一定,易滋争执。而第五条但书,又有严格之限制,所谓并不妨害其权利云云,效力甚鲜。以吾国工业幼稚,正在奖进保育时代,受此种国际公约条文之束缚,实觉利少而害多。如需加入,亦必将第五条但书全部删除,方有商业发展之余地。至于华米之禁止输出,是否合于草案第五条第一款;洋盐之禁止输入,是否合于第五条第八款。抑可比附,其谓目的在经济,似均先宜辩明,方免日后之误会争端。敢因垂询,略陈管见,至祈察核施行。上海总商会叩。删。

(1926 年 3 月 17 日,第 13 版)

谭　瓷　器

徐海波

　　我国瓷器,其发明之早,制造之精,在全世界中,首屈一指。神农时耕而作陶,黄帝时命宁封为陶正,以利器用,惟磁上加釉法,至汉武帝造乌漆瓦盆时始发明,及后日益精进,及于明清,乃达完善之境。惜迩来墨守旧式,罔知改变,加以东西洋制瓷法猛进无已,于是我国磁器,遂舍古瓷外,几无出口之货,可慨孰甚?我甚愿国人之营瓷业者,急起直追,发扬国粹,勿使外人驾我上也。

磁器之种类:一、依产地区别者,实质上不能分辨,仅恃瓷器上注明地方,而知为某地之产物,江西、湖南、广东、福建各省,皆有产出。二、依质地区别者,有粗瓷、细瓷之分。凡瓷面光润,无小刺及细孔,击之作清脆声者,为细瓷;反之为粗瓷。三、依制造时间区别者,有新瓷与古瓷两种。新磁约分三种:(甲)仿古,质地、形式、彩画完全募(模)仿古瓷者;(乙)仿西,质地、形式募(模)仿西洋瓷品者;(丙)普通,质地、形式、彩画完全无变者。至于古磁,则种类繁多,兹并述于下述古瓷鉴别法内。

古瓷之种类及鉴别法:

一、依产地分者。唐代有"越瓷",制于浙省绍兴之越窑,故名越瓷,黄如冰玉,色青,为唐代上品。"蜀瓷",亦唐代上品,造于蜀之邛州,白色,质薄而坚,发声清脆。"寿瓷",安徽寿州造,黄色。"洪瓷",江西南昌造,褐色。宋代则有"定瓷",直隶定州造,色白,质细而薄,釉凝结如泪滴,是名鼻涕泪。凡为宋瓷,皆有此泪滴状,盖以釉中含钾、钠等过多故也,无泪滴者,即为伪。"汝瓷",河南汝州造,有厚、薄二种,以薄者为佳,色青,质地细腻,釉药内含玛瑙,故瓷面滋润如玉。"均瓷",河南禹州造,以釉如胭脂,而器底有一二数目字者为最上品,紫色,质极细。明代则有"德化瓷",闽德化县造,以所造佛像为最佳,质厚而润。

二、依帝王年号分者。如宋之"景德瓷",器底有"景德年制"四字。明之"宣德磁",器底有"大明宣德年制"六字,制法极精致,有明花、暗花之分,质细而厚,最佳者釉上隐约现橘皮纹。"成化瓷",明成化时造,以所造酒杯为最上品,五彩器具亦不恶。清之"康熙瓷",器底有"康熙年制"字样。

三、依督造人名而分者。如五代时之"柴瓷"由柴世忠(编者注:即柴荣,五代时期后周皇帝,庙号世宗)督造,瓷质如青天明镜,其薄如纸,亦名雨过天青,瓷中最上品也。宋之"哥瓷",宋处州龙泉县人章生一及弟生二,皆善造瓷,生一所造,即名哥瓷,质细而重,多断裂纹,有似鱼子,釉色有米色及豆绿色。清之"年瓷",年羹尧(编者注:实为年希尧)督造著名者,为红色玻璃釉之小瓶、杯等。"郎瓷",郎廷极督造,所造多深红色宝石釉器具。

(1926年3月30日,《本埠增刊》第2版)

邓如琢就职后之赣局

邓如琢就总司令职后,对于赣省军事之布置,颇费周章。……昨日(十日)杨如轩由省来浔,今日(十一日)蒋镇臣亦由省来浔。杨于今午十时乘招商江安轮赴南京,与孙传芳祝寿(孙寿辰为旧历三月初三日)。蒋亦于今日五句钟乘招商江顺轮赴汉口,向吴佩孚祝寿(吴寿辰为旧历三月初七日),蒋并携带景德镇磁器数十件赠吴,以为进见称觞之礼。一说蒋有兄某在吴处供职,于吴稍有关系。杨与孙亦有渊源,蒋欲于帮办军务之外,得一实缺之镇守使,杨亦欲得一粤赣边防督办,故于孙、吴寿辰之际,分道扬镳,各求所欲耳。(四月十一日)

(1926 年 4 月 14 日,第 9 版,有删节)

商 场 消 息

建华瓷器畅销　南京路山西路口建华瓷业公司,专办江西景德镇名瓷,开设有年。闻该公司特自阴历七月二十日起,举行秋季减价,照码八折。昨日为减价之第五日,顾客往购者,异常拥挤,各种家庭用品,如菜碗、饭碗、羹碟子、茶具、盖碗等,均划明价目,任客参观云。

(1926 年 9 月 1 日,《本埠增刊》第 3 版,有删节)

各商店消息

丽华公司昨日起大减价　南京路望平街口丽华瓷业公司,专办江西景德镇名瓷,开设有年,颇受各界欢迎。近值秋凉,闻该公司特于昨日起,举行大减价。各货一律照码八折,家用器皿,如盖碗、茶具、陈列礼品,均可署名落款。另设瓷板绘像部,大小各随所欲,必能逼真,定价极廉,取件迅速。各界定绘者,应接不暇云。

(1926 年 9 月 8 日,《本埠增刊》第 1 版,有删节)

商 场 消 息

豫章公司磁器廉价　新北门内张家路中豫章公司,开设十有余年,专办国货细磁。

近因营业发达,大加扩充。闻今有由江西景德镇运到各种新式磁品,自本月一日起,至二十九日止,廉价八折,门庄批发,并形踊跃云。

（1926 年 10 月 15 日,第 17 版,有删节）

磁 艺 述 略

青瑶女士

我国夙以瓷器著名于世界,外人译中国为磁国,亦正以制瓷之美为不可及也。然考之近今之磁业,仅恃有此天产之瓷质,若制工则习沿不改,一仍其古旧之师授,而不敢稍有更变。故将谓瓷艺之精进,在今日犹为甚远。往年有英人白显而博士(Shinese W. Bushell)著有《考中国磁艺》(*Chinese Art*)二册,详述磁质之成分及古磁年代之沿革,但考古而略今,仅及同光而止,所谓古磁考辑(Ancient Porcelains Collection)也。阅其图说之精,考记之细,纤微必录。以外人而多有究心及此,著书搜罗,不遗余力,虽足耀吾国瓷艺历史上之光彩,而吾人反不自知立说精讨之,徒以外人之所珍者,即从而珍之,因之古磁益罕而瓷艺日退,尤为可慨。其书译磁窑之初设,为唐初南昌东郡,浮梁县有陶人大鱼(Two Yu),始造白釉赛玉瓷器。唐高祖武德四年(621),改浮梁为兴平,始谕刺史年贡赛玉瓷器进御。引唐《通鉴》,有朱秀查唐皇陵,赛玉祭器有七百零七件,其制法用真玉屑和釉为之。是说"知不足斋丛书"中亦载之,但不及大鱼之名,译之以俟后考。又《随园随笔》云,相传瓷器始于柴世宗(柴荣),然潘岳赋有倾碧磁以酌醽,柳子厚有《代人进瓷器表》,是瓷器不始于后周也。宋山西郡初制均窑,则以宝石粉和釉,明润如真(珍)宝,色若苹果、玫瑰,其鲜美非今人所能仿。定州更有粉定窑,纯白堆花,尤为士流称赏,唯磁质犹不甚坚。按宝石坚性表,钻石为十一分,玫瑰天蓝九分二,翡翠八分二三,白玉七分八九不等。若磁质则仅有六分五,唐宋磁质尚无此分质也,及明而有五彩、青花各种名称。清康熙朝多仿明成化款式而细薄纯洁,工作尤精。雍正始有仿西洋彩及粉彩,其白釉比之康熙,稍带青。至乾隆之西洋人物,画彩亦工,已略逊二朝矣。要皆特制御窑,其磁釉彩绘,悉勿论工本者。嘉庆之后,即日退而粗劣矣。光宣朝,稍有仿古之制品,亦一望可辨。袁氏当国,有"洪宪"御窑之设,一时磁品,为之猛进,其图画釉彩之精细,坯质器件之薄巧,仿自古而能胜古,未尝非磁艺中兴时代。惜定价过昂,利虽厚而脱售不易,复有市侩估客,藉以欺蔽外商,竟有增至千倍之价,以充清代御窑者,终至败露,为外人所憎。此亦留心磁业者所当痛禁。今景德之窑,大小无虑数千,皆固守成法,以为世业。间有一二人,能略具新颖之思想,稍更旧观,已矜满自足。夫以产磁名国,而产磁之出品,一任匠工之旧法,无特殊之振兴,亦正以艺术家不肯为研求耳。兹略述制磁之手续,以备留心磁艺之讨论。

磁之窑,皆设于景德镇,而泥产于安徽之祁门玉山,其磁釉亦出于玉山。离景德镇三十里之浮梁,亦出泥,但不及祁门之佳。唯窑不设于产泥之地,而必设于景德镇,或谓系水质之关系,此亦足资研考者。朱琰《陶说》论釉药,谓:"釉无灰不成。"釉灰出乐平县,在景德镇南一百四十里,以青白石与凤尾草制练,用水淘细而成,配以白木、细泥调和之,按器之种类,以为加减,大率泥十灰一为上,泥七八灰二三为中,平对或灰多为下。欧美所用釉药之原料,我国亦未尝不能仿制,其釉药之上者,为玻璃之原料,如矽酸、炭(碳)酸、石灰、硼砂、铅丹等,研末和水而成浓汁,浸以生瓷,即提出俟干,入窑内烧之,其光泽明如玻璃,然后再加颜料绘画重烧。至次者仅用长石、石英等调和浓汁而已。若中国磁窑之制成,即一磁杯,自初制至成,计费手续约九次:一、磁工以手法,抟泥为坯,其厚几五分;二、付甲工手削其内围;三、付乙工削其外围,而杯之坯遂薄;四、付丙工加一底圈;五、付专事吹釉者吹白釉;六、烧窑;七、熄窑取出俟冷;八、付画工绘彩;九、入窑重烧,及取出乃得成磁杯。至其他手续,犹有未尽者,如加写图章,亦另有专业为之。最初开掘之瓷泥及制泥为砖,研泥、筛粉、调釉等手续,均不列入焉。当磁件初烧时,必入大窑;及施彩绘,入小窑已可。上海亦有小窑,若白磁上加彩、加字等,皆可付小窑烧之,青花则须先画花,而后加釉,即付大窑烧成即可。但青花贵于五彩者,以白磁烧成,多有疵点,必取其完好洁净者,施彩而烧之小窑,则出无不佳。青花虽省一次小窑手续,其磁件出窑,必有多数不完美,致弃去一番画工之费,故青花之价贵而为业窑者所畏。其初烧窑时,最为慎重而难卜其优劣。有烧出全窑尽属弃品者,倘获半数可用,即称佳窑。以窑规向例,必将磁件排列务满,不留隙地,烧时风火相搏,磁件辄自相震移,致欹侧粘连而不可用。故每一窑开,选其纯白端正者施绘彩,欹斜不正者售之本镇,件仅铜元(圆)一二枚。其粘连碎缺者,悉弃之河,堆积如山,值潮涨则冲去。或有劝窑主将磁件少纳,俾免此患,卒无听者,且以苟获全窑,卜为无上之佳运也。又制磁坯时,以圆者易而方者难。圆坯均用手工捏制,方坯须入模制。入模后,必用力击之,使泥坚结,不纳纤微之空气而可,否则一烧即裂,若圆者无此患。其磁之细者用吹釉,粗者则以磁入釉内一浸而起,工较省,釉则粗厚矣。业画磁之工人,颇傲睨。每晚必窑主亲往各室,与之点灯,灯为一旧式油盏。苟或窑主病,则经理者代,即值画者假游,亦必为燃,不则立扑被出,或聚众罢工矣。画彩之最佳者,山水为汪大兴,人物写照为王琦,花鸟为王大凡,此三数人亦已居景德镇,而领袖全中国之瓷画矣。王琦,一字碧珍,初业为捏粉人担者,具有巧思,至景德镇见磁制"三星"等,笑其手工之拙,遂更为制磁业,制品既精,人争定购,价亦特昂。既复弃制磁,从陈某习画,陈擅中西画,以窑倾其业,发愤而卒,艺尽为王得,益加精研,遂擅画照之绝技。今之名公巨贵之磁照,悉出王手,价亦昂于他人数十倍。其法珍秘不以语人,晨间作画,室门下键,虽妻子不能入窥,今已拥资数十万矣。但善画于纸素者,不能画磁,王之画纸,亦呆板不活,殆亦另有手法者。更有善捏像者,两手抟泥于桌下,目注视人面,不稍瞬而像成,付窑烧即为磁像,但无釉,盖一加釉,必致肥大走样,终不得其法,亦为憾事。又当烧窑时,其烟囱偶有破漏,则全窑之磁皆走乌黑色。烟囱之高几五丈,非架梯可攀登。乃有专业补烟囱者,擅绝技,能于下瞻瞭其隙之大小方圆,而削砖涂胶,一掷而命中,无须再投,亦无不吻合。烧窑将及时,则须请看火者登窑顶看火,其人试唾一下,听声察焰,已知窑之成否与其优劣。至磁器之成本,窑人亦不能自知,因利虽厚而毁弃者亦过半也,且改良之磋商复不易。如初欲改旧式茶壶口内之三眼为十眼,即此一事,曾经费无量之譬喻,始得工人之允。盖工人禀守师承,绝不喜有改革思想,亦非一时可使之明瞭(了),意有触忤,即易斗殴,虽窑主无敢违之焉。兹江西瓷业公司,虽能为差强人意之监制,然一困于工匠之顽固,二苦于画工之居奇,三鉴于出窑之多毁,价遂不得不昂而销路滞矣。若得精善之法以谋改良,则磁品之出产额必巨增,内可以塞漏卮,外足以输各国。藉天富之产,以艺术为之振兴,则今之磁业,实有极重要之研究焉。

(1926 年 10 月 29 日,《本埠增刊》第 3—4 版)

商 场 消 息

　　源兴号新到大批瓷器　西门方斜路源兴瓷号瓷器向由该号遴选干员亲往江西景德镇采办。今年秋,赣省适起战事,致运输颇感不便,幸该员于最短期内运输来沪,举凡家用瓷器及厅堂陈列用品,无不搜罗齐全。又,该号经理之启新瓷厂瓷器发售以来,又到大批新货,如盥洗具、茶具、菜盆、点心盆、水果盆、糖缸等,瓷料洁白,式样时新,定价低廉。际此冬至节届,用以馈赠亲友,尤为无上妙品云。

　　…………

　　丽华瓷业公司大减价　南京路望平街口丽华瓷业公司,专办江西景德镇名瓷,开设有年,颇受各界欢迎。刻因赣省交通已通,大批货色,陆续运申。闻该公司特于今日起举行大减价,各货一律照码八折,各种家常用品,如碗盏、杯盘、花瓶、花盆以及陈列纪念礼品,均可落款题名,该公司就地改良书画,取件迅速。

(1926 年 12 月 5 日,《本埠增刊》第 1 版,有删节)

邑南匪患频闻

邑属南乡中云,七日到有绑匪百余人,肆行劫掠,全村千余户,搜劫无遗,就中以该区区董王曦岚家损失尤巨。饱掠后,又复转赴豸峰,该村殷实得警,已事先搬避。至该匪之来踪,或谓系景德镇之坯业工人,或谓系流兵及邑中出走之军队。

(1927 年 5 月 18 日,第 7 版)

浙省派员调查龙泉磁业

省政府建设厅厅长程振钧,莅任以来,对于谋建设事业,颇为注意。现聘江西陶业联合会会长施维明,派赴龙泉,调查一切。施君在景德镇经营磁业数十年,富有经验,此去调查,对于浙省磁业,将来必有很多贡献。现已出发,约月余返杭。

(1927 年 7 月 3 日,第 10 版)

商 场 消 息

江西景德瓷器公司行将开幕 瓷器为我国特产,尤以江西出品为最佳。南京路中市江西景德瓷器公司,特集巨资在沪建设窑炉,聘工业专门技师监制,力图改良,出品精益求精。现正装修门面,布置陈列,一俟工竣,择期开幕云。

(1927 年 7 月 9 日,《本埠增刊》第 1 版,有删节)

商 场 消 息

江西景德瓷器公司大廉价 南京路新开江西景德瓷器公司。闻该公司特派职员,往江西省采办上等中华土产瓷器,现已选择运沪;自建窑炉,定烧各种细料瓷器;特聘技师及美术书画专家,担任花草、人物以及山水等,定期不误。闻该公司新张伊始,为酬答中外各界起见,特别放盘云。

(1927 年 7 月 17 日,《本埠增刊》第 1 版,有删节)

商 业 新 闻

赣瓷昨来九百九十一箱。

(1928 年 4 月 29 日,第 19 版,有删节)

总商会为磁商呈述痛苦

上海总商会昨呈财政部云,呈为沥陈磁业所受重叠课税情形,乞予按照治本治标办法,分别筹议改良,以资挽救而维营业事,业于本月十六日,接上海磁业公所函称,敝业磁器,本天然之国产,为中外各国日用所必需。近年以来,受军阀政治之摧残,捐税日增,大有江河日下之势。论捐税名目繁多,景德镇有下河厘金、姑塘船关税,湖口有出口税,安徽有华阳镇之统捐,芜湖有常关税,又有江苏税捐,吴淞有进口税,上海有落地捐,兼之沿途逢卡照票,在任留难,约计捐税之总数,自景德镇到达上海,每百元须加捐税至三十余元。民船运输,费用日加,若装轮船,由景德镇至九江,沿途亦有同样之税厘。由九江装轮报关过磅,论税更加繁重,且过磅震动,磁器破碎尤多,商民隐受其害。吾国关税权操外人,为不平等条约所束缚,将国磁税率提高,洋磁得以畅销。近更有一种关章,将国磁人物分为一英尺内外及有须无须,分别估税,苛重扰重,痛苦不堪言状。凡此种种,皆受外人税务司之压迫。若言对外贸易,受害更甚,即如日本有值百抽百之苛税,欧美各国无不抽重税,以致对内对外,均感无穷之痛苦。国磁退化,洋磁充斥,遍地皆是。查日本磁器产于名古屋,出口免税,吾国进口税又轻,易于推销。所以国磁销场日坏,而洋磁则愈销愈广,长此以往,吾国磁业将无立足之地。再有一种俗名九江货,由景德镇各庄拣下次货,奸商私运至浔,交江轮私带来申,成本既贱,又是偷税,以租界为大本营,兜销各处,为数甚巨,影响正当磁业受累匪细,国课、商业,两蒙其害。欲谋磁业之发达,必先将种种障碍铲除。敝公所开会筹商至再,为特专函,请求贵会,予以维持。当此国民政府统一全国训政开始,凡百建设之际,不得不将历年所受痛苦详陈。素仰贵会领袖群商，一言九鼎，敬恳将敝业之困顿情状，转达国民政府。提倡国磁，减轻税率，俾与洋磁相竞，并请于收回关税自主时，将国磁一项，列入日用品类。对外修改不平等条约，将国磁列入互惠条约之内，俾国磁对内对外，均易推销，发展生产，国富民强，实利赖之。再，目前尤关紧要者，请求维持正当磁业，乞转呈财政部通令九江、芜湖、南京、镇江、上海各关监督及税务司，切实严查偷漏，则国课、商业，均受其益等语到会。查磁器为吾国著名工业，徒以厘税重叠，对内对外贸易，均陷于不振状态。现在裁撤厘金，虽在着手筹备，惟磁为我国特产，尤宜加意维护，将来改办特种消费税或产销税时，此项磁器仍宜列入例外，方足以轻成本而广销路。至于互惠税则一层，亦为关税自主后应有之举，必宜将吾国磁器一项列入约内，方足以减除苛税，扩充对外销路。以上所陈，均为治本办法，其目前治标之策，即如海关估税，将国磁人物分为一英尺内外及有须无须，分别估价，均不免迹涉苛细，客卿操纵，别具深心。应请钧部令行九江等关予以纠正，并令其对于浔轮夹带偷税私磁，严行检查，力杜徇纵，庶于国课、商情，均有裨益。理合具文呈请钧部鉴核，准予分别办理，实为公便。谨呈国民政府财政部。

(1928 年 7 月 18 日，第 14 版)

景德瓷业罢工之婆闻

景德瓷器，每年供国内国外之需求，为赣省出口大宗。去岁……停顿将近一载。今春……陶业各行，相继复业，客帮毕至，营业颇有复工之势。讵开工未久，前月该帮各行工友，以生活程度日高，要求增加工资，以资弥补。资方不允所求，并联名具呈县府，惩办煽惑工人数名。风潮遂愈趋扩大，所有各色工友及挑柴车夫，均继起罢工，誓非一律酌加工资不止。虽经官厅严加制止，卒莫能遏。总商会陶业公会，刻正居间仲裁，不卜何时可告平息也。

(1928 年 9 月 16 日，第 12 版，有删节)

赣省裁厘筹办消费税

三日前南昌通信，江西全省统税局计有四十七所，其余分卡亦不下十余所。年来因财政当局增加税收，改为包办，每年收入约在四五百万，而承包者又复自由增加捐率，巧立名目,百般苛索留难,以致商民怨声载道,裁撤固不宜缓也。此次朱主席(编者注:即朱培德,时任江西省主席)、黄财政厅长自京回省后,一方面俯顺民众要求,一方面遵照全国财政会议议决案,于本省四十七统税局中,先行裁去广昌、鄱阳、李家渡、三江口、南昌、白口塘、硝石、市济、许(浒)湾、瑞洪、谢埠、宜春、角山、广丰、都昌、南城、上饶、良口、信丰、德安、瑞昌、星子、古县渡、筠门岭等三十六局,其余湖口、景德镇、三湖、吴城、二套口、涂家埠、神冈山、上高、弋阳、樟树、乐平、修水、沿溪渡、河口、黄江口、赣县、滁槎、萍乡、大庾、玉山等二十一税局,本欲一并裁去,因本省骤减此数百万之收入,财力上似难支持,不得不暂行保留,以资过渡。现财厅方面,正进行筹办消费税,作为统税抵补,一俟筹有端倪,始将此二十一税局一律裁去。

(1928 年 10 月 7 日,第 9 版)

磁业公所反对苛捐

磁业公所昨为景德镇印花税包商,勒贴累进印花税与税单事,开全体大会,到者本埠、外埠代表数十人,公推张伟民为主席,行礼如仪,讨论景德镇磁商联合会来函云,景镇印花税包商,勒贴累进印花税,与完税单税上加税,异常苛刻,磁商不堪其扰等语,全体一致反对,议决分函总商会等团体援助,呈请政府,立即撤惩包商,取销(消)印花苛税,不达目的不止。尚有完正税外之附加税,为数已逾正数一半以上,且是军阀时代之苛政,当此国民政府解除人民痛苦,提倡国货之际,应请政府查明撤销,以维国货而安商业。想磁商连年担负此种重叠捐税,政府必能解除痛苦也。

(1928 年 10 月 20 日,第 16 版)

国货维持会执委会议纪

中华国货维持会,前日(十九)在九亩地本会,举行第十七届第十八次执行委员会,三时十分开会,行礼如仪,由常务委员汪星一主席,孙铮纪录。秘书处报告一周来处理事项,次提出讨论事项,逐一议决如下:……(二)上海磁业公所转来景德镇磁商联合会公函,以赣省包商,苛收法外印花税,重叠累进,担负极巨,病商害民,莫此为甚。附陈满贴印花之税单摄影,请转呈当局严厉查禁案。(议决)函复该公所,再检寄该项摄影十张,以便分电呈请。

(1928 年 10 月 21 日,第 14 版,有删节)

磁业运输之新进步

沪赣磁器转运公司南清号轮船,昨日举行第二次试车,预定路程开往吴淞等处,到者有高君若、董文卿、胡玉卿、王时卿、张伟民、胡佐卿、刘志华、秦润生、张去斋、吴春申、张子谟、严幼瑜及各埠代表等共三十余人,即于上午十一时五十分钟在五马路外滩开航开行,至下午一点半钟到吴淞,蒙许信盛等设宴欢迎。三点十分钟宴毕,宾主尽欢下船,开回上海,天已晚矣。该轮马力充足,行程迅速,准定日内直放江西,专拖瓷器。大船如开足马力,长江下水能拖磁器船五六艘。吾国磁业改用轮船拖载以来,各埠来源快捷,营业发达,可操左(佐)证,交通上之痛苦,可以解除矣。闻磁业公所前上国民政府工商部条陈改革磁业计划书中,有景镇河道失修,转运困难,磁业受其影响甚巨,请求政府开濬(浚)河道,以利运输。蒙工商部孔部长(编者注:即孔祥熙)采纳,上海磁业公所意见,函请江西省政府查核办理,业已奉到工商部来电,照录于下:上海磁业公所览,案查前据该所呈述磁业困难情形,并条陈意见,请予分函主管机关核办等情到部,当经分别函请财政部暨江西省政府查核办理,并批示知照各在案。兹准江西省政府函复,已令行江西建设厅,遵照来函所示各节,迅予妥筹拟办具复,以凭核夺,函复查照等因,合行电仰该所知照。工商部号印。

(1928 年 10 月 25 日,第 16 版)

县商会为磁商请命

上海县商会呈国民政府财政部文云:呈为江西景德镇磁业税单,转呈鉴核,请令遵事。民国十七年(1928)十月十八日,据上海磁业公所函称,赣省苛税,名目繁多,更以税单加贴印花,每完税一元,贴印花票额三分,兹将税单一纸,摄影函送,计完正税三百四十九元七角一分五厘,附加税一百九十二元三角四分四厘,贴印花税票额十六元二角六分,附加税之重叠印花税,包商之勒贴苛扰,请转呈查明撤惩,以维国货而安商业等情。查国民政府《印花税暂行条例》,无税单贴用印花之明文,若以税单为银钱收据,亦应由收税者贴用。兹以此完税一元纳印花税三分,逐元累进,计完正附税五百四十二元零五分九厘,纳印花税十六元二角六分,更为条例所未载,包商无定此税法之权,实系勒贴苛扰。合将磁业公所函送贴印花之税单,呈请查明撤惩,其重叠之附加税,亦请迅赐撤销,理合具文转呈,仰祈鉴核令遵,实为公便,计呈送磁业贴印花之税单照片。上海县商会主席委员王震、顾履桂、朱得传。

(1928 年 10 月 26 日,第 14 版)

磁商请疏濬(浚)景德镇水陆交通

　　磁业公所为景德镇开河筑路事,致总商会、县商会、国货维持会,函云:敬启者,江西景德镇运磁河道淤塞,交通梗阻,曾经敝公所条陈计划,呈请工商部咨行赣省主管机关,速行修濬(浚),以利运输,业奉工商部电复,已得赣省政府函复交建设厅妥筹办理在案。是此案已得工商部及赣省政府采纳商民意见,即予施行,奈尚未兴工,致河道仍然淤塞不通,商运艰滞。近接景德镇磁商来函云,由景镇发货至饶州朱袍山,已将一月,因秋深水涸,运磁河街久淤。前经提议开濬(浚),其经费前由景镇曾经捐款预筹,因故迄今尚未动工。此外,尚有修筑长途汽车路之计划,早在景镇磁器完纳正税及附税外,每百元加抽洋十五元为路股,筹备九景长途汽车。磁商负担已久,未见兴工举办。此项大宗公项,现存江西金库保管在案,应请赣省政府速即切实查案,赶紧修治河道外,速将长途汽车路于最短期内完成,以利陆道交通,俾水陆通行无阻。再查赣省出产,磁器为大宗,靠此为生之工商,不下数千万人。景镇出品虽旺,而水陆交通阻塞,运输不便,积货无从疏运,窑户势将停烧,工作停顿,工人生计固有妨碍,货不能应期到达,而商人经济,亦呈恐慌之象。苟不速予进行,开濬(浚)河道,则国课、工商,俱受其害。惟景镇至朱袍山水路不过三百里,其间河道,虽皆浅涸,然尚能勉强行舟。其中最关扼要者,为饶州以下六十里之龙口一段,为全河咽喉,淤塞已久,几成陆地,此段一通,全河即易疏浚。为将磁器运输困难情形,并录九景路股收据,附呈鉴察,务恳贵会据情转呈江西省政府建设厅,迅派专门人员至景德、朱袍山一带,察勘情形,即日水陆兴工,以利商运,实为不(公)便,不胜迫切待命之至。

(1928 年 10 月 28 日,第 13—14 版)

中华国货展览会(十三)

　　江西陈列馆之特色　此次各省送会出品,江西最占多数,计有一百四十余箱,一千一百余种，多至九千余件。馆中陈列各物，磁器、夏布两种，具有特色。如南昌振华号出品之王琦所绘四爱条屏，游长子所制飘衣八仙，光亚号之千件万花瓶，景德镇王琦所画人物磁板，汪野亭墨山水册页，邓碧珊鱼藻磁板，田鹤仙粉彩磁板，南昌梁兑石所绘总理遗像，丁朗清出品龙船磁板，程意亭扇面磁板，陈海清出品之雕花磁板，中华号刘希任所绘《瞎闹世界》，光华出品之御窑龙凤桌碗，多属非卖品，极为名贵。

（1928 年 11 月 14 日，第 14 版，有删节）

商 场 消 息

丽华瓷业公司七周纪念　南京路望平街口丽华瓷业公司，自运江西改良名瓷，在沪专设窑炉，自书自画，品质精良，花式新颖，各界颇为赞许。该号兹以七周纪念之期，为酬答历年主顾起见，自夏历十月初一日起，举行大廉价大赠品一个月。于此纪念期内，各货照码八折，另送家常用器瓷品奉赠。闻连日天虽阴雨，营业仍属拥挤。

建华瓷器公司十周纪念廉价　江西景德镇瓷器为吾国之名产，近年所出改良瓷，尤为舶来品所不及。南京路建华瓷器公司开设有年，营业非常发达，兹以十周纪念之期，特运清季御窑美术器皿，种类繁多，陈列满室，并特别减价照码八折外，再赠送家常用器，如茶壶、茶杯等类云。

（1928 年 11 月 16 日，第 21 版，有删节）

中华国货展览会（二二）

江西产品之特色

江西馆陈列物品约计一千余种，开幕以来，中外人士络绎参观，赞美者甚众。兹择其最精彩，足为国货前途庆幸而为来宾所欣赏者，录之如次：

甲，磁器。（一）彩绘类：王琦人物挂屏、邓碧珊鱼藻磁板、汪野亭山水小口屏、田鹤仙山水镜屏、程意亭山水册页，均为景镇近时艺术家名手。此外，朱绶之所绘磁像、振华号之彩绘龙船磁板、中华号出品之各种相片、刘希任所绘滑稽磁板、丽泽轩各种磁像、永安祥之磁板地图、李德泰之两面彩绘小磁镜、洪启顺之百花洲磁板，均为近时著名技术家所绘画。（二）雕琢类：南昌振华出品之游长子所制飘衣八仙、洪启茂出品之曹明记所制刘凯、豫章号出品之陈国治所雕山水磁板、孙明文所雕山水镜屏，制造者皆已物故，极可宝贵。（三）瓶尊类：光亚出品之千件万花瓶、丽泽轩之五百件花缸、新泰义之四百件万花瓶、益华出品之百件万花瓶、景镇施维明之二百件万花瓶、中华号之穿花万字棹灯、兴华之万字香炉、聚精华之雨过天青瓶，均仿御窑所制之作，故极精细。（四）杯盘类：光亚出品之龙凤桌碗、景德镇各磁商出名之青花杯盘、陶状居之万寿无疆碗，均极精致。

（1928 年 11 月 23 日，第 14 版，有删节）

赣磁减轻税率之部批

总商会函上海磁器公所云：赣磁减轻税率案前由本会提出，全国商会临时代表大会经付税务组审议，呈请政府核办后，顷接全国商联会函开。此案业经本会执行，顷奉工商部批开。查我国磁器，确为产品大宗，行销中外，向著声誉。比年以来，因成本高昂、洋磁侵（倾）销，以致营业日趋凋敝。本部深为轸念，现正拟派委员实地调查，一俟调查明确，即当设法整顿，以期发展。至所请减轻税率并列入税则日用品类各节，曾据上海磁业公所呈请前来，经本部加具意见，函请财部主持核办，旋准复开。对于国内通过税，正在筹议裁撤，届时运销国内，磁税当亦在被裁之列；至运销国外，现行出口税则，本无奢侈品、普通品之别，似可无（毋）庸顾虑。将来如认有举办新税改订出口税则之必要时，自当审察情势，妥酌办理等因，合行录批函知等因奉此，相应函达查照。

（1928 年 12 月 4 日，第 15 版）

景德公司举行冬至减价

南京路景德瓷器公司为海上唯一国货瓷器商店，所有出品全系江西土产，如磁瓶、花盆、挂屏、台灯、闺阁饰物、家庭用品等，不下数千余种，质料细腻，远非舶来品可比。闻该公司自本月初二起，为便利各界选购冬至礼品起见，各货大削码二（两）星期，凡属礼品，再打七折云。

（1928 年 12 月 13 日，《本埠增刊》第 2 版，有删节）

中华国货展览会(四八)

江西馆增加出品

该馆陈列磁器、夏布、漆器,前经浙江国货陈列馆许心余馆长征集多件,运杭陈列。该省代表,复向驻沪磁商胡祖鹏君征集仿雍正彩八百件观音一尊、陈凤梧君一丈二尺高黄釉中山葫芦顶一座、仿康熙彩五百件雕空花人物双层磁坛一只,及粉彩文具、杯碟等项,景镇程意亭君自绘横直各式挂屏册页、仿乾隆彩古月轩磁瓶多种,送馆陈列。程君为景德镇艺术专家,珠山八友之一,以善绘翎毛花卉著名于时,并由该省代表邀请每日午后一时至四时,到该会东边三楼江西馆,亲绘孔祥熙部长、王正廷部长、赵锡恩主席等名人照片,已得程君同意,于本日起,到画像一星期云。

(1928 年 12 月 19 日,第 14 版,有删节)

景德镇之瓷业(一)

邓负盒

景德镇属于江西之浮梁县,故景德镇瓷又名江西瓷。中国制瓷之地,初不限于江西景德镇一处,福建之德化、河北之磁县、湖南之醴陵等,莫不产瓷,而制品之量、品质之佳,皆不及景德。即外国制品,品质亦远逊于景德。此景德镇瓷,所以冠甲世界也。

景德镇,去民国纪元前约九百余年,宋景德年间,始于此置镇。制瓷则甚远,在景德年间以前。厥后制瓷技术渐次进步,业务亦渐次发达,至有明而大开。宣德、成化年间,出品精良。万历年间,釉上五彩最为著名。清康熙年间,则盛极一时。嗣以太平之乱(编者注:《申报》原文立场如此,即太平天国起义),事业大衰,现今虽有挽回之势,然技术不及曩昔远矣。

景德镇,江西浮梁县之大市镇也,四面丘陵环绕,居昌江(浮梁河)之南,故又名昌南镇。而景德镇附近之河流,又特名之曰景德河,沿河上流二十五里达浮梁县,下流里许与一支流会,曲折西南流一百八十里抵鄱阳,与乐平河合流入鄱阳湖,而汇通长江。景德镇之运输,悉赖是河,春水涨时,舟行颇便,秋水枯竭,则感困难矣。

景德镇位于北纬二十九度,气候温和,积雪最多之时,亦仅寸余。街市颇繁盛,闭窑期间,人口约十余万,开窑期达三十万。是镇住民,直接间接,与瓷业皆有关系也。

营业之组织

景德镇之瓷业,皆取分工制度,其主要者,如白土行、做坯业、烧工业、彩工业、瓷商、匣钵厂等,又土石采掘业、原料选洗业、釉灰行、模型业等,皆各分业而行,其分工之细,世界瓷业罕与伦比。即如原料之制造,已经三分业之手:采掘业者,只操采掘工作,而粉碎、淘汰不与焉。粉碎、淘汰,则属水车业者所专营。淘汰精制之原料,则经由白土行以供给于制瓷业者。做瓷业者购入原料,虽调制坯土及釉,造胚(坯)施釉,而自不设窑烧瓷。烧瓷则专委诸烧工业者,匣钵厂又另设之。烧成之瓷,是为白瓷,又名青华品,售诸瓷行或小贩。若欲加施彩画,则须交诸彩工业。彩工业亦有自购白瓷,施以彩画而上市者。总上,各项分业,间有兼营者,但为数至少,普□皆一人只营一业,惟现设之江西瓷业公司,则各项皆设备完全焉。

原　　料

制瓷原料,需要最多者,厥为胚(坯)土原料。胚(坯)土原料,种类□多,普通有高岭、滑石、白不、釉果四种,分述于次。

(一)高岭

高岭,系景德镇附近之山名,其地产瓷土,故锡(赐)以高岭土之名,厥后竟变为瓷土之普通名词,而西文亦以高岭(Kaolin)之名名瓷土矣,景德镇所用高岭土之主要有三种。

(甲)明砂高岭。明砂高岭,为高岭土中之最良者,产于浮梁县之明砂,距景德镇八十里,其色白而微带淡黄,含有云母细片,以指触之,有硬粒之感觉,易施水籤(簁)工夫,加水虽生粘(黏)力,而不适于独用,煅烧至摄氏一千三百度,变为白色而硬固,有吸水性。其耐火度与二十九号标准弧三角锥相当,即约为一千七百一十度也。化学成分如次表:

用硫酸处理之

成分	可溶解分	不溶解分	全分析
矽酸	27.99	26.56	54.55
矾土	23.54	6.63	30.27(30.17)
氧化铁	0.90	—	0.90
氧化锰	0.51	—	0.51
石灰	0.10	0.17	0.27
苦土	0.05	0.04	0.09
钾质	1.32	0.78	2.10
钠质	0.45	3.37	3.82

| 灼热减量 | 7.67 | — | 7.67 |
| 合计 | 62.53 | 37.55 | 100.18(100.08) |

（编者注：小数点后统一保留两位，后同。《申报》原文有勘误，括号内为正确数字）

（乙）东乡高岭。此产地亦属浮梁县，其质较明砂稍劣，黄色略深，混云母细片较多，加水，粘（黏）力较弱，干燥，凝固力较小，煅烧至摄氏一千二百七十度，可烧结成黄白色固体。化学成分如次：

用硫酸处理之

成分	可溶解分	不溶解分	全分析
矽酸	39.72	9.29	49.00(49.01)
矾土	32.52	1.19	33.71
氧化铁	2.72	—	2.72
石灰	0.10	—	0.10
苦土	0.37	0.08	0.45
钾质	1.34	1.19	2.53
钠质	0.48	0.15	0.63
灼热减量	11.33	—	11.33
合计	88.58	11.89(11.90)	100.47(100.48)

（丙）星子高岭。星子高岭，产于距景德镇四百里南康之星子□方，与高岭同种，品质较劣，虽有粘（黏）力，而单品不能造壤（坯），其色不一，有淡黄褐色者，有淡赤褐色者，混有白云母，煅烧至摄氏一千三百度，能烧结，有吸水性。耐火度与三十三号标准三角锥相当，即约摄氏一千七百九十度也。

（二）滑石

滑石之主要成分，本含苦土，而景德镇所用者，苦土之量极微，其化学成分殆与高岭相类似，混于壤（坯）土或雕礲（镶）用之，粘（黏）力比高岭为强，优者色白，次者色黄或灰。上品殆可全部为硫酸所溶解，不溶解者，其量颇微。下品则硫酸不溶分之量颇多。上品煅烧至摄氏一千二百七十度，为带有几分透明质之白色坚块；灼烧至摄氏一千三百七十度，外观似普通瓷质，透明质亦完全消灭。化学成分如次：

上等滑石化学成分表，用硫酸处理之

成分	可溶分	不溶分	全分析
矽酸	43.63	3.67	47.31(47.30)
矾土	37.46	0.28	37.74
氧化铁	—	—	—
石灰	0.26	—	0.26

苦土	0.09	—	0.09
钾质	3.05	0.20	3.05(3.25)
钠质	0.62	—	0.82(0.62)
灼热减量	10.82	—	10.82
合计	95.93	4.15	100.09(100.08)

余干产滑石化学成分表,用硫酸处理之

成分	可溶分	不溶分	全分析
矽酸	35.80	15.07	50.88(50.87)
矾土	31.83	2.22	34.05
氧化铁	—	—	—
石灰	0.15	—	0.15
苦土	0.31	—	0.31
钾质	1.41	1.66	3.07
钠质	0.27	0.18	0.45
灼热减量	10.77	—	10.77
合计	80.54	19.13	99.67

(三)白不

白不者,系火石或石英粉(玢)岩等粉碎后之制瓷土也,有可塑性,其色白者曰白不。因其色又有红不、黄不之分,红、白不为制细瓷用,黄不则惟粗瓷用之。但有一种淡黄白色者,其质颇佳,又不仅限用于粗瓷也,而产地不同,性质亦有多少差异,故以产地而有多种,兹举其主要者于次。

(甲)祁门白不。亦徽祁门,西南虽(离)景德镇一百五十里,其地所产之白不,色白或微带褐色,混有微细白云母片,粘(黏)力最强,可单用造坯,煅烧至摄氏一千三百度,可烧结,发光泽。耐火度与十七号标准三角锥相当,即约摄氏一千四百七十度也,化学成分如次表:

中品祁门白不化学成分表,用硫酸处理之

成分	可溶分	不溶分	全分析
矽酸	14.47	62.42	75.89(76.89)
矾土及少氧化铁	11.58	4.63	16.21
石灰	0.08	—	0.08
苦土	0.08	—	0.08
钾质	2.46	0.32	2.78
钠质	0.32	2.45	2.77

成分	可溶分	不溶分	全分析
氟质	0.40	—	0.40
灼热减量	1.87	—	1.87
合计	31.26	68.82（69.82）	100.08（101.08）

上品祁门白不化学成分表,用硫酸处理之

成分	可溶分	不溶分	全分析
矽酸	11.96	64.21	76.17
矾土	8.93	6.22	15.15
氧化铁	0.46	—	0.46
石灰	0.11	0.08	0.19
苦土	—	0.06	0.06
钾质	2.26	0.15	2.41
钠质	0.36	3.54	3.90
灼热减量	1.95	—	—（1.95）
合计	26.03	74.26	100.29

（1929 年 1 月 26 日,《本埠增刊》第 3—4 版）

景德镇之瓷业(二)

邓负盦

(乙)余干白不。余干距景德镇三百里,其地所产之白不,带淡褐色,粘(黏)力最强,煅烧至摄氏一千三百度左右,可烧结,有吸水性。耐火度相当于十九号标准三角锥,即约摄氏一千五百一十度也。化学成分如次表:

用硫酸处理之

成分	可溶分	不溶分	全分析
矽酸	16.86	57.58	74.44
矾土	12.81	3.06	15.87
氧化铁	1.21	—	1.21
石灰	0.21	—	0.21
苦土	0.07	—	0.07
钾质	2.45	0.37	2.82
钠质	0.54	1.40	1.94

氟质	0.11	—	0.11
灼热减量	3.03	—	3.03
合计	37.29	62.41	99.70

（丙）寿溪白不。寿溪坞，距景德镇六十里，其地所产之白不，呈淡黄褐色，粘（黏）力亦强，煅烧至摄氏一千一百八十度，虽可烧结，其断片不至摄氏一千二百六十度，则不能结合。耐火度与二十三号标准派三角锥相当，即约摄氏一千五百七十度也。化学成分如次：

用硫酸处理之

成分	可溶分	不溶分	全分析
矽酸	18.55	57.64	76.19
矾土及氧化铁	15.30	1.21	16.51
石灰	0.24	—	0.24
苦土	0.11	—	0.11
钾质	3.51	0.19	3.70
钠质	0.36	0.41	0.77
灼热减量	2.34	—	2.34
合计	40.41	59.45	99.86

（丁）三宝篷（蓬）白不。三宝篷（蓬）距景德镇二十里，其地所产之白不，呈淡黄灰色，有云母小片，粘（黏）力不强。煅烧至摄氏一千二百六十度时，失其棱角；至一千三百二十度，溶（熔）融为球状；温度再增至一千三百七十度，乃变成溶（熔）块。冷后，则成乳白色之玻璃体，化学成分如次：

用硫酸处理之

成分	可溶分	不溶分	全分析
矽酸	8.10	66.40	74.50
矾土及氧化铁	7.12	8.87	15.99
石灰	0.35	—	0.35
苦土	0.01	—	0.01
钾质	1.69	1.53	3.22
钠质	0.38	4.29	4.67
灼热减量	1.24	—	1.24
合计	18.89	81.09	99.98

（戊）贵溪白不。贵溪距景德镇三百四十里，其地所产之白不，带淡褐色，粘（黏）度尚强，煅烧至摄氏一千三百度内外，能烧结，无吸水性，亦不溶（熔）融。耐火度相当于十

七号标准弧三角锥,即约摄氏一千四百七十度也。

(己)银坑坞白不。银坑坞距景德镇十里,其地所产之白不,带淡黄褐色。

(庚)陈湾白不。陈湾白不,其色淡褐,耐火度颇弱,与九号标准弧三角锥相当,即约摄氏一千二百八十度也。

(四)釉果

釉果……为制釉之主要原料,虽系火石与石英玢岩等粉碎化者,而品质较白,不为优,色白而乏粘(黏)力,溶度亦较为低。

(甲)贵溪釉果。贵溪所产釉果,其粉末触之有软感,现淡黄白色,加水则为带琥珀色之白坯土也。粘(黏)力虽弱,热至摄氏一千二百六十度时,破片可互胶着;至一千三百二十度,失去棱角;至一千三百七十度,溶(熔)融为乳状玻璃。化学成分如次:

用硫酸处理之

成分	可溶分	不溶分	全分析
矽酸	15.21	62.11	77.32
矾土	11.28	2.61	13.89
氧化铁	0.46	—	0.46
石灰	1.14	—	1.14
钾质	2.97	0.08	3.05
钠质	0.39	1.56	1.95
无水炭(碳)酸	0.90	—	0.90
氟质	—	—	—
水分	1.80	—	1.80
合计	35.15(34.15)	66.36	100.51

〔编者注:无水炭(碳)酸即二氧化碳,后同〕

(乙)东乡釉果。东乡釉果,与贵溪釉果之性状大致相似,惟溶度少大耳。化学成分如次:

用硫酸处理之

成分	可溶分	不溶分	全分析
矽酸	13.75	64.09	77.84
矾土	10.75	2.14	12.89
氧化铁	0.65	—	0.65
石灰	1.61	0.08	1.69
苦土	0.22	—	0.22
钾质	2.83	0.09	2.92

钠质	0.32	1.22	1.54
无水灰(碳)酸	0.80	—	0.80
水分	1.72	—	1.72
合计	32.65	67.62	100.27

（未完）

（1929 年 1 月 27 日，《本埠增刊》第 6 版）

景德镇之瓷业（三）

邓负盦

（五）采选方法

采掘之方法，以原料之性质、产出状态及地方，虽不无差异，而工作之大致，则易地皆然。粉碎方法，除高岭及其他粘(黏)土质外，其余石类，皆用水力碓舂。淘汰工作之须施行与否，则视原料而定。兹举三宝篷(蓬)白不之采选与调制之方法于后，以概其余。

三宝篷(蓬)所用之原料，即产于三宝篷(蓬)附近五里许之山中。山路急峻，坑为横开，工作者于附近造茅屋居之。地层表面，为赤褐色之土壤，厚约二十尺至三十尺不等，土壤之下即为石层。采掘之法，普通皆由人力。石质系火石与石英玢岩，贮量甚富。采取之石，更锤为小块，而后付诸粉碎业者。

粉碎之原动力，悉用水车。水车之装设，如第一图。三宝篷(蓬)皆为上射式，其直径以水位之高而定，约为五尺至六尺，幅约二尺，每一水车可动碓四座，即在水车之左右，各设碓两座，而水车之运动杆柄，装设交互成四十五度之臂木四本，使四碓逐次交互运动。许多地方常连设四车，运碓十有六座。水车轴之回转次数，以水力之强弱，虽各有不同，大概一分间，可回转十有五次。碓之杵，方各四寸，长三尺许，下端装设铁头，杵杆长九尺，即用其木之天然形态，不加以修饰也。水车业者，由采石业者收买石料，用铁椎(锤)碎为卵大，而后碓舂一昼夜，取其粉末，再施水簸之工焉。

水簸之法，于地上鉴(建)水池二，或圆或方，一为搅拌池，一为沉淀池。如第二(图)所示，两池皆为圆形之一例也。A 为搅拌池，直径约五尺，底面向沉淀池倾斜，池中部之深约二尺。B 为沉淀池，直径约六尺，深约三尺五寸，上端较搅拌池约高一尺。如第三图所示，两池皆为方形之一例也。A 为搅拌池，形系长方，边长约为三尺与五尺，底面向沉淀池顷(倾)斜，中部之深约三尺。B 为沉淀池，系正方形，边长各六尺，深约四尺，两池上端在同一平面上。

又如第四图,为水簸之全场平面图。A、B 为搅拌与沉淀二池。C 为扬滓场,幅约尺五寸,长约六尺,底面较地面略高,上敷平石,周围亦用石砌围绕,但周边之接连沉淀池处作缺口(H),将 A 池中之残滓簸扬,使泥水自此处流入 B 池。E、G 为二竹筒,互以直角相连接而内筒相通者。纵筒(F)直径约一寸,长约尺许,垂直时,上端距池面约一寸至二寸,横筒连通两池,可任意旋转,使 B 池中之上澄水排洩于 A 池之用者。

操作方法:将原石舂碎为粉,放入搅拌池中,用柄长七尺许之铁锹,扒搔搅拌,更用杓(勺)取其上澄泥水,过入 B 池,使泥质逐渐沉淀。其上澄之清水,则有 E、G 排水管移过于 A 池,反覆(复)操作,俟 B 池中沉淀之泥浆浓厚,再移置于泥浆池中。泥浆池(编者注:此处根据第四图应为 D,文中恐有遗漏)者,为一方约八九尺之浅池,泥浆于此分离水分,至失流动情时,乃移置于 F(编者注:F 上文已经出现,据第四图,此处 F 应为 L 的勘误)坪上,干水适度,乃于木型中作一定之砖块形,表面捺押商标,堆砌水簸场周围空地,令其充分干燥,出售。

水簸场,或与粉碎场同厂,或互相邻接,三宝篷(蓬)附近,不下数百所,沿溪流一带,随处皆有此种草葺厂屋点缀也。

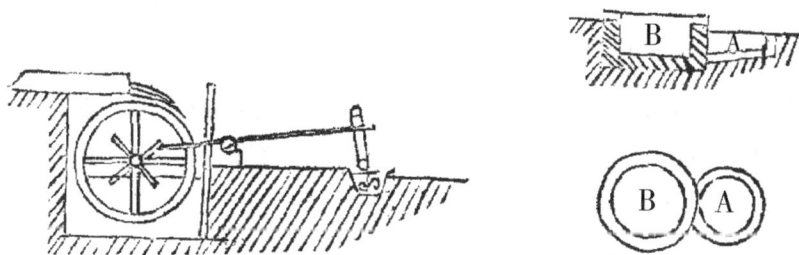

第一图

第二图

第三图

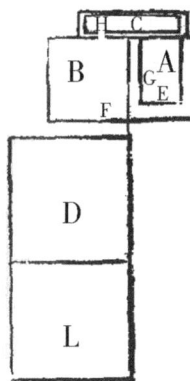

第四图

(六)原料土块之体积

上述各种原料,皆于产地附近碎簸,造成砖形,而其体积之大小,以地而异。同一地

方者,商号虽有不同,而大小则略相等,兹表示于次:

品名	长(约寸)	阔(约寸)	厚(约寸)	量约计(约公分)
祁门	4.8	3.6	1.5	180
余干	5.3	4.8	1.2	180
寿溪	6.0	4.2	1.7	318
贵溪	5.6	4.6	1.2	216
三宝蓬不	5.5	4.0	1.9	270
陈湾不	5.0	4.0	1.8	300
釉果	6.0	4.0	2.0	360
星子	5.0	4.2	2.5	318
明砂高岭	2.2	1.8	0.9	228

(编者注:此表括号中文字为数值所对应单位,保留史料原貌起见,单位寸、公分不换算成厘米、千克)

坯　土

(一)调合(和)比率(例)

前述之原料块,由制造业者买入以造坯土。而坯土之调合(和),以制造者及原料之性状,器皿之大小精粗,皆各有不同,且各制造者,亦不轻以示人也。兹将所闻之调合(和)比率(例),录列数例于次:

上等坯土 a:东乡高岭:祁门白不:贵溪釉果 =4:4:2 或 3:5:2。

上等坯土 b:明砂高岭:釉高 =5:4。

上等坯土 c:滑石:东乡釉果 =4:3(大器用);滑石:东乡釉果 =2:3(小器用)。

次等坯土 a:星子:釉子 =5:4。

次等坯土 b:星子:余干白不 =5:4。

次等坯土 c:星子:银坑坞白不 =4:5。

(编者注:本部分《申报》原文表述今人恐不易理解,特换成现代表述方式,不影响原文意思)

(二)化学成分

兹将一种上等坯土之化学成分,列表于次,以概其余。

矽酸	64.67
矾土	23.25
氧化铁	1.03
氧化锰	0.17

石灰	0.29
苦土	0.17
钾质	3.42
钠质	1.97
水分	2.24
合计	100.21(97.21)

（1929 年 1 月 28 日，《本埠增刊》第 3—4 版）

景德镇之瓷业（四）

邓负盦

（三）混合及精汰

取原料土块，准调合（和）比率（例），投于解桶中。解桶用水缸或腰圆木桶，其大虽不一定，而腰圆形木桶，长径约二尺，短径约一尺五寸，其内贮水，中悬金属网篮，原料土块即于网篮中破碎，通过网眼，渐次解散于水中。至土块全部透散后，去篮，以木扒或小铁锹扒搅桶内泥水，然后用如第五图所示之铁制浅瓢，汲取透过马尾筛上之浮游泥水，倾入滤缸中。滤缸之直径约二尺至三尺，其布置之法如第六图。滤缸两只，通常夹置于解桶左右而连为一组，以工场之大小，则组数亦有多寡。滤缸中之泥浆，再移于沉淀桶中。沉淀桶系木制，直径及高，各约三尺，用以沉淀泥浆，而去其上澄水者。沉淀之浓泥，更移于漏水钵内。漏水钵，直径一尺，高尺又二寸，但常以旧匣钵充之。而桶钵等之排列，虽不一定，大体则如第七图所示。图中 AA 为解桶，BB 为滤缸，CC 为沉淀桶，DD 为漏水钵（编者注：《申报》原文如此，据下文第七图可推断，应为 A、B、C、D，非 AA、BB、CC、DD），E 为砖围砌之贮水沟，其宽及深均为三尺内外。泥浆在漏水钵中，与钵壁接近部分，放水较易，中心则放水较难，故工人须常以手入钵内搅混之。漏水钵中之泥土，移于除水箱格内或直送至练泥场。除水箱格为木制之正方无底箱架，方六尺，高约尺许，亦置于砖面地上，但中部作约七寸高之凸起，如第八图泥甲，中部所以必须作凸状者，为易于排水故也，但置之之先，尝敷粗布数面于箱格内，而后移入泥土，由此格内所出之泥土，直送至练泥场。

第五图

第六图

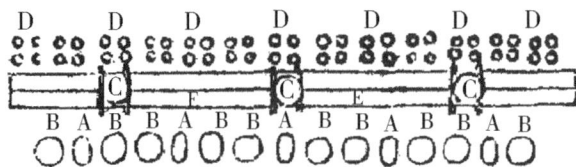

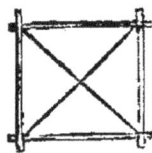

第七图　　　　　　　　　　　　第八图

　　练泥场,无论何工厂,皆设于造坯场之邻近,以砖砌围绕,底面敷石板。以工厂之大小,练泥场面积有百余方尺至两百方尺者。

　　送达练泥场之坯泥,若水分不足时,则加足水;若水分过多,则用瓦片插入,以吸收水分,使之适度。练泥之法,或用锹锄扒搅,或以足踩踏,练成适用之熟坯土。

(1929 年 1 月 29 日,《本埠增刊》第 5 版)

景德镇之瓷业(五)

邓负盦

造　坯

(一)辘轳之构造及其用法

　　器物造形,辘轳制作工夫最多,模型制作次之。模型制作,其模尝用土制,其以金属、木、石膏等制者,盖罕用也。至若辘轳之制作,纯用手力以转动辘轳。辘轳之制,如第九图:A 为旋盘,直径三尺二寸至四尺二寸,板厚约二寸许,旋盘底面中央,装有陶制轴心孔(B)。轴心孔外,用木杆(C)四本作架,木杆之长,通常与旋盘之直径相等,或长于旋盘直径寸许。四木杆之下端,稍为开放,以陶环(D)保持之,更以绳缚束(E)。四杆对于旋盘,虽非直角,而重心则仍在四杆之轴线上也。此旋盘部分,套于直立之抵柱上,如第十图之。抵柱之顶端 G,另以坚木礤(镶)之,磨损后,又可易以新者。抵柱之长短粗细,一低旋盘部分为准,其周围作屏壁,或用砖砌,或用板围,比旋盘为低。而立抵柱之地面,皆敷石板。抵柱之立定,则掘地作圆筒状,防坯土之坠入,于孔侧置旧匣钵焉。

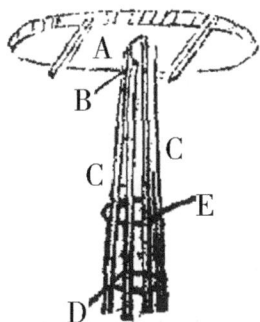

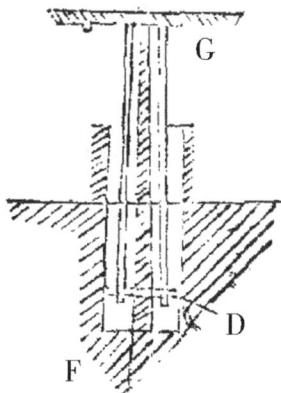

第九图　　　　　　　　　　　第十图

辘轳一座,另有坐架一座,其大小一依辘轳为准,如第十一图。点线所以示辘轳之位置,木架虽为梯形,前后宽狭,所差颇微。B为竹制坐板,因横木A可稍向前后伸缩移动。工作时,工人坐B板上,两足向前,两肱张搁于架木CC上,右手在下把持回转柄。辘轳工作,又以制造器具之大小,除正工外,常须助理工一人至三人。

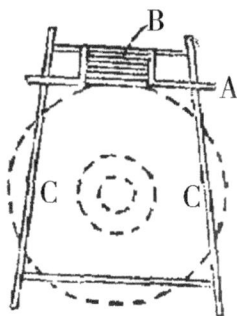

第十一图　　　　　　　　　　第十二图

（二）辘轳工作

造坯之法,以器物形状大小,工作亦有多少不同之处。兹述其制碗、杯类之法,以概其余。制工分做坯、印坯、利坯、剐坯、剐坯、庄坯等功夫,皆系分工而作,分述于次:

（甲）做坯。做坯之法,取坯土载于旋盘中央,旋转圆盘,用手充分压杀,然后用指头捏捻成形,小器用指头切取,大器用铜钱切取,但坯足上仍须稍留余土,以便把持。造成之坯,置于一长板上,如第十二图。一板排满,则将置于架上,而做成之坯,皆有收缩,其收缩率之大小,以造形法稍有差异,大约烧成之后,约有一成五分之收缩率也。

（乙）印坯。做成之坯,以土模压紧泥质,并整理其形状,是曰印坯。土模即用景德镇附近所产之淡褐色土制之,此种生土模,亦系专业。印坯之法,取做成之坯,以毛刷涂水于外面,使水分渗入泥质,然后置于小辘轳上,用手按捺外部,使与模面相合,并令周正均匀。前做前（成）之坯,在板架上,常生龟裂,此际亦补正之。

（丙）利坯。将印坯外面之泥土，削齐修正，是曰利坯。利坯之用具，以曲钢铁片为之。

（丁）刹坯。利坯之后，内面施釉之工作，是曰刹坯。

（戊）剐坯。刹坯之后，将坯足之余土剔去，是曰剐坯。

（己）庄坯。器坯镟削既终，其表面有细孔，则补整之；有余土，则削去之；更用毛刷醮（蘸）水润津之，是曰庄坯。

釉 下 绘

釉下绘画，罕用金、铜等之化合物，而多用青料。青料产于越、赣、粤、滇诸省，昔以浙产为上，今以滇青为佳。着画悉用毛笔，而书画、渲染等事，皆各分业而作。兹举青料之化学成分于次表：

矽酸	26.96
矾土	36.05
氧化铁	2.41
氧化锰	24.61
氧化钴	5.30
氧化铅釉	0.06
氧化铜	1.00
钾质	0.08
钠质	0.34
氧质	3.12
不溶物	0.65
合计	100.59（100.58）

（一）白釉

白釉系以釉果及釉灰混合制之，虽间有用白不代釉果者，然极罕见。其混合之比率（例），以器物之大小、形状及装窑之位置，各有不同，惟施于大器之釉灰较小器为多。若须加釉上绘者，釉灰亦可略减，但在窑内火力弱之处者，釉灰之量，又须加多也。兹录数例于次：

釉果浆	9877.087
釉灰浆	1111.522

白釉之化学成分，当然以其调合（和）之比率（例）而异。兹举分析之两例于次，第二例系昔日御窑所用白釉之化学成分：

成分	第一例	第二例
矽酸	63.40	69.51
矾土	13.04	14.51
氧化铁	0.71	0.83
氧化锰	—	0.11
氧化鏼（锗）	—	—
石灰	8.76	4.49
苦土	0.40	0.34
钾质	3.07	3.11
钠质	1.93	1.90
无水炭（碳）酸、水分及有机物	9.03	5.42
合计	100.34	100.22

（二）釉灰

釉灰……产于距景德镇三十里之牛角岭及乐平县。制釉灰之法，先取纯石灰石，烧成石灰，撰取白生石灰块与凤尾草交互叠累六七层，然后燃烧凤尾草，其烧成之物，即石灰与凤尾草灰之混合物，积聚而粉碎之，即为釉灰。此种釉灰，不为盐酸所溶者，仅百分之三或四，不溶之分，以釉酸较多。兹将乐平所产釉灰之化学成分，举一例于次：

矽酸	3.91
矾土	1.42
氧化铁	0.47
石灰	52.36
苦土	0.73
钾质	—
钠质	0.25
无水硫酸	0.65
盐酸	—
无水炭（碳）酸	37.67
水分	2.55
合计	100.07（100.01）

乐平所产石灰之化学成分于次：

矽酸	1.29
矾土及氧化铁	0.64
石灰	53.74

苦土	0.75
碱金属	—
无水炭（碳）酸	42.06
无水硫酸	—
水分	0.74
合计	99.22

（三）裂纹釉

裂纹釉，以裂纹之粗细形状，而有鱼子纹釉、细纹釉、冰裂纹釉等。鱼子纹釉、细纹釉之裂纹细密，而冰裂纹釉则颇粗疏，调合（和）比率（例），同有不各（编者注：应为各有不同）。左例为细纹釉之一种：

南康白不：釉果＝9：1。

裂纹釉瓷烧成之后，纹理初不十分明显，故常着以黑色。其着色之方法，出置之器直置于炉内，用烟熏之，或以墨汁浸于布片上而涂抹之。

（四）色釉

色釉，以白釉混加着色料，或用特殊之调合（和）。若为特殊调合（和）时，虽同为一色，然以制造者，又各有不同。兹述主要各色之配合法：

（甲）青磁釉。青磁釉又以色相而有龙泉、冬青等名目，次示调合（和）之二例：

料浆（含钴之锰矿）：紫金石浆：釉果浆：釉灰浆＝1：1.5：8：2 或 1：1：1：1。

青磁釉若在还原焰烧成时，则现第一铁之青绿色；若在氧化焰时，则为第二铁，青绿色变为带黄褐色。下表示其化学成分之一例：

矽酸	64.77
氧化镨（锗）	—
矾土	13.67
氧化铁	1.40
石灰	7.50
苦土	0.21
钾质	2.95
钠质	1.98
无水炭（碳）酸	5.22
水分及炭（碳）质	2.55
合计	100.35（100.25）

紫金石，现淡黄赤色，触之有硬感，稍有粘（黏）性，加盐酸不沸腾。其化学成分，举一例于次：

用硫酸处理之

成分	可溶分	不溶分	全分析
矽酸	15.95	54.05	70.00
矾土	13.34	0.13	13.47
氧化铁	8.52	—	8.52
氧化鐯(锗)	0.73	—	0.73
氧化锰	0.23	—	0.23
苦土	0.20	0.23	0.43
钾质	1.54	0.04	1.58
钠质	0.36	0.26	0.62
灼热减量	4.79	—	4.79
合计	45.66	54.71	100.37

（乙）古铜釉。古铜釉,色如古铜,与青磁釉所用之原料相同,唯比率(例)稍有差异耳。

紫金石浆:釉果浆:釉灰浆 =4:2:4。

下表系古铜釉化学成分之一例:

矽酸	60.89
氧化鐯(锗)	0.33
矾土	15.23
氧化铁	3.43
氧化锰	—
石灰	6.72
苦土	0.45
钾质	2.87
钠质	1.40
无水炭(碳)酸	5.00
水分及炭(碳)质	4.01
合计	100.33

（丙）霁青釉。霁青釉为玻璃釉之一种,其调合(和)比率(例),举一例于次:

料浆:釉果浆:釉灰浆 =1:1:1。

下表系霁青釉化学成分之一例:

矽酸	63.71
矾土	13.02

氧化铁	0.88
氧化锰	1.82
氧化钴	0.42
氧化铜	—
石灰	6.50
苦土	—
钾质	2.94
钠质	2.31
无水炭(碳)酸	5.31
水分及炭(碳)质	2.46
合计	99.37

（丁）黑釉。黑釉,又名乌金釉,调合(和)之比率(例),举一例于次:

料浆:紫金石浆:釉果浆 = 1:1:1。

其化学成分,亦举一例:

矽酸	54.82
矾土	10.07
氧化铁	8.11
氧化锰	2.70
氧化铜铅	0.07
氧化钴	0.38
氧化镨(锗)	—
石灰	9.44
苦土	0.09
钾质	1.72
钠质	1.20
无水炭(碳)酸	8.03
水分及炭(碳)质	3.62
合计	100.25

（1929 年 1 月 30 日,《本埠增刊》第 2 版）

景德镇之瓷业（六）

邓负盦

（戊）铜红釉。铜红釉，又单曰红釉，即普通所谓辰砂釉者是也。因其色相，又有霁红釉、琅（郎）窑红釉等等。其配合之方，极为秘密，有谓系晶料、玻璃、铜华、铅末、马卵石、牙硝、釉果及釉灰所配合者，有谓系晶料、人造玉、铜镟粉、珠子、玻璃等之混合物，在乳瓶中径（经）过细末（编者注：《申报》原文如此，根据下文，乳瓶应为乳钵，细末应为细磨），再与釉果浆及釉灰浆调合（和）云云。铜红釉之色相，以组织之成分、烧成之火候及火焰之性质而异，而烧成之后，若色相不良，更加同样之釉一层；再不良时，再加一层，至适合为度。下表系铜红釉化学成分之三例：

成分	第一例	第二例	第三例
矽酸	61.56	70.18	71.07
气盾（质）	1.75	—	—
矾土	4.37	6.57	3.24
氧化铁	0.85	0.91	1.40
氧化锰	0.25	0.15	—
石灰	7.43	8.00	9.20
苦土	1.65	1.65	1.75
气化铅	12.71	3.89	4.15
气化铜	0.60	0.54	0.92
钾盾（质）	5.82	4.79	8.11
钠盾（质）	2.86	2.71	—
无水炭（碳）酸	0.80	—	—
合计	100.65	99.39	99.84

上表中之第一例系未烧过者，第二、第三两例系已经烧过者，第一、二两例乃胡俤氏（G. Vogt）所分析，第三乃瑞嘉氏（Seger）所分析。

晶料，用铅、马卵石及牙硝等制之，马卵石系玛瑙之一种。先以铅末及马卵石粉等量入锅中，加热镕（熔）烧，此际金属铅变为氧化铅。冷却后，十分中加牙硝三分，用乳钵细末（磨），置匣钵中密封，入窑煅烧，乃成水绿色之铅玻璃体，是为晶料。

下表系晶料化学成分之一例：

矽酸　　　　　　　　　57.74

矾土、氧化铁及氧化锰	1.43
氧化铅	31.97
石灰	0.65
苦土	0.29
钾盾（质）	7.62
钠盾（质）	0.52
合计	100.22

人造玉之配制法不明,下表系其化学成分之一例:

矽酸	57.81
氟盾（质）	4.60
矾土	2.56
氧化铁	0.49
氧化锰	0.02
氧化铅	0.86
氧化铜	0.06
石灰	18.16
苦土	4.50
钾盾（质）	9.31
钠盾（质）	2.55
灼热减量	0.45
合计	101.37

铜镤粉之配制法不明,下表系其化学成分之一例:

矽酸	22.71
氧化铜	52.71
矾土、氧化铁、氧化锰	9.80
氧化铅	0.83
石灰	2.12
苦土	0.77
水分灰（及）炭（碳）盾（质）	11.63
合计	100.57

珠子之配制法不明,兹录其化学成分之一例:

矽酸	54.74
氟盾（质）	1.05

矾土	1.44
氧化铁	0.58
氧化锰	0.04
氧化铜	0.08
氧化铅	20.97
石灰	5.40
苦土	1.03
钾盾(质)	7.87
钠盾(质)	5.53
灼热减量	5.63
合计	99.67(104.36)

玩(玻)璃富石灰及铁分,下示其化学成分之一例:

矽酸	60.55
氧化锡	0.07
矾土	4.45
氧化铁	1.75
氧化锰	0.45
氧化铅	0.29
石灰	20.42
苦土	4.21
钾盾(质)	1.09
钠盾(质)	5.41
灼热减量	1.24
合计	99.93

(五)施釉

施釉之法,有蘸釉、荡釉、交(浇)釉、刷釉、吹釉等方法。

(甲)蘸釉。蘸釉者,以器物浸于釉浆中之施釉方法也,小器多用之。器物之全表面,虽可全部蘸釉,然普通皆为器物外面施釉之法。

(乙)荡釉。荡釉者,用柄勺取釉浆注于器物内,摇动器物,使内部全面被釉之方法也,不论器之大小,皆可用之。

(丙)交(浇)釉。交(浇)釉者,用柄勺盛取釉浆,淋于器物表面上之施釉之法也,如花瓶、壶、筒类等器行之。

(丁)刷釉。刷釉者,用毛笔或毛刷蘸釉浆涂布于器物面上之方法也,施色釉时用之。

（戊）吹釉。吹釉者，用长约五寸、直径寸许，一端张纱之竹筒，内盛釉浆，对器物表面吹布釉沫而施釉之方法也。此于极大器物行之，但须连续反覆（复）数次，釉浆方可遍及全面，不然，则有斑纹。

（己）色釉之施釉法。器物之施色釉，欲其色泽莹润，故施釉较厚。施釉厚，则水汽难干，并易生龟裂或脱落之弊。因而施釉，必须一层一层加上，其层数则以釉之性质及器物之大小不等，例如裂纹釉极重吹釉法，施敷于生坯上，细纹釉须二三层，冰裂纹釉须四五层；青磁釉、古铜釉、琉璃釉、乌金釉等，皆施于生坯表面，其层数或五六，或八九。如九层施釉法，最初三层用吹釉法，第四层刷，次三层吹，最后二层仍为刷釉。铜红釉则施于烧结之器物上，先以器蘸釉，干后，刷釉，再于器物上缘流釉，且施釉之际，宜在通风或有日光处为佳。

（1929 年 1 月 31 日，《本埠增刊》第 2 版）

景德镇之瓷业（七）

邓负盦

窑

景德镇之窑，悉为本烧窑，不如福建瓷窑之有数室也。又因燃料不同，有柴窑及毛柴窑两种。柴窑燃料，悉用松柴，为烧细瓷之用。毛柴窑燃料，则用杂柴，纯为烧粗瓷之用。第十三图之甲为柴窑之纵断面，乙为横断面，丙为前面。A 为出入口，宽约一尺八寸，高约九尺。器坯积砌后，即便封闭，仅留圆孔二个（F），直径约六寸，距地面约六尺，用以窥视火焰之状态也。又留火口（G）一个，方尺又二寸，距地约四尺，燃料自此孔投入。B 为火床，燃料在此处燃烧，直入约二尺五寸，宽约三尺五寸，深约三尺。风口（H）为通风用，宽约等于出入口，高约尺又八寸。C 为本烧室，系隧道形，即器物受煅烧之处，前端最宽约十五尺、高约十八尺，后端最狭约七尺、高约九尺。烟囱（E）多为圆形，高约四十尺，全部用砖造之，内径下部七尺，上端四尺。D 为窥火孔，可随时窥测火色（编者注：第十三图丙图 D 的位置，《申报》原文标 C，如此则图中无 D 窥火孔。考虑到窥火孔的位置，故将 C 改作 D 更为合理）。地盘全长约有三尺之顷（倾）斜，敷以矽酸质之砂粒，装窑之际，匣钵即安置此砂上。

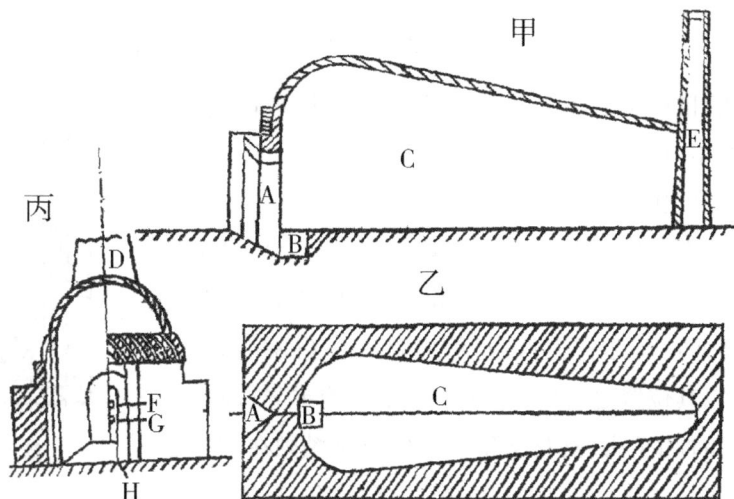

第十三图

匣　钵

　　匣钵之制造,亦为专业。制匣钵厂,皆在距景德镇之李村,约有九十余户。匣钵工场之构造虽粗,而极清洁,场周设多数小凹洼,为干燥匣钵之用。制匣钵之原料,产于景德镇附近各地方及乐平,配合后,乃垒积于屋外,用时逐渐削取,而捏练成熟,以供制造之用。匣钵普通为圆形,有有底者,有无底者。有底之匣钵,又分平底、凹底两种,而其高低大小,则随器物而各不同,如第十四图,为饭碗用之凹底匣钵。制造匣钵法,亦在辘轳上。其辘轳虽与造坯用者同形,然较为小,其旋盘圆板,则一依定置于辘轳中之编模为准。编模如第十五图,用细木条编成之,A、B 两木条较长,以便作柄,A、B 穿细孔,可以楔接合为圆筒形,外面被张布制之圆袋,载于辘轳上,然后以土敷制匣钵,而匣钵之高,则用如第十六图之器械定之。

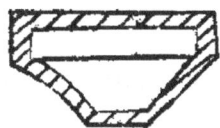

第十四图

第十五图

第十六图

烧 窑

装窑之法,自燕尾渐次堆积而出,惟器物在匣钵内,必用渣饼。渣饼有用白不造者,有用粗土造者,如第十七图,示景德镇施红釉器物之匣钵也。

烧火时,自火口投入薪柴,但其火焰历经五十余尺之长距离,其各处火度,自不能均匀:距火床渐远,热度渐减;烧火之处,热度圆满;而燕尾之火力低弱,釉之镕(熔)融不能充分。故虽在一窑,以其位置之前后,烧成之器物,大有差异,即前方为上品,如白胎青华(花)及龙泉等之器物,乌金釉则在前方之下层;中部为中品,如瓶、缸、盆、坛之类;渐至后方,其烧成之品,渐次粗劣;至燕尾,已为最粗之瓷器矣。烧窑一次之时间,通常为两昼一夜,烧火既已,开放出入口,冷过一昼夜,出窑。装窑与出窑,约费三日。计烧窑一次,约须五六日。故最急时,每月可烧窑六次,平常每月不过四五次而已。烧窑之燃料为松柴,每窑约用八万余斤,但以(与)烧火者之程度及天时气候、费柴之量,皆大有关系也。

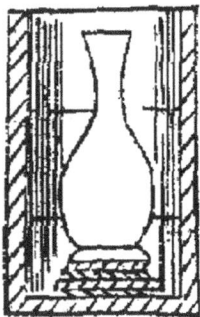

第十七图

(1929年2月1日,《本埠增刊》第5—6版)

景德镇之瓷业(八)

邓负盦

釉 上 绘

(一)颜料

釉上绘业,亦系专营,颜料亦为自造,唯水金一项,则年来皆用舶来品矣。兹述数种主要者于次:

(甲)法翠。法翠用矽石末、牙硝及铜末制之,其配合比率(例)不明,下表为其化学成分之一例:

矽酸	45.71
矾土及氧化铁	1.75
氧化铜	6.70
氧化酪(铬)	0.05

石灰	0.20
苦土	0.21
钾质	19.61
钠质	0.32
氯质	0.33
无水炭(碳)酸	0.05
无水硝酸	22.17
水及炭(碳)质	2.10
合计	99.20

（乙）太绿。太绿用矽石末、铅末及铜末制之。

矽酸	22.40
氧化铁	0.82
氧化锰及石灰、苦工(土)	0.40
氧化铅	59.30
氧化铜	4.52
矾土	1.33
钾质	0.88
钠质	0.48
无水炭(碳)酸	8.04
水及炭(碳)质	1.96
合计	100.13

（丙）黄。黄色颜料用矽石末、铅粉及紫石制之。

矽酸	18.99
矾土	1.36
氧化铁	2.74
氧化铅	65.28
石灰	0.09
钾质	0.18
钠质	0.20
无水炭(碳)酸	8.73
水分	2.51
合计	100.08

（丁）紫。紫色颜料，用矽石末、铅粉及料制之。

矽酸	18.90
矾土	0.65
氧化铁	0.20
氧化锰	1.60
氧化铅	65.75
氧化钠	0.30
石灰	0.10
苦土	—
钾质	0.07
钠质	0.23
无水炭(碳)酸	8.98
水分	2.27
合计	99.05

(二)颜料之粉碎及着画法

颜料之粉碎,用瓷乳钵擂磨之,如第十八图。AB 为木座,上立长约三尺之支柱(CD),对 AB 面为垂直,或少顷(倾)斜。E 为乳钵,口径约一尺五寸,高约五寸。乳棒(F)为瓷擂捶(槌),高约六寸,上配以三尺余晨(长)之木柄。擂磨之量,每钵约斤许。擂磨之时间,普通两日至五日不等,惟红釉则常擂磨至月余。着画之法,除敲色及吹色外,悉用笔绘。颜料调制,或用芸香油,或用胶水,或用清水,油调宜渲染,胶水宜刷榻(拓),清水料则宜堆填。

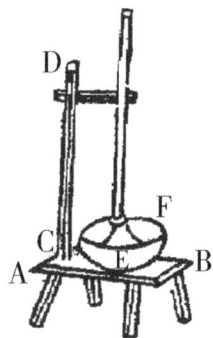

第十八图

(三)上绘窑

上绘窑为直立之圆筒形,大小虽有种种,而形式则全相同。如第十九图为钻之纵断面,第二十图为横断面,直径自尺数寸至四尺,高约尺余至四尺。B 为外壁,厚约三寸。C 为气孔,高约二寸五分,宽约五寸,八个或十六个。A 为内鞘,内鞘与外壁之间隙,大窑约二寸至二寸五分,小窑一寸五分。上绘窑之燃料,尝用木炭。烧火之际,窑上覆薄瓦片。烧火时间,则以窑之大小,颜料之性质,器物之大小,皆各不同,中窑普通约须经历十时云。

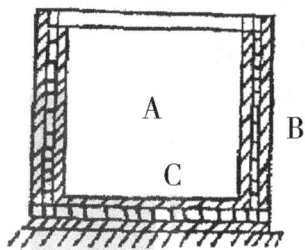 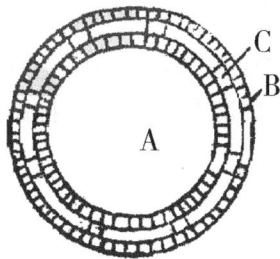

第十九图　　　　　　　　　第二十图

结　论

中国陶瓷,名震寰宇。制品之精,瓷质之佳,为世界所不及,且以景德镇为最。而默察国内各市场,赣瓷及不若洋瓷之普遍,国人日日提倡国货,国货品质之不及舶来品者,固毋论矣。而品质优于舶来之瓷器,国内市场,尚有洋瓷立足地位。国人爱国之热度,于此可见一班(斑),而提倡国货之高声,犹唱入云。外人背后,且笑脱牙齿矣。

(1929 年 2 月 2 日,《本埠增刊》第 7—8 版)

西湖博览会消息种种

西湖博览会驻沪办事处,昨得筹备委员会函,报告该会进行状况如下:……二、派蔡委员仁抱赴闽、粤、桂三省,吴委员文泰赴九江、南昌、景德、宜黄等处催征出品,均已出发。

(1929 年 3 月 24 日,第 16 版,有删节)

赣省建筑省道之成绩

南昌通信　赣省自公路处成立后,关于筑路计划,分为省道、县道两种。县道为省内各县相互交通之路,由各县筑路委员会负责。省道则为与外省交通之路,由省府及公路处负责,计分赣粤、赣浙、赣闽、赣湘、景湖五大干线。以上五线,除景湖线外,赣粤、赣湘、赣闽、赣浙线,均以南昌为中心,与粤、浙、闽、湘各省境相接。兹将各路兴筑现况分述于后:

……景湖路。景德镇为世界著名之瓷器工业地,惟因交通不便,运输非常艰难,故公路处建筑此路,由浮梁以至湖口,计长二百余里。此路成后,景镇瓷器可直接运至湖口,由长江轮船装运出口,未始非推销瓷器之一法也。

(1929 年 5 月 19 日,第 9 版,有删节)

磁业请求恢复代征税收办法

中华国货维持会,为苏(州)、常(州)、(无)锡磁业公所转呈江苏财政厅一文,请求恢复代征磁税原案,略谓:窃照磁器为我国赣省特产,行销国内外,向著声誉。年来因受战事影响,捐税重叠增加,以致奄奄无复生气。最近,国民政府明令提倡国货,改良税法,产地景德镇业奉设立特税专局,实行征收特税。而出省之后,沿江各处捐卡林立,重重抽征,苛繁留难,不顾商民痛苦,横加需索。即如此次无锡太平桥税所,扣留磁船,验票索补至九百元之巨,业经敝公所等电请澈究放行在案。惟查南河磁税,于民国十五年(1926)时,曾由敝公所呈蒙前财政厅批准,由公所代征,照原收数目增加二成,共计年缴二千七百余元。办理一年,适逢江浙战争发生,商业停顿,亏负甚巨,不复继续,仍归官厅散收。现经苏、常各处同业集议,以各分卡所验票、需索、留难、阻运,徒供吏役中饱,国课既无所增,而商民则备受苛索、阻难,痛苦曷极,当即议决恢复代征南河税收办决,按照年收数目,由敝公所预缴一年之款。如此则化散为整,在公家亦不无小补,而在磁商则可免除沿途照票、勒索、留难之累。为此具呈请求,伏乞钧长俯赐查核成案,迅予批示遵行,实为公便。

(1929 年 6 月 9 日,第 16 版)

西湖博览会消息

西湖博览会开幕后,各界前往参观者,备形拥挤,为空前未有之盛况。兹将开幕后各种消息分志如下:

…………

江西出品之一斑。江西省政府参加西湖博览会征集出品,极为宏富,如建设厅及附属机关之图表标本,教育厅之各校成绩,应征极多。磁器为江西特产,南昌市各磁庄均尽量应征。景德镇为磁器出源地,各技术专家,如王琦、汪野亭、王大允(编者注:此处"允"应为"凡"的勘误)、邓碧珊、何许人、程意亭、徐顺记(编者注:应为徐顺元,徐顺记是其所办作坊的牌号)等,均有大宗作品送会陈列。其中尤以徐顺记庄乾隆时陈治国所雕百子龙舟,何许人藏郎世宁所画四佛册页,重工雕绘,实为希(稀)世之珍。其他雕刻之画盘、笔洗,绘画之长条册页,均美不胜书。

(1929 年 6 月 13 日,第 9 版,有删节)

赣省开办磁类特税

　　赣省瓷类税,现已改办特税,盖以前此磁类统税章程,虽曰一道抽收,而经过湖口则征长江二分税,赣县则征常关税,继复增加附税五成五。又地方各捐,如龙口疏河、九景汽车等,尚不在内,兼以积久弊生,浮收中饱,如挂号加补及增加筒口等弊,名目繁多,商人病其烦苛,国税亦受影响。商特派员为此,特召集瓷商代表会议,澈底更张,依照财部特税条例,妥定章程,以符一物一税之原则,更于货价及税率详查审定,依照部定办法,分为日用品、半奢侈品、奢侈品三类,最高税率定为百分之一七五,最低为百分之二五。行销国外之出洋瓷器,并得以部定退税办法,为之救济。现闻此项特税自开办以来,收数已因以大增矣。

(1929 年 6 月 29 日,第 10 版)

景德镇瓷业史料

181

商整会电请平等缴纳磁税

　　上海特别市商整会,为景德镇磁商纳税事,昨电南京财政、工商两部云,本月十五日,据景德镇同庆公所函称,窃商等各帮磁商向由景镇采办磁器,贩运各埠行销,以为生计营业,与三邑、良子、孝感、唐山等帮〔编者注:三邑、良子、孝感皆湖北瓷商帮派,唐山在河北,故本篇中之唐山疑为康山(江西瓷商帮派)的勘误〕,历来均系采买色脚瓷货为多数,货同一律,纳税应无区别。惟曩昔专制时代,弊端百出,庶政纷歧,官吏贪污,生民涂炭,以致待遇多不平等,天下滔滔皆是。抚今追昔,夫复何言?……国民政府一切新政措施,悉遵先总理遗训,首重交通,提高商人待遇,废除不平等条约,力谋商业发展,以抵制帝国主义之经济压迫,以挽利权。欲从根本解决,将景镇原有统税局,赓续改组为瓷类特税,革除从前积弊,对于瓷商一切不平等之待遇,不至再睹于今日矣。岂期仍旧相因,依然沿用弊政?盖以商业各帮,与三邑、良子、孝感、唐山等帮,同在景镇,所买一样色脚瓷器,双帮瓷件,论货既无优劣,自应一律征税,讵料财政部江西特派员负此重大使命,偏听朦(蒙)蔽,并不加以考虑,又不悉心征求,职务废弛,黑暗达于极点。若论商等各帮与三邑等帮所办一样色脚瓷器,一样茭满草之单支双帮,对彼等仍以旧例相循,折扣尚未取缔,且三邑等帮,以单支双帮为所办大宗货品,其七折纳税取巧,获利良多,与商等各帮比较,不啻相殊天壤,而对于商等各帮,乃竟实征实收。盖以单支双帮之外,为家常日用所需,然同照万草计算,要短收该帮等税洋六百元,相形见绌,何以厚于彼而薄于此,竟不比类参观,使同一买埠同一消场者,一方尚未有利,一方亏蚀难堪,磁业何由扩充,将见一落千丈。在商等各帮,当此训政时期,对于国家应纳税义务,并不格外央求,但以征税不均,妨害营业,发生种种困难,似此违反部章,税则歧异,若不切实声明,请求更正,将来全国影响,关系中外交通,有日下江河之势。仰恳贵会为全国商业枢纽、最高机关,希即开会提议,鼎力维持,一致协助,据情转请国民政府暨财政、工商两部,一秉大公,收回成命,令饬江西财务特派员遵照办理,凡各帮满草单支双帮同类之瓷,准予一律征税,以符部章而惠商业等语,到会。查原函所称同等之磁,应按照同等税额纳税,废除各帮向来偏颇待遇,核其所称,尚有理由。据函前情,理合电请钧部鉴核,俯赐转饬遵办,实为公便。上海特别市商人团体整理委员会叩。铣。

(1929 年 8 月 21 日,第 14 版,有删节)

西湖博览会闭幕消息

西湖博览会准于十月十日闭幕,决不展期。所发行特种长期游券,亦准十月一日开奖,故连日各方往杭参观及购买游券者,备形拥挤。兹将该会最近消息录下:……二、此次各省特种商品参与该会者,以江西景德镇磁业厂商出品极多。该会特辟十方丈地点为之陈列。近因闭会在即,参观来宾见各种名贵磁器价极低廉,纷纷定购。日前,广东建设厅邓厅长到会参观,购去花瓶磁器多件。景德镇程意亭君,有自绘三尺六寸长翎毛走兽磁屏八帧,因在沪配制装璜(潢),耽延时日,未及赶送,即被某机器厂主人以八百元购去四帧,尚有走兽四帧准日内送会,补充陈列。三、江西代表现已备制图说印税品多种,准下星期在该会大礼堂从事宣传,并邀旅沪名人前往演讲,届时必有一番盛况。

(1929 年 9 月 29 日,第 14 版,有删节)

美人祭瓷考原

瓻华

瓷器之名美人祭者,乃色釉中之珍品,以明产为最贵,今已罕有。其色简称祭红,或作霁红,然何以解于美人祭之名?虽今之鉴古家,恐多不晓底蕴。兹据景德老陶工所传,志之如下,以供艺术与鉴古家之参考。

明代御窑,命造鲜红瓷器,屡烧不成。限期促,窑工惧受谴,忧甚,归家时眉蹙不悦,叹息久之。其女询得父事,翌日伪作探父,入窑观察,竦身投殉窑中,施救不及。殆窑开,全器成,釉色殷然,晶莹特甚,非人力所能致。自后,陶业感于孝女精诚,凡红色瓷品,即以祭红称之。惜此事当时无纪载,孝女之姓字,遂湮没不传。今景德烧瓷窑门,均以砖作女形状,即祖其遗事,以志不忘也。

(1929 年 10 月 24 日,第 17 版)

赴比赛会征品近讯

比国独立百周纪念博览会,于五月间在比京举行。我国参加出品,业经赴比赛会征集会最近情形,探录于后。

对外贸易出品检验已竣。工商部农产物检验局局长周秉文负责检验比赛会品中之对外贸易出品,刻已竣事,定今日(十六)将业经检验之各项对外贸易出品,如棉花、桐油、花子、花边、丝、鸡蛋、火腿等,制就中法文说明书,陈列该局,请赴比出品代表褚民谊及秘书田守成、农汝为等前往审核后,将入选各件,运赴商整会商品陈列所赴比赛会征集会办事处,准备装箱。

各地征集出品陆续运沪。江西景德镇磁器,久已蜚声中外。昨日,该地磁器出品已运来一批,尚有一大□日内已将续到。北平市政府社会局来函,计有出品十余件,已准备装运来沪。本埠各厂商近日陆续送来出品亦颇多云。

(1930 年 1 月 16 日,第 14 版)

工商部调查各区工厂情形

工商部为改善全国工人生活,改良工作制度,特派定该部工作人员多人,分赴各地,将劳工生活与工业生产,加以精密之调查,编划统计,呈报中央,以便实施改善方策。……兹录各区调查委员名单及调查范围如下:

委员名单。调查区域共分十二区,择其重要地点,加以调查。各区调查委员,均由部派,其边远地方,委托当地政府代为调查。……(二)皖赣区,重要地点芜湖、安庆、九江、南昌、景德镇,委员蒋元薰、赵健。……

调查范围。此次统计之编制,其目的在改善工人生活,规定工人工作时间,增进工作效率及改良工作制度。该部依照目的所在,规定调查事项之范围如下:一、各地各业职工生活概况;二、各地各业之工资;三、各地各业工人之一般生活费;四、各地各业男女童工之工作时间;五、各地各业之夜间工作时间及假期规定;六、各地各业工厂之物质设备;七、各地各业工厂之职工待遇及福利事业之设备;八、各地各业工厂之经营及管理;九、各地各业工厂之技术技能;十、各地各业工厂之技术效率;十一、各地各业各种原料之供给;十二、各地各业各种货品之供给及需要;十三、各地各业各种货品之物价;十四、各地各业各种货品之贸易状况;十五、各地之金融交通治安等概况;十六、工业生产增减之状况及原因;十七、工业危险状况;十八、劳资纠纷及罢工状况及原因;十九、工人失业状况及原因。

(1930 年 1 月 23 日,第 8 版,有删节)

国货维持会吁请磁税平等

中华国货维持会据江西景德镇鄂帮磁业同庆公所等暨各帮代表公函,沥陈江西磁类特税局征收磁税,显有不平,妨害营业,请予援助等情,当经执委会议决,转函上海磁业公所查明具复。昨据该公所复函称,接奉大函,并抄示江西景德镇各帮磁商来函,为江西磁类特税局,对于全体磁商,不能一律平等,偏袒三(邑)、良(子)、(孝)感、康山四帮,对折缴纳特税一案,征询敝公所意见,藉凭办理等因。伏查各帮磁商,在产地采办同一货物,运至同一地点销售,税率不能平等,受同货异税之痛苦,以致三(邑)、良(子)、(孝)感、康山四帮磁商,因税率低廉,货易销售,营业得蒸蒸日上;其他缴税足之磁商,因成本高昂,营业不振,日就衰落。再查上年三月中旬,江西财政特派员召集磁商到省,会议税率之际,各帮磁商,因每年废历年关结束,例须回号,交代帐(账)目,待至国历四五月间,方始陆续到镇。故此所派代表,暂由磁行临时代理出席,均非正式磁商,因此不明情形。所有景镇各帮磁商,与贵会公函中情形,均系实在,务请鼎力援助,以达全体磁商一律平等待遇之目的,不胜企祷云云。该会接函后,当据情转达财政、工商两部,请求令饬纠正,平等征收,藉利运销而维国货云。

(1930年3月5日,第14版)

国府令行政院禁止各省任意增税

国民政府昨训令行政院云,案据财政、工商二部会呈称,为恳予通令全国,制止各地任意增加税捐,以维财政而护工商事,窃维实现民生主义之要旨,首重发展国内工商,整理国家财政之要图,先贵统一收支手续。中央为整理财政,维护民生,前于十七年(1928)十一月二十日经钧府通令画(划)分国家地方收入,明定厘金及一切类似厘金之通过税,统属中央,并严禁地方不得附加。又于本年一月十七日,复经钧府明令,自十月十日起,所有全国厘金及类金之一切税捐一律裁撤,良以厘定征收办法,俾财政得有整理之可能,免除苛杂税捐,于工商方有发展之希望。工商既裕,税源乃旺,财用不匮,政务自埋,国计民生实均利赖。乃自十七年以来,虽有通令,而各地尚未遵行,任意附加,所在多有。其名目之苛细,关卡之繁多,使工商厄于卡索留难之中,财政处于淆乱纷岐之状,此而不亟予撤除,其何能实现中央理财阜民诸政策?职部等分掌工商、财政,自应仰体中央意旨于解除工商艰苦、整理财政之企图,切实遵办。……此外,经职部等调查所得,如由江西景德镇运磁来京,一担之磁,为值不过三十元,除在景德镇完纳正税一元外,近又附加二角,而沿途所经,如湖口、华阳、芜湖、大胜关及三叉河各处,均须加纳捐税,约共一元二三角有奇,若合正税及其附加以计其税率,亦达百分之八九。综合上列各则以观,内地各省科税之重,实无伦比,其他各工厂商家虽各因销售市场不同,厘税繁重,数目亦异,然执一例百,当可以概其余。此无怪国内工商难期振兴,财政难期统一。究其致此之由,则各地未能遵奉政令,任意附加,实居其尤。职部等为实现中央理财阜民诸政策起见,用敢会呈钧府,恳予根据本年一月十七日裁撤厘金明令,推广德意,通令全国,依照中央定案,一切货物税收业经画(划)归国有,无论中央已征未征,各该省市自不得任意收税及增加附捐,以重民困。在尚未实行裁厘期间,其应如何禁止地方自设关卡,限制附捐,取销(消)违背部章之苛细税捐之处,并恳饬令各省市政府暨各主管官厅妥拟办法,呈复核夺饬遵,以免流弊而期实施。除另文会呈行政院,恳予鉴核通令遵办外,理合备文呈请钧府鉴核,仰乞俯准施行等情据此,应准照办,除指令外,合行令仰该院即便通饬遵照办理具报为要。

(1930 年 4 月 11 日,第 9 版,有删节)

赣省米荒之严重

南昌通信　江西原为产米之区,不谓今年米谷之荒,为向来所未有。……景镇方面,有瓷器工人十余万人,眼见米源断绝,亦于日前暴动抢食,初抢米店,继抢吃食店。全镇各店内,凡可食之物,不问生熟,均被抢一光。

(1930 年 5 月 26 日,第 8 版,有删节)

景德镇之大鼠

愍华

赣属景德镇,为磁器特产名区,居民对于卫生,向不讲求。其地鼠类之多,世所罕见。群鼠不第跳梁白昼,且行走市街,毫无忌惮。近来,镇中大闹米荒,窑陶厂行相继辍业,鼠亦受缺食恐慌,纷扰益甚。某磁行因不胜鼠患,购猫数头,冀以镇(震)摄(慑)。讵猫不但不能捕鼠,反为鼠噬伤。行主无计,巧思设置陷鼠法于米坛中,获得大鼠一只,长尺余,毛黑带黄金色,齿利如刃。衡其重量,逾三斤零。闻该行主以鼠大猖獗,蓄猫失效,将悬赏重金,征求捕鼠器物,消弭此患云。

(1930 年 6 月 12 日,第 11 版)

《商业杂志》五卷三号出版

上海四川路九江路中央大厦,十二号商业杂志社编辑发行之《商业杂志》第五卷第三号,现已出版,内容精良,著作丰富。有经济学专家唐庆增之《中国工商业何以不能发达》,丝绸业专家高事恒之《四川之蚕丝业》,张承椿之《景德镇瓷业之概况及今后之发展计划》,朱家让之《一九三〇美国商业之危机》,张光宗之《现代日本妇女的职业》等,均为极有价值之著述。尚有刘兆咸之《余之谋事经过谈》,丘瑞曲之《贴现概论》,及《中外商业大事记》《上海商情》《国货栏》《商人俱乐部》等,篇篇精彩,不胜备载。闻零售每册二角,全年十二册二元。日来订购者非常踊跃云。

(1930 年 6 月 14 日,第 16 版)

市商会请免磁税三年

上海市商会据磁业公会函陈,受税重之苦请予免税三年等情,当经电呈财政部,以查磁器应征特种消费税,载入特种消费税条例第二条之内。该省自十七年(1928)五省裁厘会议以后,所有厘金俱已改办特税,磁器亦其中之一。查核公会所报税率,按照市价,均在值百抽七点五以上,及值百抽十左右,以日用器而照半奢侈品课税,当时定率,本嫌过重。此次该公会径(经)呈钧部,请予免税,实因景德镇为全国磁器惟一产区,自……窑座摧毁,百物荡尽,非竭数年休养生息之力,断难招徕窑户,渐复产额。该公会所请各节,论其事似若创格,论其情毫无捏饰,此为该业特遭之变故,创巨痛深,万非其他物品所能比拟,端赖国家特沛殊典,方获昭苏。理合据情电呈钧部鉴核,酌准施行,实为公便。上海市商会叩。敬。

(1931 年 1 月 27 日,第 13 版,有删节)

褚民谊赴比归国报告(再续)

三、办理评奖之经过及所获之奖凭。……于十月十日比国博览会举行授奖典礼,由比王亲临颁布,以示隆重。据比国政府驻会场监督报告,各国出品所得奖凭之结果,计全黎业斯(编者注:黎业斯即列日)会场,仅共有奖凭七千六百之数,法国第一,比国第二。我国列名第三,计得最优等奖三十,优等奖四十五,金牌奖一百四十九,银牌奖一百零六,铜牌奖七,共计三百三十七张,几占全博览会奖凭二十分之一。得最优等奖者属于工商方面,为江西景德镇之磁器,上海茶业会馆与翁隆盛、汪裕泰之茶叶,美亚绸缎中美一湘绣,以及中兴煤矿公司、上海商务印书馆、中华书局、杭州舒莲记、中国制腿公司、泰兴罐头公司、上海商品检验局等。

（1931 年 1 月 31 日,第 16 版,有删节）

民生研究会开会纪

民生改进研究会昨日继续在圆明圆（园）路二十三号开会讨论,分上下两次,到各地代表六十余人,上午为陈立廷主席,下午为陈其田主席,兹志情形如下:

报告事项:一、钱根亚白美利（译音）报告纱厂工人状况;二、谈柏质报告铁路工人状况;三、王振常报告上海贫民生活状况;四、高乃同报告江西景德镇磁业工人状况。

讨论事项。昨日讨论问题,为工人生活状况要点,计分四项:

（甲）收入方面:（一）工资过低;（二）不安定与失业。（乙）工作状况:（一）工作时间过长;（二）伤害毒气以及意外之危险。（丙）生活状况:（一）住宅不良;（二）缺乏正当娱乐,不能善用空暇时间。（丁）工人观念:（一）缺少教育的机会;（二）以命运为标准。讨论结果,注意下列各点:（一）食料,研究价格低廉而富有滋养料者。（二）住屋以高燥不碍卫生为标准。（三）创设扶助社,办理信用贷借。（四）注重公共事业。（五）组织团体,以达到工人生活的目的。末又有谈柏质提议,注意工人道德与知识;邓女士提议,改良增进工人生活上的欲望。

今日议程。今日讨论问题为工人教育,讲题为"中国劳工问题与国际劳工组织"。

（1931 年 2 月 24 日,第 10 版）

景德磁商呈请豁免磁税

景德镇以产磁著名,商业素称繁盛,近十年来虽因关税轻微,洋磁大批进口,未免大受打击,但亦未失其原有地位。不幸去岁……总计损失在千万以上。……虽经商会敦劝各窑厂复业,亦难见踊跃。不特器具原料……毁坏,即所需工人,亦难召集。现在复业之窑厂,尚不及平时十分之一。总商会有见及此,乃于上月召集会议,讨论善后办法,佥以全市破产,创巨痛深,非请求政府豁免磁器特税,不足以资补救,遂于删日电呈财部,请求免税三年,以资救济。同时,全国旅镇磁商联合会,亦进行免税运动。据闻,必要时,商人尚须推派代表晋京请愿,以期早日达到目的。

（1931 年 3 月 7 日,第 9 版,有删节）

粤瓷商呼吁豁税

广州通信,粤自裁厘后,各项土货,原冀可减免税捐,不意瓷器一类,抽税重叠,比诸裁厘前,仍不见解除重抽之痛苦,瓷业前途,日益困难。近日,瓷商已将重抽叠税之痛苦情形,沥陈商会,请转呈政府,设法救济,以维国货。其诉状略谓:关于江西瓷器,因广州毗连香港,香港为无税口岸,瓷器悉由香港直接采运。盖出口免税,则成本自轻,本轻则生意畅旺。避重就轻,为必然之理。观于广州市出口瓷器,比较十年以前,只得十之一二,有海关册可以调查。况国货中如土布、土绣等行,业蒙政府豁免出口税,似应援照成案办理,应请政府完全豁免出口瓷税,以解除痛苦者一。行商采办江西磁器,多由粤路火车运抵本市。查向来路局定章,无论货式如何,俱收五等卡运价。讵铁道部忽改变定章,细瓷照三等卡征收运价,普通为四等,粗瓷为五等之规定。盖自江西景德镇起运,而赣州,而南安,而南雄,而韶关,由韶关登车,而抵广州,中经五埠,历三度之入栈,三度之雇艇。各埠夫力之多寡不齐,船艇之大小各异,辗转驳运,上落混乱,故由韶登车,只有件数可查,而无粗细之可辨,偶或误报,即被指为瞒报,加以处罚,动辄得咎。应请政府仍照旧征收运价,以救济困难者二。

(1931 年 4 月 7 日,第 7—8 版,有删节)

江西灾情续报

上海筹募江西急振会,前接查灾员卫锐锋、吴甲三、马梗二电,报告一切。兹又接得报告书一份如下:(上略)克强等奉派赴赣,在轮中察看长江沿岸,一片汪洋,田禾房屋均淹没水中,灾象已成。及抵九江,市上受江水泛滥,各街巷水深盈尺,已成泽国。即至九江红十字分会调查灾情,晤见该分会詹会长鸣球、张会长凤岐、宋医院长等,谈及此次赣灾,……故受害较烈,救济较难。即如景德镇磁业一项,因无资本,停业工人全体失业,急待设法筹款,创办借贷所,以资救济。此在九江调查灾情之一班(斑)也。抵南昌后,谒见熊司令,熊司令亦深知沪上诸公急欲明了赣灾实况,故即指示办法,嘱克强先行电告,以慰沪上诸大善士之盼望。现南昌已组织地方振(赈)济处,直属于陆海空军总司令行营党政委员会处长文群,所有赣灾事务,概由该处办理。克强等现亦到处协助办理。该处连日得到各地请振(赈)文电,急待设法救济。兹将请振(赈)难民一览表寄上一份,亦可见该省各地灾情之烈也云云。现该会已于敬日,先行电汇振(赈)款二十万元,交南昌熊司令酌核办理矣。

(1931 年 7 月 26 日,第 16 版)

景德瓷器公司捐款赈灾

南京路景德瓷器公司昨日起举行反日赈灾运动,各货特别削码出售,俾与劣货相竞争,并在每日门市营业中,提款一成,捐助振(赈)灾会,作救济被灾水区难民之用。

(1931 年 8 月 13 日,第 16 版)

中国已有化学磁器用品

化学中磁器用品,向系取诸东西洋,每年漏卮极大,苦无替代之品。科学仪器馆于前年向景德镇接洽,历经顿挫,迄今方告成功。第一批所制本生电磁筒,业已运到,质洁釉细,过于舶来品。第二批所制乳钵等样品亦到,试验合用,正在仿制。其余如蒸发皿、坩埚、□学用各品,亦在研究中,实为提倡国货中好消息也。

(1931 年 10 月 3 日,第 16 版)

实部拟办磁业工厂

南京　实部拟创办大规模磁业工厂,已先拟具计划,提商英庚款董事会,由英庚款余额积存项下,拨款数十万元,选择九江等交通便利、适于制造之处开办,并将景德镇中国磁业公司所余机料等物尚堪应用者,移归新厂,作为商股,以收官商合作之效。(一日专电)

(1931 年 11 月 2 日,第 6 版)

景德公司到大批冬节礼品

南京路五福弄口景德瓷器公司,为专售江西瓷器之国产商店,自本月三日举行冬季减价以来,生涯颇盛。近该公司鉴于冬节期届,特自景镇运到大批玲珑瓷器约千余种,备作各界采购馈赠亲友之用。闻上项礼品,仍照码七折出售,减价期内,并有精美日历奉送。

(1931 年 12 月 17 日,第 16 版)

市商会国货商场近讯

本埠天后宫桥北首上海市商会国货商场,自本月一日起举行大廉价以来,营业更形发达,每日人头拥挤,营业额约计在六千元左右。本日已届减价期满,兹闻该商场为年关在即,各界咸欲购办各种国货,俾备冬至礼品之用,特再优待服用国货者起见,继续大减价十天,业已通知参加各厂,仍须削价出售,藉酬惠顾诸君之雅意。并闻该商场内近有大批名瓷,新由江西景德镇运到,设肆出售,其价格较之南京路磁肆,据云可便宜六折云。

(1931 年 12 月 22 日,第 15 版)

江西景德镇之现象

南昌通信　景德镇居赣省之东北部,北接皖南,东连浙西,就地理关系言,实为赣、浙、皖之屏藩。自宋以来,产瓷驰名,千余年号称瓷产工业区,工人二十余万。……工商业损失数千万,已达破产状态。……市面亦渐恢复。乃沪战发生,金融阻滞,该镇瓷业,因又大受影响,只平津、香港等处有少数瓷客外,余多裹足不前。于是该镇工商业,遂无形停顿,全市经济困难,益臻极点。教育实业各项经费,来源皆无着落。前月工商各界有鉴于此,曾开会讨论救济办法,拟定赶速力劝各厂开工,一面由商会向沪银行界借款周转,以维工人生活。该镇惯例,各厂开工,统于废历三月初一日,凡来镇做工工人,不论开工与否,三月初一日起,伙食系由资方负担,故工人多有只带川资者。……各厂亦因此不敢开工,全镇因之顿陷于恐慌状态。工商各界,特推赖清、施文谟等代表分向中央及赣省各高级机关请愿,在接防队伍未经指定以前,五十五师暂勿调防,以维治安,庶使该镇二十余万工人,不致失业。

(1932 年 4 月 19 日,第 7 版,有删节)

赣省举办产销税

南昌通信 江西在民国十五六年间,全年收入国、地两税约二千四百余万元。嗣厘金裁撤,……至今国税岁入,固不及以前收入之半。而地方岁收预算,虽列六百万元,实收不过三四百万元耳。……起初各县代表,以百业萧条,不能增加民众负担,将案否决。嗣经熊说明种种原因,方得通过,送由省府交财厅办理。刻财厅已发表前江西省长胡思义为产销税局局长,拟定六月一日开征。被征之出产品,为瓷器、夏布、竹木、纸张、茶叶等五项,预计每年收入可三四百万元。财厅现筹备于以上各项出产地及出口处,设分局二十五处,以便稽征。查瓷器出产地,为浮梁之景德镇,……元气未复,其销路亦受运输外瓷及金融影响,营业衰落,江河日下。……以上各项,出产既减,销路又滞,前途黯(暗)淡,是税收成绩,可推知矣。

(1932 年 6 月 9 日,第 10 版,有删节)

瓷业公会呈请撤消(销)赣省产销瓷税

上海市瓷业同业公会呈市商会文云,顷据江西景德镇景市瓷商同业公会筹备处六月七日函开,近顷江西省政府议决恢复产销瓷税(中略),事关瓷业前途,召集同业开会讨论。当此天灾人祸相逼而来,人民救死不遑,安能重增苛税,以削生机? 一致议决,反对赣省增税。伏查瓷器为吾国产大宗,频年以来,国人恫于帝国主义者经济侵略手段之可畏,咸谋提倡,本有发展之机,乃因困于税厘稠叠,成本加重,推销为难,而外人则免税竞销,遂致洋瓷充斥,遍于全国。尤以日货为最,喧宾夺主,国瓷几无立足之地。试查海关贸易册,洋瓷进口年有增加,至足惊人。国民政府洞见症结,于是有裁厘加税之议,毅然下令,于二十年元旦起实行裁厘,举数十年病商害民之秕政一扫无余,商民额手称庆,来苏有望。……去秋洪水滔天,人民水深火热,困苦颠连,达于极点。天灾甫告,国难又作,暴日乘我天灾,出兵强占东三省,攻我上海,牵动全国,经济胥受影响。现方停战撤兵,人民创巨痛深,满目疮痍。政府当局,极应安辑流亡,抚慰遗黎,以谋休养生息。而赣省忽有恢复产销瓷税之议,形同变相厘捐,重违国府裁厘明令,此不能承认者一也。法治国家,凡增改捐税,加重人民负担,必须依据法令。赣省此次增税,既无中央政府法令,实有违法殃民之嫌,此不能承认者二也。当此外人经济侵略,协以谋我,人则减免税捐,竞争侵(倾)销;我则增税,阻遏国产发展,无异自杀,此不能承认者三也。……自一·二八暴日侵沪,抗战数月,全国经济,皆受影响。各路瓷商,欠景镇窑户庄款,无法清偿,若再加税,势必难以维持,窑户连带停业,数十万工人因此失业,危及平民生计。此不能承认者五也。况各省瓷商办货,行踪无定,系为行客性质,是以营业税亦无课税之条,足见国府能恤民瘼,而地方政府未能仰体德意,反从而摧残,掊克聚敛,为害民生,莫此为甚。为迫仰乞钧会俯赐援手,迅予转呈国民政府行政院及财政、实业两部,立饬赣省府恪遵国府明令,撤销恢复类似厘金之产销瓷税,以重功令,而维商命,不胜迫切待命之至。谨呈。

(1932 年 6 月 24 日,第 15 版,有删节)

赣产销捐院部已咨赣省撤消(销)

本市磁商赣省举办特种产销捐,有碍磁业发展,特联合全国磁商,推派代表,偕同市商会王延松赴京请愿,吁撤消(销)。兹悉财政部业已批示市商会,原文云:呈悉,此案并据全国磁业请愿团具呈前来,已并案咨请江西省政府撤消(销)矣,仰即知照。此批。又行政院批示云:呈悉,查此案昨据全国磁业代表请愿团呈请到院,经电令江西省政府遵照,迭令查明撤消(销),并饬将被阻磁船先予放行,以恤商艰在案,仰即知照。此批。

(1932 年 7 月 23 日,第 14 版)

公　电

景德镇来电　各报馆均(钧)鉴,顷上行政院财政部一电,文曰:查赣省府所举办之磁器等特种产销捐,实系一种变相厘金,内则违反国府裁厘明令,外则抵触裁厘加税成案。而江西劫遗众民,更万难担负此种苛捐,迭经全赣人民团体及属会电请钧院部制止在案。现因征收局长修思永,带同员司百余人,自省来镇,不顾地方严重反对,强设局卡,扣留磁船,致激起磁商罢市,窑户歇业,十余万失业工人纷纷游行请愿,势将酿成莫大危机。况且景镇……警讯频传,深恐风潮日益扩大,破坏地方治安,后患之来,不堪设想。除呈报党政机关外,情迫电恳钧院部鉴核,立电赣省府,将磁器等特种产销捐,克日撤消(销),瓷业幸甚,地方幸甚等语。……磁器出产,一落千丈,今赣省府对此奄奄一息之国产,竟不惜课以苛捐,酿成绝大风潮。国磁生命,危在旦夕。务乞赐予援助,以期达到撤消(销)目的,不胜盼祷之至。景德镇总商会。叩祷。

(1932 年 7 月 25 日,第 7 版,有删节)

赣磁业再赴政院请愿

南京　磁业代表十三日再赴行政院请愿,请制止赣省征收产销税,由褚民谊接见,允以私人名义,电赣熊劝其撤消(销),并将呈文转呈院长核办。(十三日专电)

(1932 年 9 月 14 日,第 8 版)

上海地方第一特区法院

哈同洋行沈立成与江西景德瓷器公司欠租案(主文),被告应偿还原告银一千三百九十三两七钱五分,原告假执行之声请驳回,讼费由被告负担。

(1932 年 9 月 14 日,《本埠增刊》第 4 版,有删节)

建华磁器价廉物美

南京路建华磁器公司,向来贩运江西景镇细磁,营业颇为发达。近为提倡国货、抵制外货起见,在景德镇运来各种名贵磁器甚夥,殊属琳琅满目。所定价额,亦极低廉。营业人员,又复和蔼。故顾客极为拥挤,群称价廉物美云。

(1932 年 9 月 14 日,第 15 版)

市商会接电告赣磁产销捐取销(消)

全国磁商以江西举办产销捐,磁商不堪担负,一再呈请国府救济,吁求饬免。最近复由上海市商会主席王晓籁、常委王延松,偕同磁业代表,晋谒……面陈磁业困苦情况。赣当局始允改征营业税,不再设所稽查,税额年征四十五万,磁商再请核减。据市商会方面消息,此事业已解决,税额准予核减。兹录磁商代表来电如下:市商会晓籁、延松先生鉴,磁捐事,蒙公等及范委员鼎力维持,改办营业税,年额四十四万,已批准解决,特闻,并致谢忱,严正叩。鱼。

(1932 年 11 月 9 日,第 13 版,有删节)

景镇瓷业一落千丈

南昌通信 景德镇之瓷器,为吾国唯一特产,世界极为著名。景镇昔称昌南,唐初有东山里人霍仲初与镇民陶玉者所烧之瓷,名曰假玉,为进贡之品,民间不易购得。至宋景德年间置镇,始改今名,成为吾国第一之工业区。由是历代均设专官,董理其事,如宋之景德窑、湘湖窑,明之隆万窑,清之御窑,考仿精究,代有发明,推销欧美,与丝、茶同为吾国主要出口品。惟以工人知识简(谫)陋,故步自封,不知改良,出品每况愈下。当局既不加以提倡,从事改良,而捐税迭(叠)加,成本日重,以致洋瓷乘机而入,不但国际市场被其排挤,无立足之地,即国内销路,亦被其篡(篡)夺,大有反客为主之势。查景镇在清初瓷器全盛时代,工人约十五万至十八万,有"千猪万米"之谚,即每日需猪千只、食米万担,人数之多,可以想见。每年瓷器出品总值,恒在千万以上。民国十八年(1929)据建厅之调查,全镇共有工厂一二八四户,瓷窑一四四座,窑户资本总额约一三六九二三四元。是年出品有数目可考者,灰器八二三九一〇元,大器六五五一八元,灯盏一一九〇〇元,古器一八四二五〇元,雕削二四六三四五元,官盖五七三八〇元,粉定五八六五七八元,淡描一八八〇〇元,滑石二七八二〇元,描坛七三九〇〇元,小器五六六〇七元,大件三一七四六〇元,共计二百四十余万元。此项数目,系从税收上统计而来,当然不甚精确。据一般人之估计,是年(十八年)瓷器出品总值约四百万至五百万,较之全盛时代之千万,已不胜今昔之感矣。顷据景镇来省瓷商谈及,景镇瓷业,年来因受洋瓷影响,出口减少,资本固已周转不灵。……幸去年销路,在二三月间即已发动(该镇向来以

五、七、八、九等月为旺月,余为淡月),沪、津、广、港各帮,争相采购,预办洋庄。乃九一八事变发生后,生意又归冷淡。瓷商满望今年有一转机,讵因沪战发生,无人问津。大资本尚可勉强周转,小资本无从押借,支持维艰,纷纷歇业。及沪战停后,本来可有转机,而产销捐又于此时开征,一线生机又从此断绝。此项产销捐,系仿照以前产销税成例,大都为百分之十,即十分之一。捐率既重,成本自高,销路亦必随之而绝,所以全镇工商一致反对,全市闭业者将近一周,幸有驻军,未酿事故。然产销捐局仍不惜一切,下船之瓷器亦一律扣留,瓷商裹足,窑户工厂一致停顿。虽经全国瓷业公会吁准中央明令取消,而当局置之不顾,迄今依然征收,所以全镇瓷业歇业达数月之久。刻虽复工,然一百数十座窑,昔之五日烧一次者,今改为十八日一次,尚是货如山积,家家瓷器无处可堆。且素握金融枢纽之徽、都两帮,……金融枯竭,无款放出,昔之瓷商恃钱业押款者,今又不能周转,惟有坐以待毙耳。刻下除少数资本雄厚者尚在开工外,十之八九陷于不生不死地位,各厂户、窑主无法维持,情愿出遣散费,将工人遣散。因此工人失业日多,萧条不堪。长此以往,恐不出数年,景镇瓷业将完全崩溃也。(十一月十二日)

(1932 年 11 月 21 日,第 7 版,有删节)

实部筹设国营造纸工厂

　　南京　实部拟设国营造纸工厂,刻令出产制纸原料省分(份),将该省内森林区域木材产量,调查呈报,并派技监徐善祥、技正王百雷等,前往温洲(州)一带调查产量及有无高原水力可资引用发电,以便筹划进行。又,该部拟设陶业工厂,以保国粹,派技正赖其芳等,赴景德镇一带,调查瓷业概况,以便设计进行。(二十六日专电)

(1932 年 12 月 27 日,第 6 版)

景德镇磁业不振

　　南京　景德镇磁商谈,磁业益形不振,年来磁料成本加重,工人时求加薪,而销路又日渐薄弱,入秋虽稍活跃,但细磁无人过问,而营口、关东各地,无来镇采办者。(十一日中央社电)

(1933 年 1 月 12 日,第 7 版)

参加芝博征品展览会昨行开幕礼

中华民国参加芝加哥博览会征品展览会，于昨日下午二时，在白利南路九四七号中央研究院，举行开幕典礼。展览时期，至三月五日为止。正午，陈委员长宴请全体筹备委员。兹志详情如下。

………………

市长吴铁城演说云："今天我国参加芝加哥博览会征品展览会，在上海举行，实是上海市最荣耀的事件。我们参观了各种陈列品，想到我国近年来在战争天灾不息之过程中，工业的进步，有如此成绩，这是差可安慰的事件。同时，看到中国工业的趋势，如福建漆器、江西磁器价值很贵，专以古董陈列，不是普通人所需要，这可知道工业进步，制造尚未完全脱离旧制，因此人民仍要买外国货。现在我们第一要提倡工业，使以日常需要品为主体。江西景德镇的磁窑，原为供给皇帝御用，倘天天进步，与国际名声，没有重大关系。第二提倡工业要政府与人民合作，设法改良商业。工业不能发达的原因，就是商业机关组织不完全，工业如何推销，如何改良，商业机关专负推销提倡责任，希望政府与人民努力合作，设法提倡工业。我们相信在如此努力情势之下，几年以内，我们中国可开很大的博览会，各国也会来参加。"

（1933 年 2 月 19 日，第 13—14 版，有删节）

参加芝博会江西磁器公开陈列

此次我国参加芝加哥博览会，筹备一年，各省出品，极形踊跃。旋以政府因国难日亟，停止参加。各省出品人请求政府指导补助，自动参加，业分两批运出赛品四百余箱，已见本报。各省征品以江西磁器数量最多，除已运去二百箱外，尚存数十件，因包装换箱手续赶办不及，拟俟第三批再行运出，计有一丈二尺高总理磁像一座，景德镇制磁模型数十种。凡制磁烧窑彩绘均用生磁制成人物模型，形神逼肖，为历次赛品所无。此外，尚有青花釉里红缸、慈禧太后万寿时所制寿盘及其他名贵磁器数百种。在未运出以前，经该省代表与上海市商会接洽，暂假该会商品陈列所三楼陈列，以备海上人士之观览。近日天朗气清，该市场游人亦顿形踊跃。

（1933 年 5 月 14 日，第 11 版）

全国旅行家孙乐山函告赣省状况

国闻社云,全国旅行家皖人孙乐山,沿长江上溯,现已经皖、赣而达武昌。兹孙君将沿途观察所得情形,函告本社,兹录其第一函如次:赣省出产丰富,且名著全国者,有磁器、夏布、赣木、红茶、纸张等类,……无一振作,各业商场,亦因之而萧条。兹将各业近况录之,以供读者。景德为产磁之器,其销数甲于全国。近年以来,……制磁工人,早已星散,该业陷于停顿,较之曩昔,大有一落千丈之势。嗣经当局竭力维持,……瓷工亦次第来镇,准备恢复工作,各窑户亦从事纷纷筹划。讵料……,华北风云紧张,自热河失陷后,该镇磁器又受莫大之影响。平常每年销数百万,各地磁商,均有专员常川驻镇采办。此次日寇侵热,平津震惊,谣诼纷起,商人咸抱紧缩主张,纷电景镇停止采办,以致各县工友,又入失业之状态中。往年三月一日开窑,今年则四月一日尚未开窑,十余万磁工均无工作可得。

(1933 年 5 月 15 日,第 10 版,有删节)

市商会昨开会员代表大会

上海市商会于昨日下午举行第四届会员代表大会。出席代表,计同业公会会员一百七十五业、商店会员十一个、会员代表二百五十余人,市党部代表陶百川,市社会局代表吴桓如、宋钟庆出席指导。至下午二时四十五分,出席代表已足法定人数,宣告开会。行礼如仪后,主席团致开会词(辞),并报告出席人数及重要会务。次出席代表致训词。继即讨论议案,先后通过,即日发出通电一件,切陈团结救国之必要,并电呈中央,力争上海兵工厂债权。讨论至六时半,始行散会。

…………

次王延松报告会务云,本会在过去一年内,因鉴于一·二八后,外侮日益迫,疆土日益蹙,全国经济又陷于不景气状态,乃提出废止内战、提倡国货两大工作,为吾全体商人共同之目标,俾资补救。虽进行以来,未能收显著之效果,但悬此目标,至今仍锲而不舍,努力勿懈。此本会全体委员,所敢自矢,抑全体商人共具之信念。他若日常会务,类别既多,不难覆按。兹特将办有相当成效者,举要如下:……(六)赣省举办特种物品产销税,迭据本市磁业公会,及江西各业公会、景德镇磁商,先后声述过会,谓此项产销税,实系变相厘金,甚至磁船在途,被扣勒捐,恳予挽救,叠(迭)经呈请院部,令饬撤消(销),并由本会主席及王常委延松,偕同磁业代表赴赣,面谒熊主席,一再请命,结果,酌定税额,改由磁商自办营业税。

(1933年6月26日,第9版,有删节)

南洋方面赣瓷销路大减

南京　实业界息,江西景德镇磁器,销售暹罗及南洋群岛各属,出口数每年不下四五百万。近因日瓷大批运往上列各地,尽量倾销,更作攻击华瓷恶意宣传,致销场一落千丈。去年出口赣瓷不过三四万元,今年竟无大宗出口者,销路殆全被日人夺占矣。(二十八日专电)

(1933年9月29日,第7版)

赣省改良陶业

南昌通讯　陶业试验所所长夏宗禹,昨在行营广播电台,播送赣省陶业应行改革之点:一、陶业为我国著名国产,振兴国产,必须改良陶业。因欧美人士,以呼高岭的音呼瓷工,以他俩称中国的名词称瓷品,可知世界上已公认瓷土、瓷品为我国所发明之铁证。然我国出瓷的地方,向以景镇为第一,近来外国凭藉关税政策,一面抵制华瓷进口,一面奖励新式瓷器输入我国,遂致我国反形成外国陶瓷的倾销场这种情形,不徒于经济上受莫大影响,即国产史上亦蒙莫大耻辱,这是本省陶业应改良之一。二、陶业为本省莫大利源,我们要保全利源,就要改良陶业。然国家方面,有此一笔陶业收入,亦颇可观,多者近百万,少亦在四五十万元,于国计上不无小补。至于商人贾瓷,其获利大为可惊,一元的物品,售价数十元,视为常事。尤其是海外贾瓷的侨商,往往由小商变为大商,由小富变为大富。这样看来,本省陶业,实天赋的利源,无穷的宝藏。近因拘守成法、成本太昂,外瓷因之乘机输入,现在几有喧宾夺主之势,大好利源,行将散失,至为可危。这是本省的陶业,应行改良之二。三、陶业为当地之良好职业,就要将陶业改良,因为现在是一个经济战争的时候,社会上一切的波折,悉由经济的影响所造成。我们要免除一切的波折,惟有因地制宜,提倡陶业。人民一加入陶业的工作,都可以解决生活。不过,近数年来……歇业的瓷厂日多,失业瓷工日夥,弱者饥寒待毙,强者铤而走险,隐忧为患。这是陶业应想法改良之三。四、陶业为工业研究上所需要,我们要发展工业,亦要先从改良陶业着手。因为陶业是以制瓷为主要的工业,且瓷器的性质,坚硬致密,不传导电气,不怕酸碱,不怕冷热,适合工业士上种种需要。我们向来对于此等瓷器制造未曾注意,一遇需要,即不惜重金,购诸外国,利权的损失,固属不资,而工业必需的材料,仰给他人,前途进展,毫无把握,实为憾事。这是陶业应改良之四云云。

(1933 年 12 月 10 日,第 8 版,有删节)

杭江路沿线物产

杭江路起自杭州钱塘江右岸西兴,经萧山、诸暨、义乌、金华、汤溪、龙游、衢县、江山而达赣之玉山,沿线所经各地,均系物产丰富之区。现全线既行定期通车,沿线各县物产输出固便,即旧处属龙泉、松阳、遂昌一带之木、毛竹、科笋、笋干、茶叶、药材,赣东之瓷器、夏布、白纸、茶、烟、煤等,亦得因此而推广销路。建厅于廿八日举行通车典礼时,并举行沿线物产展览会,以示浙东物产之丰富,急须(需)向外推销者。记者特将该路沿线物产调查如次,俾便不克参观展览会之读者,亦得有所观摩焉。

…………

瓷器　龙泉产磁器,历史甚久,南乡哥窑、弟窑之出品,在宋代即负盛名,其出品中外咸珍贵之。近年则以经营不良,年产仅二三万元。诸暨有砂窑,烧制砂缸酒坛,销售总额年可三十余万元。景德镇之瓷器,原可经饶州黄金埠、河口而运玉山,年销二三十万担,近则……瓷窑多毁矣。

(1933 年 12 月 25 日,第 7 版,有删节)

九江将设陶业工厂

南昌　省府决在浔设大规模机制陶业工厂,五五万元充工厂机器设备,五四万元营业。(二十四日专电)

南京　华侨代表郑源深由景返省,谈调查情形:景镇瓷厂,前为二百,现倒闭过半;工人十余万,现减八成。失败原因:一、资本小,二、墨守成法,三、工人习惯坏。郑即赴

京回闽,返南洋进行集资,发展瓷业。(二十四日专电)

(1934 年 3 月 25 日,第 9 版)

赣省筹设机制瓷业工厂

南昌通讯　赣省大规模之瓷业公司,自经熊式辉与财长孔祥熙商定设立后,各方面均在积极进行。刻经建厅在浔觅定圣约翰学校旁近大空地一方,以为建筑厂址之用,资本金额为一百万元,除半由实业部拨款外,其余五十万元,闻将招募商股。该公司内部组织,分为教学、试验、制造三大部,并为便利工作、节省经费起见,决将省立陶业学校及陶业试验所归并于该教学部内。按该项组织,原名"机制陶业工厂",其计划为现任江西陶业试验所所长邵德辉所拟,内容如次:查江西景镇为产瓷之区,制造全凭人工,以致成本过重,不敌洋瓷用机器制造之廉,故外瓷侵入,销畅日久,恐全被侵占,自非设立大规模工厂,改用机器制造,不能与之争衡。且我国出瓷之处,以景镇为巨,该处交通,既不便利,工人恶习,又复甚深,欲图发展,非迁地不可。而江西出产瓷土,以星子、余江等县为最多,均在景镇下游,若将瓷厂设立九江,运输原料,推销出品,概行适宜,故希望于九江滨江附近地方设立机器制造陶业工厂。照酌中规模计划,约需资本银元(圆)四百万元,内以五十五万为房产机器不动资本,以十五万流通营业资本,所有设备办法利益预算开列于后。(甲)工厂设备。一、土厂房屋,一层式一幢,工料洋一万七百元;粗碎机、双轮干磨机、轮磨机、粉碎机各二部,自动斜式钟震节、回转节各一部,震筛四部,动力及各次:计洋四万二千二百元。二、泥厂房屋一层式一幢,工料洋九千六百元;混泥机、拌泥机各四部,溢滚泥水机一部,电瓷去铁机二部,压榨滤水机、泥浆唧筒各四部,坯土精练机二部,练泥机、搅拌机各一部,石轮湿磨机、大号鼓形粉碎机、小号鼓形粉碎机各二部,连式鼓形粉碎机一部,动力及配件洋三万三千七百元;零星用费洋五百元:共计洋四万三千八百元。三、电瓷起房层式一幢,工料洋九千六百元;干燥房及设备洋三千元;普通辘轳十部,特别辘干(轳)五部,普通修坯机十部,特别修坯机二部,自动压坯机一部,手动压坯机三部,螺旋修坯机器一套,动力及配件洋一万五千元;零星用费洋二千元:共计洋二万九千六百元。四、日用瓷厂房屋一层式二幢,工料洋一万五千元;干燥房(及)设备洋三千元;普通辘轳十五部,制榆圆形辘轳五部,普通修坯机十五部,特殊修坯机五部,修胎机二部,上新机十二部,压瓷板机一部,坯车五十架,动力及配件计洋一万六千二百三十元;零件费洋三千元:共计洋三万七千二百三十元。五、精瓷厂房屋二层式一幢,工料洋八千元;干燥房及设备洋一千元;辘轳五部,特别辘轳三部,转瓷车盘七部,上新机八部,修胎机二部,磨瓷机一部,动力及配件计洋八千三百元;零星费用一千元:共计洋一万八千三百元。六、耐火器厂房屋二层式一幢,工料洋一万元;干燥房及设备洋三千元;自动匣钵制造机一部,手压整尽机二部,自动火砖制造机一部,螺旋装砖机二部,升街机一部,动力及配件计洋一万四千七百元;零星用费洋一千五百元:共计洋二万九千二百元。七、瓷砖厂房屋一幢,工料洋一万元;干燥房及设备洋二千元;自动压砖机二部,机械械压砖机(编者注:《申报》原文如此,应为机械压砖机的勘误)二部,手压机三部,复式压机一部,配泥机二部,动力及配件洋三万三千四百元;零星用费洋二千元:共计洋三万七千四百元(编者注:《申报》原文如此,应为四万七千四百元)。八、窑厂房屋一幢,工料洋一万五千元;十六尺直往(径)上下焰烧瓷圆窑十六座,二十六尺直径倒焰烧砖圆窑二座,长方形景镇羽式窑一座,彩窑二座,石窑一座,计洋一十一万八千元;零星费用洋三千元:共计一十三万六千元。九、机器房屋一幢,工料洋六千元;翻砂倒铁场工料洋五千元;车床等项并工具动力配件计洋二万六千元;设备费洋一千元:共计洋三万七千元(编者注:《申报原文》如此,应为三万八千元)。十、模形(型)房二层式一幢,工料洋七千五百元;设备费洋一千元:共计洋八千五百元。十一、机房二层式一幢,工料洋一万七千元;机器圆形横钟一部,机器长带幢一部,木滚二部,筒镀二部,上钉机二部,运力及配件计洋一万二千元;零星用费洋一千元:共计洋三万元。十二、公事房二层式一幢,工料洋一万一千元。十三、自来水及机器,洋一万元。十四、土地价,洋七万元。十五、舟车等费,洋一万元。总共需洋五十五万零二百三十元(编者注:《申报》原文如此,应为五十六万一千二百三十元)。(乙)预计营业利益:一、收入项下,以一月计算,电瓷厂洋四万二千五百元,零用瓷厂洋四万六千六百元,精瓷厂洋二万五千元,耐火器厂洋二万五千元,瓷砖厂洋四万五千元,共计收入洋一十八万四千一百元,以六折计算洋一十一万元。二、支出项下,以一月计算,原料洋三万六千元,工资洋八千四百一十元,薪俸洋一万三千一百五十元,设备腐朽洋五千元,官利洋九千元,营业税洋三千元,造法旧收洋五千元,零星用费五千元,共计洋八万四千五百六十元。收支相抵,每月约得红利洋二万五千四百六十元(编者注:《申报》原文如此,应为二万五千四百四十元)。(四月二日)

江西大瓷厂即将成立

江西省拟办大规模机器制瓷工厂,自经瓷业专家杜重远君月前亲往勘查后,瓷厂之进行,愈臻具体化。杜君为考验赣、湘两省瓷土之优劣,曾经赴湖南瓷土矿区一行,返沪后,又与来沪之江西财政厅长吴健陶君晤谈至再,大致已经商妥。杜君前曾拟在上海组办一纯粹商办瓷厂,已有成议。顷以江西方面,亦决改为商办,省政府出资二十万元,作为商股,并保障事业之顺利进展,不受任何阻力。江西瓷厂发起人方面,再三催促杜君前往主持一切。闻杜君已有允意,将俟沪事掼挡竣事,即将前往,着手筹办云。

(1934 年 7 月 9 日,第 12 版)

伦敦、印度需要我国产品

据国际贸易局指导处发表,近来国外进出口商,常函请该局介绍国产品。该局为发展对外贸易,无不尽力介绍,是以颇得中外进出口商信仰,兹将最近请求介绍者分述于后。

伦敦需要瓷器　景德镇瓷器,驰名全球,刻有伦敦汉司福特公司,专营中国上等瓷器进口业。以前在华往来之商号,现已停业,故拟在沪再征求一瓷器出口商,如有意交易者,望到江海关贸易局指导处接洽。

(1934 年 8 月 29 日,第 11 版,有删节)

经委会设法挽救景镇瓷业

南昌　经委会办事处拟以五十万元挽救景镇瓷业。(十二日专电)

(1934 年 9 月 13 日,第 6 版)

景德瓷商代表到京请愿免税

南京　赣省府撤销苛杂之后,复创瓷类特种营业税,病商扰民。瓷商全体自动歇业,以示抗争。昨景德镇瓷商公会,派代表刘念吾等来京请愿,呈文云:赣省府民二十一年(1932)举办善后物品产销捐,瓷器亦在被捐之列。当时,瓷商等根据法令,一再力争,

景德镇瓷业史料

203

旋即取消瓷类产销捐,将瓷类特种营业税拨归瓷商认款承办,商等只得忍痛负担。本年六月,赣省府为救济本省生产,取消产捐,而瓷类特种营业税应同时撤销,在瓷商所负责任,亦已终了。讵省府暨财厅竟改变名称,将瓷类特种营业税,改为瓷业营业税,仍令瓷商负担,以一临时之产捐而变为永久性质之营业税。查财部新颁整理营业税法,应以营业场所或制造场所为征收原则,不得对物征税,及征收类似厘金之营业税。如瓷商采办瓷器运往各埠,纯属运商性质,并非在镇设有营业场所,当然不在征税之列。乃欲假借征收营业税为名,而实行恢复变相厘金,商等迭次电告,誓死不能承认。讵省府暨财厅竟派委员卢郁、赵世薰来镇,勒令前瓷类特种营业税局长张伟民等,恢复已经撤销月余之局卡,商等有口难诉,惟有自动歇业,以示抗争到底。景镇数十万工人,人恃瓷业为生,一日失业,势必流离失所⋯⋯恐铤而走险,尤为可虑。推代表刘念吾、吴克家、王守疆、熊敬诚、何士谟等亲叩钧座,请愿恳予电令制止。(十四日专电)

(1934 年 9 月 15 日,第 10 版,有删节)

张公权由赣考察返沪

申时社云,中国银行总经理张公权氏,前赴华北一带,考察经济金融情形,复沿长江至赣谒蒋,并考察赣省磁业现况。张氏刻已由浔转京,搭车返沪。申时社记者,昨特往访,叩询一切,兹将各情分志如次。

考察华北经济

张公权氏前为明了各地金融实况,于上月由沪搭轮出发,赴华北、天津一带考察,迭与各该地金融实业界领袖会谈,对于经济衰落等各项实况,均有所详细之观察。旋由津搭车南下,到京后复赴赣,顺道考察长江流域中部商业及生产情形,并应蒋召赴庐,会同孔财长等对目前财政经济等重要问题,有所商讨。留赣期内,并考察该省磁业,及农村经济情况,业已事毕返沪。据张氏表示,此次考察所得,印象甚佳。

江西磁业衰落

张氏昨向申时社记者,发表此次在赣考察磁业情形云:本人此次在赣,曾对江西磁业加以注意。该省磁业,最近因种种原因,已入极度衰落之状态。其主要之原因,由于做磁坯者与烧窑及原料供给三者,均不相为谋,致造成其衰败之内在主要原素。按如景德镇等各著名磁器出产地,其做坯者,大抵为小本经营,资本多不过二三百元,既未受磁业之教育,又无美术智识,及市场需要等之研究,更不知一切科学方法之利用。而经营窑业者,亦多因近来磁业受外货压迫,日趋不振,委托烧磁之客户日见减少,致不得不受托烧者之要挟,必至数满一窑时,方肯开窑,以致做磁坯者必须久候,方可得货,不能以迅速之方法,以应市面之需要。

出品成本增高

且窑户只知减低燃料,并设法尽量增高窑之高度,期能多收磁坯,以图多利。因之所烧之磁坯,损坏极易,质地亦劣。而窑户方面,不但不予赔偿,反而不将烧费退还所托烧磁坯者。平均每百件货物,需预备四十件备损伤,因之成本愈大,货物自随之增贵。以之与科学化低价之外货磁品相竞争,自无法抗衡,而渐趋于淘汰。

工人风气不良

江西省为产生磁器原料之区。其区内所有产量,大部为当地土豪所把持,尽量抬高其价值,因故做磁坯者,不能获得善价之原料,以减轻其货值。此外,赣省所有之磁器工人,因平素缺乏规律之修养与训练,类多游荡不拘,风气殊坏,工作效能亦随之日见减退,而整个中国磁业前途,乃至危机丛生。

将来改良办法

欲图改良江西磁业,首先须有良善之地方官吏,澈底整顿地方风气,纠正磁业工人之恶习,以增加其生产力。同时,对于原料价格,客户把持,尤需急谋解决。积极方面,需有专门智识者,训练一班新式之磁业工作人员,改善窑户技能,努力提倡改革,前途方可有希望。现江西省当局,已聘请杜重远先生组织九江磁业公司,省府已允拨款二十万元,以为提倡,商股由政府予以余息。至景德镇方面,磁业之改良与救济,亦已由全国经济委员会负责提款,助其发展,俾谋我国磁业之复兴云。

(1934 年 9 月 16 日,第 13 版)

国际贸易局转告赣瓷商恢复荷印市场

南昌　赣垣商会接国际贸易局函,以赣省景德镇瓷器在荷印市场销路原居第一位,近年因受日瓷运往贱价倾销影响,销路大减。最近,荷印当局严禁日瓷进口,日方迭提抗议无效,日商已自动停运。此时正华瓷恢复第一位之机会,希即转告各瓷商赶运精美

出品,发展荷印瓷业。(二十一日专电中央社电)

(1934 年 9 月 22 日,第 8 版)

景镇瓷业代表再往行政院请愿

南京　赣景德镇瓷业公会以赣省府征税奇重,一再请减,迄无效果,再电代表等亲往行政院请愿,恳予电令制止。(二十八日专电)

(1934 年 9 月 29 日,第 10 版)

景德镇瓷业调查记(上)

杜重远

景德镇为我国第一产瓷名区,亦全世界瓷业之发源地。其景况之隆替,非特系乎民生之荣枯,抑且有关于文化之兴衰,国人对此当甚关心。兹将视察所得表而出之,以供有心人士之研讨焉。月前余应江西当局之召,商谈改革瓷业计划,拟设大规模瓷厂于九江(关于新瓷厂计划,俟办法妥切,当另文发表之)。因想欲改革瓷业,必先明了瓷业的衰落原因。欲知瓷业的衰落原因,不能不调查中国第一瓷区的景德镇。时中国银行总理张公权先生因事同来庐山,亦极关心此事,拟同往参观,藉广见闻。倘有救济方策,彼愿尽其心力,为社会服务。遂于月之二日,同伴下山,寓南昌中行。乃天不作美,适于余等到赣前一日,南昌去景德镇途中,劫车之案忽然发生。张君职责綦重,不能轻于往试。赣当局为慎重起见,亦劝彼缓行,但张君离沪多日,不克久待,遂召集南昌瓷行及熟悉景镇情形者,详与面谈。虽未亲临景镇,而景镇衰落原因,已知其大概。彼犹以为未足,令南昌、九江两行经理,俟路程平安,陪余偕往,彼遂先期返沪矣。越四日,闻无匪警,遂与南昌中行蔡经理慎斋、九江中行周经理达人,又邀熟悉该镇情形者数友,同车出发。南昌距景德镇约五百公里(编者注:《申报》原文如此),中间有小河四。余等早七时半动身,晚六时始至。因天小雨,车载又稍重,故驰行较缓,若普通汽车约行八小时也。

景德镇地虽偏僻,风景佳幽,山水环抱,竹木繁生。距镇十数里,已望见黑烟缭绕,高入云霄,令人发生一种愉快之感。据同行汤君云,景镇在极盛时代,每年营业至一千四五百万元,窑户四千余户,工人二十万人,驻镇庄客和当地商人三天一小饮、五天一大筵,麻雀通宵,娼妓遍地,极人间之逸乐。固不料景镇之有今日凌替也。车近镇边,已见其衰落景象。盖烟筒百余座,出烟者不过十之一二耳。该镇中行经理周筱芳君,率众来迎,因数日前已闻张总理将来镇,欢迎固不止一次矣。相见寒暄,余代张君申谢意。是晚,与蔡、周二经理寓于中行,同来者因家在镇中,各自归家休息。翌晨早八时,出发参观各厂。在叙过参观之前,爰先将制瓷程序略为说明,免致阅者有混淆不清之感。

按新式制瓷厂,共分六部:一、制料,二、匣钵,三、做坯,四、挂釉绘花,五、烧窑,六、检查包装。其法将山中取来之石土,配合一定成分(视矿质而异),用水淘洗精制,是曰制料厂。匣钵者,系瓷器入窑时之外套。匣钵之装瓷,有如帽匣之装帽(匣钵原料,只混合压碎,而不必精制)。匣钵之制法,新式用机械,旧式用人工,是曰匣钵厂。将精制之原料,做成种种之瓷坯,是曰做坯厂(新式用机械,旧式用人工)。瓷坯做成后,有先挂釉而后画花者(画后以火烘之),谓之釉上画(彩画者多属此类);有先画花而后挂釉者,谓之釉下画(青花者多属此类),是曰釉绘厂。挂釉之后,装入匣钵,入窑烧之,是曰窑厂。烧成,检查其等级,用稻草包装,是曰检收厂。

以上情形,系指新式瓷厂而言,盖一大厂中分为六部份(分),所谓分工合作制度。至景德镇则各自成厂,不相为谋。而专做坯者,土名曰窑户(窑户之名不妥,应改为坯户);有专烧窑者,土名曰烧窑户(应改为窑户);有专做匣钵者,土名曰匣钵厂;有专画花而自烘之者,土名曰红店;有专检查专包装之工人附着于瓷店内者。先自原料说起。景德镇坯户皆是小本经营,无单独制料能力,其原料皆购自中人(俗曰行家)。中人由山中采料时,仅略加水洗,而未能精制,质量既杂,价值又高,影响于成本者甚大。至釉果产地,距镇不过百二十里,地名曰窑里,为吴、刘、李、饶诸姓所把持,每岁限制产额,高抬市价,销路好时,每年可坐享纯利四五十万元。按,此系第三类矿,政府本可直接干涉,或任人报领,乃沿习(袭)至今,无过问者。至坯户做坯,均采用人工制。工人头脑顽固,一切率由旧章。例如三人为一组,每组每日出坯四十二板(每板十七个碗式盘),此系历代相传之数。按理应视营业情形而变更其板数,但一经变化,认为有违规章(俗名行色),群起而反对之。制坯如此,他可类推。又,坯户不能自做匣钵,须购自一定之匣钵厂,是曰宾主制,即一经购定,无论匣钵好坏,一年之内不准另易他厂。按,匣钵耐火度须高于瓷器,否则有倒窑之虞,但匣钵厂为贪图厚利起见,匣钵原料中常常混以杂货,所以倒窑之事甚多。(未完)

(1934 年 9 月 30 日,第 11 版)

景德镇瓷业调查记（下）

杜重远

景德镇瓷窑共一百余座，悉为都昌几家富户所专有。烧窑之制，系按瓷品件数算以柴金（景德镇用柴烧窑），柴金须先纳，烧窑成绩好坏，窑户不负责也。且窑户不必常川驻镇，只令几个窑工管理其事，而窑工不但不赚窑户之薪资，且须向窑户纳以相当之运动费。至窑工损失由何补偿，即坯户烧窑时，须向窑工纳佣金（俗名曰肉金，直贿赂耳）。坯户如不纳肉金，窑工可任意将坯子毁损，或装于火度低处或高处，易受倒窑之害，坯户遂不得不纳佣金。近以营业萧条，窑户为贪图厚利起见，任意将窑身放大，可多容瓷器，多得柴金。然而窑身大，火度必高，火度高，匣钵不支，因而倒窑之事日有所闻。窑户不顾也，甚至窑户为提高柴金起见，而实行窑禁。何谓窑禁？即各窑户联合起来，每窑每月可烧八次者而禁止，只烧二次或三次。如此，坯户急不能待，柴价虽高，亦得任其摆布。因此坯户之损失既多，成本必重，成本重，而销路迟滞，销路迟滞，做坯者日少，做坯日少，窑户与匣钵厂压迫愈甚，结果到同归于尽而后已。然此不过内部之病伤，至外部，如交通不便，兵匪叠（迭）兴，全世界不景气的狂潮又卷入中国景镇，前途益觉暗淡。近数年来，窑户（坯户）由四千而减至一千，工人由念（廿）万而减至四万，营业总额由一千四五百万元而缩至二三百万元。每到年终，无论窑户、工人，忠实者辄悬梁自尽，狡黠者辄流为匪类。道途污秽，民多菜色，全镇之中，欲找一气色丰润之孩童而不可得。同行的中行三位经理，均是方面大耳，体壮腰肥。周君筱芳，体重二百四十二磅；蔡君慎斋，体重二百十九磅；周君达人，体重二百十七磅，行至街中时，镇民群来争视，惊若异人，可见该镇从来没见过这样面团团而腹便便的福人。镇中素有五多之称，雅（鸦）片、私娼、臭虫、茅厕、死老鼠是也，故历年常闹鼠疫。近自南昌行营别动队到镇以来，实行干涉，限令清洁，情况较好于前。以上拉杂所陈，景镇之大概已尽于此。

至于救济景镇，非无办法，只在政府有无决心耳。历年来往景镇参观的人们，总是说各行如何把持，工人如何顽劣，好像景德镇瓷业病源，全在于此。其实这不过是景德镇的病象，而并非病因。病因惟何？政府之放任所致也。查景镇历代设有窑官，专理其事，工人疾苦，劳资纠纷，方能澈底明了，因势利导。自民国以来，纯取放任主义，由地方官代为管理（"洪宪"时代为重建御窑，曾设过一次陶业监督），而地方官不悉陶业情形，遇事敷衍，不肖之徒反目为发财渊薮，故景镇县长及公安局长素有肥缺之称。试想以数十万无知愚人，处于利害相反之地位，纠纷在所难免。而每每纠纷发生，官府不能代决，或决而不得其平，工人只有遵守古法，或诉之武力以自决。守古法则近于顽固，用武力则纠纷愈多,结果强凌弱,众暴寡,卤(鲁)莽灭裂,残破支离,一至于此。救济之法,政府首当设一陶政管理机关,隆其职位,大其事权,择一精于陶业而又热心工人福利者,久于其位,遇事则直接处理,无待周折。工人素怕官府,只要处置得当,无不悦服。由陶政管理机关,设一原料精制厂,所有原料均由政府设法用廉价购入,用机械精制后,再以廉价售于坯户。同时,再设一模范瓷厂,示以制瓷方式、合作利益,改烧煤窑,减轻成本,铲除窑禁之弊。然后,再设一模范合作社,例如合作购买、合作运销,所有种种把持之症,均可一扫而除之。至于根本救济办法,尤须改良交通。景镇已往运输,全赖饶河通之鄱阳,但饶河上流水浅多滩,秋冬水涸,动须匝月方达湖口,费时既久,损伤又多,影响于销路者实大。近闻景湖公路(由景德镇到湖口)业经修好,不如改公路为铁路,只铺以轻便铁轨,兼购一小机车,专为运货之用。非特瓷器便于运输,即婺源、祁门之茶,亦找到出路矣。如是则内外兼攻,百弊尽除,非特恢复原状,且特发扬而光大之。查景镇美术制品,近来大有进步,惜无人为之勾(沟)通合作,砥砺观摩,致被一班奸商东制一瓶,西画一彩,辗转之劳,利息百倍。故近年景镇之做瓷者,虽多亏本,而各处瓷贩反大发其财(此种瓷贩,专指美术品而言,非一班瓷商也),是皆工人无知,不知合作所致。凡此种种,均赖陶政机关,为之改弦更张,组织训练,俟景镇瓷业稍有起色,工人生活日渐安定,再进而研究工人教育、公众卫生,景镇前途庶有豸乎?

救济景德镇瓷业的概算如左:精制原料厂,十万元;模范瓷厂,廿万元;各项合作社,十五万元;教育补助金及研究费,五万元;陶政管理机关常年经费,二万元;轻便铁轨及机车(二百八十里,另请专家预算)。(完)

(1934 年 10 月 1 日,第 14 版)

长江国货巡礼(四)

惟经此大灾后,经济衰落之现象,殊为可虑。吾人就产业上观察,即可知其大概。景德镇之瓷器,昔年有窑三千座,工人百万,每年生产六七千万两。民十七年(1928),尚有窑一百三十余座,工人二三十万。最近调查,每年出产不过三百余万元,输往海外不过七八万担。其惨落情形,使中国整个瓷业,完全失败,真属痛心。……吾人在南昌所获得最佳之消息,厥为杜重远君正在创设一大规模之制瓷厂。杜君最近自景德镇考察归来,认为如政治力量若能协助,瓷业有复兴之可能。……此外,能促成南昌之繁荣者,厥为赣浙及赣湘铁路之修筑。自南昌东行与杭江铁路衔接,自西行与株萍铁路相接。此二路之筑成,无论在国防上、商业上,均有绝大功能,尤以商业经济上价值更大。现时江西产物,惟赖九江为吞吐,内地之运输,赖肩担船运,而长江交通亦属迟慢。使赣浙路通,则全省产物可集中南昌,由杭州而转运出海,米谷、瓷器、茶叶及萍乡之煤,运费上均将大为减低,不难促成商业之繁荣。

……瓷业工厂以设在九江为最适宜,因其邻近星子县之磁土出产地,取材甚便。

(1934 年 10 月 14 日,第 11 版,有删节)

全经会在赣设立瓷器改良厂

全国经济委员会为改良江西瓷业起见,拟在九江设立一瓷器改良厂,由全经会及沪上实业界合股,额定资本一百万元,官商各半。马占山入股十万元,其他商股由瓷业专家杜重远在沪招致,已有相当数目。兹悉杜君为规划该厂内部设施,已于昨日赴赣,将晋谒省主席熊式辉,会商办法,约旬日即返沪云。

(1934 年 11 月 12 日,第 9 版)

模范瓷厂设办事处

全国经济委员会为改进江西瓷业,特在九江筹设模范瓷厂,由官商合资经营,额定资本一百万元。商股除由马占山将军认定十万元外,其他股本则由瓷业专家杜重远氏在沪征集。兹据瓷业界消息,该厂在沪设立办事处,筹划一切。至于所需机器,则将向国外订购之。

(1934 年 11 月 26 日,第 11 版)

赣省设陶瓷管理局

南昌　省府为整理景德镇瓷业,特设陶业管理局,委杜重远为局长,并拟有整理计划书,呈熊式辉鉴核,并已赴景筹备组织规程,业经省务会议通过。(六日中央社电)

(1934 年 12 月 7 日,第 9 版)

市商会呈请裁撤赣省磁捐

上海市商会昨呈财政部云,呈为呈请事,案据本市磁业同业公会声称,民国二十一年(1932),江西磁类产销捐改办磁类特种营业税之际,曾由景德镇磁商代表赵子江等,具呈江西财政厅,以此项临时代替办法,在将来江西特种物品产销清匪善后捐撤销时,应请将此次所认之磁类特种营业税同时撤销,于是年十一月二十一日,奉有江西财政厅第二二四三号批示,准俟前项清匪善后捐撤销时,该业所认特种营业税,即与其他各业,享受同一待遇在案。查清匪善后捐,其时举办者,计有六类。现其他五类,均本年七月一日撤销停办,但磁业一项,仍由赣省财政厅核定全年税额,招商包办。以临时之产销捐,变为永久性质,核与批准商民同等待遇之成案,殊有未符,既违反裁厘通令,又与本年全国财政会议所定废止苛捐杂税范围第六项,以妨碍交通,对物品或舟车通过征收之税捐,概属苛杂,应予撤废者,显有抵触,请求转呈撤销前来。属会查其附陈之赣财政厅批示摄影,所呈均属实情,该业负担临时清匪善后捐,阅时近将两年,急公好义,未落人后。今者其他各业,均蒙豁免,而该业负担依然,何以协事理之平,并昭大信于磁商,理合检同摄影批示,呈请钧部鉴核,俯赐咨行赣省,请其依照原议,即日撤局停办,实为公便云云。

(1934 年 12 月 10 日,第 10 版)

赣省瓷展大会旨在改良瓷业

南昌通信　江西景德镇之瓷器,在历史上、世界上,均甚著名。在昔,欧人名瓷器曰支那(编者注:此处即 china 的音译,不含贬义,后同)。而海运开通以后,每年销数恒在千数百万元之巨。近来洋瓷攘宾夺主,加以国内天灾人祸,种种影响,瓷业日就衰微,一落千丈。景镇窑商,开窑者不及半数。十余万工人,失业者亦逐日增加。国内各界,对于此项工业,均极注意,先后往考察者踵相接。本省各界,为振兴瓷业、挽回颓势计,除于去年选送大批名瓷参加芝加哥博览会外,并在南昌举行瓷器展览大会。参加者有江西瓷业公司、景镇职学校及本市中华商店等数十家,会场业于豫章公园内中山堂,入口处有标语云:"中国人要用中国瓷""中国人要改良中国瓷"。堂内纡(迂)回曲折,满陈瓷器,均为景镇及本市各瓷店之出品,约计万余件,价值四五十万元,精彩名贵,琳琅满目。各瓷均标有价格，较市价为低。大会于七日上午十时行开幕礼，到来宾数百人，由龚建设厅长主席，行礼如仪。继由江西瓷业改进社理事长陈长明报告筹备经过，略谓"我们看到数千年来光耀于世界之瓷业，日就凋落，所以由景镇集合各磁商组一瓷业改进社，但欲求精进，必先考其劣点所在，故决定由展览作一个缜密检讨，此次征集物品式样书画，应有尽有，为复兴国瓷、提倡国瓷计，切莫辜负此展览会"云云。末由市商会主席徐瑞甫等演说，再由龚厅长女公子剪彩。礼成，由各界自由参观，观众甚为踊跃。（一月七日）

（1935年1月13日，第10版）

江西光大瓷厂发起人前日在沪举行茶话会

江西光大瓷厂，自经杜重远君与江西省府筹设进行，业经大体就绪。本埠发起人张公权、李石曾、杜月笙、张啸林、钱新之等，于三月四日午后四时，在福开森路世界社内，延请各界领袖，举行茶话会。各界来宾，计到场者，有吴市长、蔡财政局长、蔡元培、许世英、章士钊、赵晋卿、李大超、陈光甫、徐新六、王志莘、宋子良、陈立庭、唐寿民、虞洽卿、郭顺、聂潞生、方液仙、项康元、潘序伦及金融实业各界名人四十余人。首由李石曾起立致词（辞），略谓：瓷器是日用必须（需）品，消费数目很大，是极值得举办的一种事业。现在有相当的专门人材（才）杜重远先生主办，江西省府对于此种生产事业，又极热心促成。希望上海方面金融实业各界同志，特别赞助，踊跃投资。继由张公权发言，略谓：……现在关于创办江西光大瓷厂的经过请杜君报告。

杜重远报告：兄弟在去年承孔部长介绍，到江西去，和熊主席筹商创办机械制瓷工厂的事情。因赣省府对于发展赣瓷抱有最大决心，所以对于兄弟个人的意见，尽量采纳。磋商结果：第一件是由江西省政府拨款二十万元，作为提倡股本，至于组织方面，完全按照商办办法。第二件是由省政府保障商股常年六厘股息三年，即在开办后三年内瓷厂无盈利可以分劈时，由省政府担负发给商股六厘股息。以上两项办法，已经江西省政府会议通过，股款廿万元，在去岁十二月间，由省府拨下。兄弟当于本年一月间，到平津方面，向东北同乡募集股款。北平方面，由沈百弗、宋寿山、李香斋诸君发起。天津方面，由马占山将军、鲁际青厅长、许化周局长等发起。计留平津一星期左右，共募股款二十余万元。当时，交存银行之现款为十二万九千元。至上海方面，在鄙人去岁赴赣之前，已与史量才先生在杭面洽。史君对于鄙人所营事业，向极关切，当时曾允尽力协助，并示以负担沪方股款全责。迨鄙人到赣未久，史先生突于由杭返沪之际遇难，无任痛悼，以致沪方股款遽遭顿挫。幸承公权、月笙诸先生热诚爱助，使募股工作得以仍旧进行。计现在各方股款，已认到七十万元左右，距原订股款，尚缺三十万元。至外省股款，因按照鄙人计划，拟将来在长沙、济南各设分厂一处，所以已请鲁省韩向方主席和湘省何芸樵主席特别帮忙。又，西京方面，已请邵仲辉主席和杨虎城主任代为招募。鄙人于创设瓷厂，虽不敢自负有完全把握，但自信外人瓷厂，系用机械制造，实行科学管理，我们的瓷厂也用同一方式经营。至于销路方面，我们的瓷厂在大量制造日用必需品，如交通机关所用之瓷制电料，及一般人所用之餐盘、磁砖等等，预想一定供不应求。并且外瓷入口，有百分之四十关税，本厂瓷器，财政部方面，允许免税营销各省。在政府、人民通力合作之下，实有制胜外瓷可能，瓷厂前途，绝对乐观。本日，承各界来宾拨冗莅临，并蒙各位主人在百忙中发起宴会，谨将光大瓷厂筹备缘起及募股经过，约略报告，并谨致谢意。

…………

吴市长演询（词）：敝人曾经到过辽宁，参观过杜重远君所办的肇新瓷厂。他厂子里的出品，不是我们上海人所常见的，完全是极普通的日常用品，而且多数是销到各农村去。所以鄙人觉得，以前江西瓷器之未能发展，实在是偏重于美术方面，其制出成品，是供极少数人买作古董的，所以每一件精瓷，它的代价极贵，而无裨实用，并且一件精致装饰品，是永远什袭珍藏，不易损坏，以致出品销路极狭。而一切电料用磁具和一般日用品，反完全用外国瓷器，遂使漏卮日巨，诚可痛心。杜重远君之所以成功，第一个原因，就是在取得最大出路的销场，而放弃了供人赏鉴美术品的制造。第二个原因，杜重远君所以成功，是在本其所学，诚诚恳恳、切切实实的（地）去作，不好高鹜（骛）远，不作暂时不易办到的理想工作，专采取容易实现、容易成功的事去办。我想以杜先生的过去经验来发展江西瓷业，在人的方面，是最为适合。将来瓷厂开工，所有政府各机关所用磁制电料，可以在瓷厂订制；社会上必需品，可由瓷厂源源供给。销路方面，可供为发展的机会太多了，营业上一定可操胜算。我很希望各界同志、有意投资的人，要共同注意，要共起协助。

许骏人演说：鄙人有友人康大章君，前在景德镇设立瓷业公司一处。据鄙友的经验，如果用五千元买机械一座，每日可出瓷器六千件。如用十二个工人，用手工制造，每日不过出三百件。中国的手工业怎能抵住外瓷呢？将来如江西方面机械瓷厂成立，其出量之丰，对于瓷器生产上，一定造成惊人的数字，所以鄙人渴望其早日成功云云。

末由李石曾提议，即席请各赞助人书明代募股款数目，并请于三个月内负责缴股，计当场募到股款十余万元。其余不足之股款二十万元，由本日发起茶会各主人，平均担负。宾主酬酢，直至下午七时始尽欢而散。

（1935 年 3 月 6 日，第 10 版，有删节）

江西光大瓷厂开始催收股款

　　江西光大瓷厂,自经赣省府拨款二十万元,专充提倡股本,并保障商股股息三年,由创办人杜重远君向全国各界募集股款以来,进行极为顺利。闻平津方面,认定股款二十余万元,所交股款已过半数。其余湘、鄂、鲁、陕各省股款缴送情形,亦颇踊跃。本埠工商界中,如中华国货产销协会、各会员工厂几全部认有股份,计上海方面,已经招到四十万元,惟尚未悉数缴清。月前杜重远氏返赣之际,曾持有孔祥熙、李石曾、杜月笙、张公权、张啸林、徐新六、钱新之、吴蕴斋等署名函件,面致江西熊式辉主席。关于上海方面股款四十万元,决由孔、李、杜、张诸氏负责,于最近期内,扫数汇缴。顷闻该厂创办人杜重远君,现在九江督建厂房,采购机械及训练工务人员。全国各地股款,亦正在开始催收,闻于本年六月底前百万股款可望收齐云。

(1935 年 4 月 9 日,第 12 版)

景德镇瓷业废止窑禁

　　景德镇是我国四大名镇之一,其主要出产品就是瓷器,同时是以瓷器名闻全世界的所在地,也曾在世界工业史上占最光荣、最不可磨灭的一页,这是全世界的人士所不能否认的。可是近几年来,完全丧失了已往光荣的历史,而进入衰颓窳败之途了。其失败的原因,固由于客观环境所造成,而更当归咎于工人之墨守成规,罔知改进,派别分峙,未能融洽。复昧于世界大势,竟以景德镇是瓷器唯一的产地。各项陋习中,尤以"窑禁"为改良陶业的最大障碍。因此,江西当局们为谋发展该省陶业计,特设陶业管理局于景德镇,并委瓷业专家杜重远主持改良进事宜。在杜氏的计划中,进行的第一步,就是废止这四十年来陶业最大障碍——"窑禁"。

　　窑禁的开端,远在前清光绪二十年(1894)间。当时,烧窑户(即开设烧窑厂的)为谋他们自身的利益,不惜牺牲其他同业,乃召集同行,联合订立这作茧自缚的自杀政策。从此,烧窑户只管烧窑,对于瓷器烧成后好坏与否,一概不问。倘有烧生(不熟之意)或烧老(过熟之意)、倒塌等情发生,烧窑的不特不负赔偿责任,仍须向做窑户索柴火费,做窑户并不得表示不满,不然下次再烧时,便故意将瓷坯毁,以为要挟。做窑户因无力自烧,仍不能不委托他们代烧,否则烧窑户同行,就一致拒绝。做窑户所受之痛苦,可谓至大且极了。且近年来倒塌之事特多,其主要原因,烧窑的因只顾出货之多,于是将窑身扩大(较前大两倍),却不晓窑身加大以后,匣钵(匣钵系盛瓷坯入窑烧之耐火器)加重,同时火力加猛,火力猛,匣钵重,往往发生倒窑的危险。

这种腐败的习惯,相沿已久,本不易革除。杜重远莅任之始,为慎重将事起见,曾召集各行,详为开导,毅然废止,并出有布告。其布告云:"查景镇瓷业,历史悠久,中外驰名,只以工作墨守成规,执一不变,分行立派,各自为谋,致千百年来光荣之历史,与广大之销场,竟为洋瓷所夺去,言之殊堪痛心。本局长洞悉积弊,力除恶习,以改良中国瓷业为职志。莅镇以来,细心研讨,觉陋规之大,莫大于窑禁。因一经禁窑,坯场积坯日多,无法工作;瓷商购货缺乏,只得坐守,内妨生产,外失信誉。加之窑身容积放大,倒、爽等弊定多,烧窑次数减少,所耗费用必巨,久之坯户亏累,瓷商裹足,必至同归于尽而后已。本局管理陶务,首在兴利除弊,自今以往,永远取销(消)窑禁,不得面从背违,仍蹈以前积习,致干咎戾,仰即遵照,切切此布。"该局将来并拟组织江西陶业改进委员会和陶工事务改进委员会,其中主要人员皆为当地热心改良陶业之人士,以及素有经验之工人合组而成。改进之机不远。吾人当拭目以待之。

(1935 年 4 月 20 日,第 10 版)

景德镇新开大华旅社附设瓷社启事

本社有鉴景镇公路四通八达,陶瓷日新月异,特创办一洋式门面、规模宏大之旅社,所有饮食、被帐均合新生活,内附设瓷社,代办代寄,以供旅客游览镇地需求瓷品之便利,如蒙惠顾,毋任欢迎。社址本市厂前。择于国历五月二十日开张。本社主人启。

(1935 年 5 月 4 日,第 5 版)

江西光大瓷厂发起人会议

江西光大瓷厂,自去岁由赣省府拨款二十万元作为提倡股本,其余八十万元由杜重远君担任招募,筹备进行以来,经过情形,迭志本报。关于上海方面股款,前以沪商金融奇紧,虽已募到商股四十万元,但一时未能全数缴齐,当上月初旬,杜重远君返赣之际,曾由孔部长、李石曾、杜月笙、张公权及本市金融实业各界领袖,联名致函江西熊天翼主席,报告沪方股款招募情形,并由孔、李、杜、张等人,负责于短期内,将股款四十万元催齐汇缴。杜重远氏自返赣后,即勘定厂址,督建厂房,训练工人,准备开始工作。顷以厂务事宜安排就绪,日前由赣再来上海,与各发起人等筹商催收股款问题,爰于昨日午后一时,由孔部长、宋子文、吴市长、李石曾、张啸林、杜月笙、周作民、钱新之、张公权、徐寄顾、吴蕴斋、杜重远等,假座静安寺路国际大饭店,宴请各认股人,计到来宾二十余人,并议决所认股款,限本月底前如数缴清,定六月八日召开创立会。兹将各情分志如下:

孔 部 长 词

西洋人叫瓷器作 china,我们能爱护瓷器,就等于爱我国家。江西省的瓷业,在昔闻名世界,只以不知改良,日渐落伍,遂令外瓷逐渐侵入,漏卮之巨,实可惊人,但以专门人才的缺乏,无法改善。前年杜重远君来沪,倡议在国内组织大规模瓷厂计划。杜君原在东北办瓷厂,成绩极好,在不几年的中间,竟把外瓷抵制得无法推销。关于杜君创办东北瓷厂的经过,想诸位都很熟悉,不必再为介绍,恰好江西省政府方面,因为去岁省内……力谋建设,颇想改良赣瓷事业,敝人乃介绍杜君赴江西商洽办理,江西省政府在财政困难之际,居然能拨出省库二十万元来办瓷厂,诚属不易。我们上海方面,大家以前既然都很热心赞助,希望大家再加勉励,把所认的股份早日缴齐,使募股的事情告一段落,公司方面也可提早开幕。此事并非向各位募化性质,将来瓷厂开成,大家本利都有,譬如现在国际饭店所用的瓷器,完全都是外货,这不但是经济的外流,也是我们生产界的耻辱,希望我们光大瓷厂的各位股东,将来有到国际饭店开会时,所使用的瓷器,完全都是光大瓷厂的出品。现在请杜重远先生报告。

杜 氏 报 告

继由杜重远氏起立报告,略谓:适才孔部长关于瓷业的重要同瓷厂创办的经过,已经大略谈过。敝人在上次世界社开会时,也有过较详的报告,现在所要报告的,是复述办厂时期简要的几个变迁和最近期内的情形。敝人以前创办瓷厂,原拟在上海举办,由李石曾、张公权先生等发起集股,以后因为孔部长介绍到江西去,应将原订计划取销(消),在和赣省府接洽的经过,第一次江西省府主张是官督商办,第二次是主张官商合办,以后才决定完全商办。至于股款的分配,由江西省府拨款二十万元作为商股,其余八十万,由敝人代招。敝人于去年冬季,先在平津方面招到二十万元,拟定在上海招四十万,其余二十万,由汉口、长沙、山东、陕西各省招募。现在赣省府已经拨出二十多万元,各方的股款,已多数缴到。上海方面四十万股款,因为今年正值金融奇紧,比往年不同,所以股款并未缴齐。上次兄弟回江西时,合各位发起人商量结果,令先回赣,准备一切,股款容后再缴。兄弟回江西后,一方面由陶业管理局入手整顿赣瓷,一方面由东北瓷厂调来重要职员,计划布置一切。此次回沪,时间短促,不能到各处商洽,甚为抱歉。关于股款之如何筹措,本日到会各位,均为金融、实业界重要领袖,希望共同议定一个解决方案,极为感盼。

议 决 各 案

当经各发起人与认股人讨论结果,议决议案三项:一、所有股款,统限于五月底前全数缴清;二、收集股款事宜,推由张公权、钱新之、杜月笙、张啸林、李石曾等五人负责办理;三、定于六月八日午后三时,在福开森路三九三号世界社召开创立会议。以上各案,均经议决,分别实行,当于午后三时始行散会。

认 定 股 额

兹将光大瓷厂上海方面认股人名及认定股额披露于下:孔庸之四万元,宋子文二万元,吴铁城一万元,李石曾四万元,张公权四万元,周作民四万元,胡笔江二万元,钱新之一万元,杜月笙二万元,张啸林二万元,徐寄顾一万元,唐寿民一万元,韩周伯二万元,方液仙一万元,许静仁、王一亭一千元,郭顺二千元,史咏赓三万元,穆藕初二万元,蔡香泉五千元,金廷荪五千元,张蔚如一万元,吴蕴初二千元,徐泰堂五千元,共计四十万元(编者注:《申报》原文如此,以上共计应为三十九万一千元)。

(1935 年 5 月 7 日,第 10 版,有删节)

赣各界一致主张扩大提倡国瓷运动

南昌 熊主席十三日晨,在纪念周报告主张扩大提倡国瓷运动。赣省各界定本星期为提倡国瓷运动周,藉谋复兴国瓷,定期请熊式辉、顾祝同及专家作改良瓷业技术演讲,并举行瓷器总检查,务使全省民众金用国瓷。省党部十三日下午召集新闻界商讨国瓷运动进行办法,建议:一、请政府加征外瓷进口税;二、举行盛大瓷展;三、通令全省瓷商,作减价运动一月,鼓励国瓷,推销赣瓷。在民十八(1929)前,每年出口达十二万担,现受外瓷倾销影响,年销仅六万担左右,省府亟谋改进,并创办克大瓷业公司,出品已逐渐改良,惟销场仍极疲滞。此次提倡国瓷运动,为全省党、政、军各界一致赞助,必可收极大效果。(十三日中央社电)

(1935 年 5 月 14 日,第 8 版)

赣提倡国瓷讲演会

南昌　省党政各界廿日晨,于扩大纪念周后,继续举行提倡国瓷讲演会。龚学遂、程时煃、吴健陶及专家杜重远,相继演讲。(廿日中央社电)

(1935 年 5 月 21 日,第 7 版)

振兴江西瓷业之商榷(国货讨论)

梁英钟

磁器为日用必需之品,用途甚广。而江西所产,尤为我国国粹之一,发明最古,于国产品中,占有悠久之历史。其质美品优,精巧细致,出自天然,允称绝伦,远非他处所产者可与比拟,故能为人乐用,到处欢迎。更有古磁珍品,年代愈久,愈增贵重。人多喜收集珍藏,以供玩赏,以是行销中外,全球驰名,大足为国货增光。惜近年以来,因外货充斥,及其他影响,致使此具有历史价值之国磁,竟一落千丈,濒于破产之危境,言之痛心!不佞厕身磁业,经历有年,对于个中情形,知之颇谂,因笔述其详,以向关心国产事业者,锡以指导,俾谋改进,以资提倡。

磁业之产地,为江西之景德镇,处于皖赣边境。丛山环抱,河狭水浅,运磁之船,不能直达,皆泊于饶州以下。磁货输出,均以小驳载往大船,辗转起卸,易遭破碎,损失甚巨。故对于交通运输,亟有整理之必要。总理所著建国方略中,曾有将磁窑移设庐山山麓之计划,盖亦以交通上之关系也。

磁器出境,曩本逢卡纳厘,捐税甚繁。自政府裁厘令下曾一度取消,未几赣省府又以产销税之名义,仍按原例,复事征收。同时科税者,有纸、茶等六项,皆在其列,虽经奔走呼吁,一再请愿,亦毫无效果。乃者闻其余五项,均已撤消(销),而磁税犹存,依然照纳,似此措施,殊欠平允,尤非爱护国货之道。深望政府当局,体恤商艰,令将该项税局迅予撤去,以维国货,不禁翘企盼祷,以祝其早达实现。

我国磁器之制造,自昔皆用人工,迄今相沿,犹未改良,故出货迟钝,而成本綦重。兼之旧法烧窑,火候不匀,损失尤重,而外磁皆以机制,迅速便利,整齐美观,万倍于我,国磁难与抗衡,不言可知。且我国又无保护税则,任其侵略,充斥于市,以致国磁受其影响,一蹶不振,渐以衰落。外磁之中,其余诸物,姑置勿计,单就各种菜盆一项言之,如各处酒楼菜馆,宴会席间,除少数粤籍菜馆间有采用国磁之外,其余所用盆碟,满桌陈列,莫非外磁。驯至家庭日用,亦触目皆是。故其销数之巨,已超过国磁全部营业总额以上,诚足令人惊骇。为今之计,如欲挽救国磁之颓局,必须研究改良,易以机制,庶几可与外货竞争,尚有转机之望,否则前途险象,汲汲(岌岌)可危,诚有不堪设想者矣。

全国磁商,大多均系鄂人,散处各省都市镇邑,为数甚夥。而上海一埠,素有全国磁业领袖之称,邑庙、城厢一带,尤为业中精粹所在,店肆林立,规模宏大,不特为本市营业之渊薮,即各埠客帮批发、欧美出口,亦多集中采办,贸易之盛,冠于全国。惜业中向乏团结,各自为谋,极形散漫,故每事因循相袭,绝少改良进化,致遭外磁倾轧,几入淘汰之途。值此危亡之际,而犹不知警悟,复有无知分子,不详察致败之由,以谋根本救济之法,反舍本逐末,妄运巨量下等次货,滥价号召,吸引购众,乘机扰乱,自为得计,不知货质窳劣,虽价贱何益,结果使用户对于国磁愈不满意,更致见弃于人,益予外磁以进改之机会,似此颠倒荒谬,不徒无补实际,竟如饮鸩止渴,自速其亡。我故曰:欲解决国磁之危机,在于努力直进,改良造法。以轻成本而廉售价,及提高价质,改善出品;以合潮流而便推销,双方兼颇(顾),以达价廉物美之真义。用坚外界之信仰,则磁业难关不难打破,前途胜利,可操左券。质诸磁业当道,以为何如。

综上所述,江西磁业失败之主要原因,已略尽于此,诚能斟酌情形,困难者予以解除,不善者加以改进,则扶摇直上,日臻发达,固意中事也。将来风行所至,扫除一切外磁之纵(踪)迹,更向外侧(倾)销,为国货界放一异彩,岂仅磁业前途之幸,而国家利权之挽回亦有所赖。尚乞海内高明,不吝赐教,以利进行。更盼国人热烈拥护,共同提倡实所厚望。(通讯处:上海民国路吉祥街对面梁万发磁号)。

(1935 年 7 月 11 日,第 15 版)

市商会电请赣省府裁撤瓷捐

上海市商会昨电江西省政府云:南昌江西省政府熊主席钧鉴,案于本月二十一日,据本市磁业公会函称,查江西景德镇自去年九月举办全国旅景瓷商临时补助清剿捐以来,各埠瓷商,迭经请愿,……情形特殊,迄未达到撤销目的。现在年期届满,依据江西省政府限定一年撤销布告,及行政院俟一年届满,即行撤销批示,经京、沪各路瓷商一致联络,推派代表,分向行营暨财政部再度呼吁,旋于前日奉到国民政府军事委员会委员长行营理核字第一七六二号批示:二十四年七月三十日,呈悉,已令饬江西省政府照案办理矣,仰即知照。此批。又同时奉到财政部赋字第六六四三号批示:呈悉,已据情咨请江西省政府查照,如期停征,仰即知照。此批。各在案。是该项瓷捐,余灰已烬,不得再事复燃,为特函恳贵会,迅代转呈江西省政府,遵照迭令,如期撤销该项瓷捐,以恤商恫,而维国产,实为公便等语,并附钧府办理此捐时之布告摄影一纸到会。当查该布告内所附办法七条,该项捐局,订明以一年为限,截至本年九月,适将届满。该项捐款,按照第三条办法,每年实缴不过十六万五千元,于公帑所裨无多,而瓷商则受累甚巨。……急宜裁免不得已之捐款,使工商咸得苏息。磁为赣省特产,近年衰落已甚,尤应奖借维护,期于恢复繁荣,此一年为期之磁商临时补助清剿捐局,急盼届期裁撤,以符原案而维政信,此非独磁商所仰望,而赣省商业复兴之机或系于是。用特沥诚电请,仰祈钧府鉴核,俯准照办,实为公便。上海市商会叩。个。

(1935 年 8 月 23 日,第 13 版,有删节)

景镇瓷业日衰

　　南昌通信　景镇之瓷器,为吾国特产之一,在唐宋时代,即著名于世,西洋以瓷名支那,其情形可想而知。在鼎盛时代,瓷工十万,每年出产恒在千数百万元。近数年来,世界市场被挤,国内洋瓷倾销,益以内外不景气,购买力锐减,而此名震中外之瓷器,遂入于日暮途穷。窑户工厂倒闭停歇者将近半数,失业者十之四五。本省当局对此虽属有改进振兴之拟议,大都纸上谈兵,迄未实行。现本省建设厅长龚学遂,鉴于国内原有手工业日就衰减,而大规模之机制工业及重工业又为人力、财力及外货倾销势力所限,一时无从发展,不如改进复兴手工业,以救济失业群众及残破农村。故此次乘视察鄱阳、乐平、都昌等地水利建设之便,亲至景镇考察,刻已返省。据谈,景镇瓷瓷(器)业,前尚有千万元之出产,今年不到二百七八十万元,其衰败令人可惊,若不设法救济,则益将不堪收拾矣。故决于下周提出省府会议,以谋目前救急,及永久治标办法云。(十二月十五日)

(1935 年 12 月 20 日,第 9 版)

浙赣路玉南段盛大通车典礼

　　沿线物产　赣东向称富庶,农产丰饶,手工业亦甚发达,除供当地消费外,尚有大量产品运销国内外。……其余赣省尚有两大手工业，关系地方经济极为深巨，一为铅山之纸，一为景德镇之瓷器。年来虽因运费昂贵，销路不振，两项并计，年产尚有千万之巨。将来利用铁路运浙，转销京、沪等地，运费廉而时间又极经济，故工商业前途之发展未可限量也。（一月十二）

（1936 年 1 月 13 日，第 7 版，有删节）

南昌之行（下）

盛大通车典礼

一月十五日上午七时许，通车典礼招待处就有人到各旅馆通知来宾，说已备就车辆，迎来宾赴南站参加典礼。九时，即陆续乘公共汽车到车站前会场。那是一个足容千人的芦棚，悬灯扎彩……上有"玉南段通车典礼"横额，两旁有"六百里轨道蜿蜒，行旅皞熙，且喜感情联浙赣；数百人精诚团结，工程圆满，齐拼心力报邦家"的长联。出席的有该路理事长曾养甫、浙江省政府主席黄绍竑、江西省政府主席熊式辉，及实业界、银行界、新闻界暨京沪杭各界来宾等约六百余人。

…………

瓷糖业之衰落

江西景德镇之瓷器，具有数千年悠久之历史，不但为江西之特产，且为中国之名贵品。在明、清两代为鼎盛时期，清代并改景德镇御器厂为御窑厂。乾隆时，并派内务府员外郎唐英督造御窑厂，鸠工萃能，研精快（抉）巧，上仿古瓷的茂朴，远征洋彩的艳丽，他如瓷板写真，绘描毕肖。当时各厂竞技斗巧，日异月新，故有环宇之称誉，而销行亦极畅旺。不幸在通盛以后，景镇迭遭兵燹，损失甚大。迄五口通商，外瓷又复涌进，景镇瓷业至此遂一落千丈。迨民国以来，瓷政未设专管，一任自生自灭，至民国十九年（1930）以后……凋敝愈深。在极盛时代，有窑数百座，从业工人数十万，瓷器输出远及欧美各国，每年营业总额常在二千万元左右。最近据瓷业中人调查，前、去两年，瓷器输出，每年总额不足四五百万元，出洋瓷器已降落为五六万担，其衰落之情形，实可寒心。省政当局早有改进之计划，惟限于经费之艰难，未免有阻碍之处。兹悉省政府为谋发展瓷业起见，已在景德镇设立江西陶业管理局，以便从事整理与改进。

（1936 年 1 月 20 日，第 10—11 版，有删节）

全国商联会电请财部豁免瓷器出口税

全国商会联合会昨电财政部云,顷准江西景德镇商会函开:径启者,据出洋瓷商美成、顺泰祥、和生隆、天顺祥、江西办庄粤兴祥、永安公司、广议和同记、欧瑞记、王庆丰、詹振记、何鸿记、齐同茂等十四家瓷庄联名节称,为海关对于出洋瓷器估本苛征,无力负担,恳乞函转准予援照出洋丝、茶免税先例,以救国瓷事。窃以景德镇出产瓷器,历史甚久,世界著名。近年以来,……其出产总额,已由一千余万降为三百万,以言出口瓷器,其数尤为微末。于是,政府有改革出口税之举,对于绘画红花之细彩与白胎青花之粗瓷,一律免税。不料施行之后,海外贸易日见衰落。考厥原因,实由于海关所认定免税之瓷器,均系洋颜料所彩绘,品质太劣,不合西人需要,商人一次亏本,自不敢再行尝试。现查西人所欲购者,有灯瓶、灯坛二种,皆为装设电灯之用,又有预备放伞伞筒及花钵、茶具等,均系寻常日用品,但必须用中国颜料彩绘,方合需要。讵九江海关员司,不识瓷器性质,一见上述数种瓷器系用中国颜料彩绘,必强指为仿古品或陈设品,估价交税,瓷商屡次交涉无效。殊不知国产瓷器,概系人工制造,只有退化,而无进步,尽人皆知。其模型色彩,纯系普通旧法相沿,并非仿古特殊瓷器。若政府为此区区之税,实则影响商人停运,工人失业。此应请豁免者一。查上述数种瓷器,因系西人为日用品,价值极为低廉,但一经关员误认商估,则应缴多额税金。海关税率,名为值百征税八元二角五分,实则已抽税十三元六角至四十一元六角,超出原订(定)税率几至五倍(见附呈海关瓷类估本征税百分比较表),是此项出洋瓷器,不独未蒙免税,反罹重税之累。此应请豁免者二。又查上述数种瓷器,运赴国外,尚应纳百分之七十之进口税,若见中国税单有仿古品字样,必至再增税率,中国瓷器将无人顾问矣。此应请豁免者三。似此中国颜料彩绘之瓷品,实非仿古特殊瓷品。若估本苛征,瓷商实无力负担,不为设法救济,国瓷出口势将绝迹,是不啻压抑国瓷适足以提倡洋瓷。此种关税政策,殊失保护之意。抑查国产丝茶出口,不特完全免税,且多方补助奖励,何以对于国瓷,独令向隅?除呈请江西省政府暨陶业管理局准予转呈外,理合检同海关瓷类估本征税百分比较表,呈请鉴核,恳乞转函全国商联会呈请财政部准予援照丝茶出口免税先例,以救国瓷而纾商困等情前来。查该商等运赴出洋瓷器,迎合西人需要,改用中国颜料彩绘,浔关指为仿古陈设之品,加征税率,实超原税四五倍不等,该商等实难胜此重负。况值此洋瓷倾销、国瓷衰落之际,非力加维护,不足以谋发展。所请援照出洋丝茶免税先例,同属国产,应予同等待遇,相应检同海关估本征税比较表一份,据情函请贵会烦为查照,恳赐准予呈请财政部核示只遵,至为纫感等由,准此,理合电海关遵照,以救国瓷,至为祷切。附件。全国商会联合会主席林康侯叩。印。

（1936 年 2 月 6 日，第 13 版）

赣省陶业管理局办训练班

南昌　陶业管理局为改良陶业，特开办矿工训练班，已开始授课。（七日中央社电）

（1936 年 2 月 8 日，第 8 版）

赣省特产举行展览

南昌通信　浙赣特产展览会，两省各已将征集之特产先在本省预展，然后交换展览，相互推销。赣省预展会，以各项出品，除瓷器集中于景德镇之厂商外，其余如夏布、粗细纸张、米谷、烟叶、茶叶、香菰（菇）、钨矿、煤炭等项，因无集中地，所以原定一日开幕，竟延至八日方始举行，会址设在前行营现省立图书馆内。是晨九时，各界及各机关人员，齐集图书馆前首乐群电影院行开幕礼，到苗培成等千余人，由建设厅长李德钊主席，报告开会意义，略称本省八十三县，有特产品寄来者不到五十县，一则由于工商界毫无商业知能，一则由于各县长意存敷衍，不知发展特产即是繁荣本省经济云云。继由苗培成及浙省代表俞仞千等致词（辞），礼成散会，由李厅长领导来宾至会场参观。第一陈列室在省图书馆，首先触入眼帘者，为各地农产如米谷、豆子、果类暨广丰之烟叶、修水之茶以及各地著名食品。次为占全世界产量百分之六十的钨矿及著名全国之萍乡煤矿，以及各地铜、铁、锡等。又，行销全国及南洋之万载夏布，精致者不少。又，纸类当洋纸未进口以前，连史、毛边等纸，每年出产值数百万元，搜罗亦多。木器中出名之樟木箱子，式样殊多。第二陈列室中，完全为瓷器，琳琅满目，应有尽有，内以各种古瓷最为宝贵，如雍正万花太白尊，标价五千元；乾隆万花董浩山水，标价三千元；其余如四大名家、汪野亭等作品，亦精彩百出。闻一俟闭幕后，所有特产品，即运往浙省展览矣。（八日）

（1936 年 5 月 13 日，第 9 版）

全国商联会电请财部窑户付票免贴印花

实业社云,全国商会联合会昨电财政部云,顷准江西景德镇商会函开:径启者,据本镇九窑公会函称,景镇买卖瓷器手续程序,具有特殊情形,与普通交易不同。缘普通交易,顾客临门,货色、价值可临时决定,交易即行成立,开具货物价值清单,粘贴印花,给与(予)顾客,别无纠葛。惟瓷器之售卖,迥不相侔,始由瓷客或行主上街议定价目,再由瓷客令把桩赴该窑户,约期挑篮装货,该窑户书立付票,给与(予)把桩挑瓷者,付票不过为装瓷计数过程之手续,并不得认为买卖之确定。盖卖瓷惯例,装瓷到行,由本行汇色工人将瓷器分别拣选,有十留其五六者,有十退其六七者,经汇色工人开具收货实数清单,送交窑户,以便日后结帐(账)之根据。例如装瓷一百同(筒),只卖收五十同(筒)之类,是付票之性质,又为卖瓷过程中之手续。且定买之瓷,系陆续装行,并非一次可以了事。瓷价载在买卖付票,所载只有瓷数,绝无价格开列,必须批买装毕,始将以前所付之瓷票算明,实收确数价洋若干,开具结单,进行找帐(账),方为交易成交。结单固应贴印花,付票似在豁免之列。若付票亦须贴花,是同一瓷器,既税其货,复税其价,一物两税,衰落之瓷业,万难胜此重复负担。矧瓷器为我国特产,政府方热心提倡,何忍加以摧残?如窑业、白土等项,关于制瓷原料,概行免税,此项付票,既非正式买卖,应请免贴印花,以示体恤。务恳据情转呈财政部准予邀免,不胜感礼。并据瓷器红店同业公会函同前由,各等情到会。查本镇窑户所出付票,系付现之一种过程,并非买卖成交之发票可比,若令贴花,不但手续麻烦,且不免负重税之累,该商等实难担负。所称各节,委系实在情形,敝会敢为证明,可否准予转呈恳乞邀准之处,相应据情函请贵会,烦为查照核夺施行,至为纫感等由,准此,理合电呈钧部察核,恳准该项窑户所出付票,免予贴用印花,以恤商艰,至为祷切。中华民国全国商会联合会代理主席闻兰亭叩。艳。印。

(1936 年 6 月 30 日,第 13 版)

名细瓷工徐顺源作品运沪展览

江西景德镇名细瓷工徐顺源(编者注:徐顺源即徐顺元),近有佳作十余件运沪,在新世界饭店展览出售,其中尤以《群仙会》《六和塔》及《阿房宫》为最佳,凡山水、人物、花卉,均凌空推成,维(惟)妙维(惟)肖,观者莫不同声赞美。仅就《群仙会》一项作品而言,竟费七八年之苦功。惜其售价亦奇昂,《群仙会》定价八千元,《六和塔》七千元,《阿房宫》三千元,其他亦贵。故该物在沪售出不多,后日即运青岛展览。

(1936 年 7 月 11 日,第 15 版)

景德镇产磁土最盛

南京 中央研究院地质研究所派员赴长江中游产磁土区考察,业已事毕。调查结果:产磁土区以景德镇为最盛,祁门、黄峰、南峰次之,汉阳有粘(黏)土出产,但不甚佳,景德镇之高岭用磁土最佳。(十二日专电)

(1936 年 7 月 13 日,第 7 版)

江西景镇瓷业衰落,实业部计划改进

南昌通信 江西景德镇之瓷器,向为吾国民族工业之一,即以清季至民国年间而论,其最盛时期,二十八万人口中,直接从事于瓷业工人者有十五万人之多,每年出产多至千五六百万元。刻以技术落后,外瓷侵(倾)销,……生产销路一落千丈。顷据景镇熟于瓷业者谈,刻下从事于瓷业者,不过万余人,出产年约四五百万元。窑户倒闭过半,即勉强支持者,亦时作时辍,苟延残喘。其失败之最大原因,厥有数点:一、原料方面,各种瓷土,远在星子、婺源、祁门、贵溪、乐平、余干及临川各地,运输不便,货料又复不精,成分难得精确。为燃料之松柴、木炭,生产有限,成本太贵。二、制造方面,墨守旧规,不知利用机械,而盛瓷器之匣钵,因不耐高热,所烧者时常倒塌,亦为其致命之伤。三、货品注重于贵族式之美术品,而忽略平民化之日用品,致国内日用品几全为洋瓷所占。四、营业方面,资本缺乏,运销迟滞,兼以帮派之斗争,工人之把持,习惯之恶劣,亦为失败之原因。年来全国经济委员会、实业部、实业金融界虽有改良计划,但以限于资力,亦属纸上谈兵。此次实业部长吴鼎昌氏至景镇考察,以该地瓷业如此奄奄一息,不但赣省损失过巨,即国税亦受极大影响,决呈行政院令财部筹拨巨款,交由实部会同江西建设厅办理改进事宜,并拟先办原料精制厂,以事大量生产。资本省、国各半,刻已由陶业局着手进行。

省府及各实业界所发起之光大瓷器公司,资本定百八十万元,已由各方踊跃认股,厂设九江,只以经理杜重远……入狱,中途停顿。刻浔厂址建筑即将竣事,杜氏亦已由沪出狱来浔,计划高热窑之建筑,及仪器机械之设置。约来年春初,当可筹备就绪。该厂完全为机械工业,精制平民化之日用品,以抵制舶来品,俾景镇瓷业得以逐渐发展。

(1936 年 9 月 18 日,第 9 版,有删节)

冯少山讲南洋各地工商业(续昨报)

又华侨在缅,有极富有而开设米厂与机器厂者甚多。再兄弟在印概括的观察,印人不乏富商大贾,盖以一人之力,而拥有大规模之麻厂及打包厂二三家,或兼有磁器厂、电灯泡厂等等,平日存积货品与原科,有至数百万者,亦可不靠银行周转,而青年子弟亦甚振作,工业渐形发达。……而目下各种需要吾国之磁器,吾国赣省景德镇业制磁器者,则因目光短浅,不知迎合他人心理,改良出品,接受定货。即以成套茶杯而论,在南洋销场甚好,但其格色若稍为变更,则竟无人接受。此点鄙意吾国实业部,应与江西省政厅、建设厅设法,务使货能改良。近闻杜重远君业已出狱,续办光大瓷业公司,似此则上述云云,当然可以由该公司接办无疑。兄弟现已拉杂报告,已费时间不少。总之,国货推销海外极有希望,尤其在南洋一带,非但侨胞欢迎国货,即当地土著,亦甚欢迎。惟希望国货厂商,须随时研究南洋各地风俗、气候、习惯,改良出品。譬如,绸缎在南洋各地,需质料特别柔软与稀薄,盖地处热带,非此不可。抑兄弟尚有未尽之意,以为除国货向外推销,而我侨胞之在海外,以资本与劳力所得之产品,我等应使之运回国内销售,俾经济得以活泼,则目下即须组织一机关,为进出口之贸易,当为国内外人士最注意之事也。

(1936 年 9 月 23 日,第 12 版,有删节)

江西光大瓷业公司资本总额一百万元,杜重远积极筹备

江西光大瓷业股份有限公司,系孔庸之、张公权、吴铁城、杜月笙等所发起,正由实业家杜重远在赣筹备。总公司及制造厂决设九江,其资本金额定为国币一百万元,分为二万股,每股五十元,正在汉、沪、京各地招募。江西省政府已认股二十万元,并为该公司保障垫付全部股息三年,以为提倡及奖励。该厂先设大窑五座,□窑、□窑四座,及改良窑□座,共需费三十二万元,□其他购地建厂及购置机械等费,预算共为一百万元,股

本一项,由各地中国及新华两银行代为收足后,即行兴工建筑。

(1936 年 10 月 14 日,第 10 版)

市商会请苏省府严缉盗劫磁船

　　上海市商会昨电江苏省政府请严缉盗匪,以安商民。兹录其原电如下:镇江江苏省政府钧鉴,案于本月十三日,据磁业同业公会函称,顷据属会各会员报告,此次由江西景德镇雇用陈鸿发帆船,承装磁器运申,行至通州上六十里如皋县属之新港地方,因为阻风,循例在港里停泊。讵于九月十二日夜九时许,突被盗匪十余人持械抢劫,失磁器十六件,当由该船户报请当地公安局派员勘验在案等语到会。查属会各会员,在江西景德镇办货,运申销售,纯系运商性质,行驶长江,成本年额不下数百万元。且本年五月二十九日装运磁器之王才华帆船,在通州上十余里,南通县属之小里港地方,亦被盗匪抢失磁器七十九件,经属会函请该当地水上公安局暨南通县区公所从严侦缉,迄今数月,无如鸿飞冥冥,终难弋获。似此匪风日炽,恣意抢劫,不独扰害商民,且关系地方治安,尤为重要。为特函请贵会查照,迅代转呈各该主管官署,转饬所属严缉归案,尽法惩治,以靖萑苻,实为公便等语到会。查通如县属,年来屡有盗劫商船之事,虽经报缉,破案无多,实使商货航行陷于危地,专就各业报告有案者而论,先有鲜猪行业之猪船迭次被劫,今则磁业船只又于数月之内两次被盗,而五月二十九日之劫案,阅时四月有余,至今仍无缉获消息。似此匪风日炽,水警弛防,商旅何以安枕? 理合据情电呈钧府鉴核,俯赐严饬所属,分别认真查缉,务期全案破获,追赃给领,以期运商不受损失,曷胜企盼之至。上海市商会叩。元。

(1936 年 10 月 15 日,第 11 版)

赣瓷品输出增加

　　南昌　赣省瓷业经官商双方年来积极研究改良与尽量推销,已渐呈复兴之象。现悉景德镇本年运出瓷品,截至十一月底止,价值已达六百二十余万元,较之上年增加二百余万。(七日中央社电)

(1936 年 12 月 8 日,第 4 版)

景镇将设立国窑厂

南昌通信　江西景德镇之瓷,在昔全盛时,年产千五万元,近年来业已一败涂地。究其原因,不外技术落后,不事改良,致不能与外瓷竞争之故。本省当局为挽救瓷业计,拟照以前御窑制设立国窑厂,以作示范指导之重心。此项国窑厂,经陶业局拟定计划,咨送实业部审核。闻正由国民经济建设运动委员会促其成立,其办法为国窑厂下设七厂:一、脱胎厂,制造薄胎、盘、碗等类;二、大件厂,制造三百级以上瓶、缸、罐、盂等类;三、粉定厂,制造三百级以下瓶、缸、坛、盂等类;四、雕镶厂,制造非正圆形各种物品;五、青花厂,釉下饰彩;六、彩红厂,釉上彩饰;七、窑厂,专事烧成。以上开办设备费十万元,常年费三万元,每年能出瓷十万〇六千五百件。

(1936 年 12 月 14 日,第 7 版)

江西光大瓷业公司在沪开创立会

江西光大瓷业股份有限公司,预定股本一百万元,大部募足,特于前午四时假座福开森路世界学社大礼堂,举行创立大会。出席股东李石曾、杜重远、胡西园、蔡声白、吴蕴初八十五人等,公推李石曾主席并致开会词(辞)后,即由创办人杜重远报告,略谓:本公司筹备已逾两年,中间因个人事件,未能早日成立,甚歉。幸各界之热烈赞助,得募足股本,今日承各股东踊跃出席,甚幸。关于筹备,经由杨之屏君报告。继杨君报告云:股款年前即有缴到,特因金融不安定,故变卖外汇,存于外埠,旋政府实施法币政策,故又将外汇卖出,存款于本埠中央信托局、中国银行等,得存息等约七万余元,内除发红利五万元及筹备开支一万六千余元外,尚余四千余元,绝未动用股本,厂屋先建本烧窑四座、素烧窑二座及材料仓房等一千一百方,自购材料招工兴建,共需约十一万余元。自本年七月十五日开工,现已完成三分之二,明年一月可竣工。四月即行开工,机器先购一半,由本埠中华铁工厂出品,现已运往装置,如开工成绩良好,再续购其他部份(分)。发电机则购江湾电厂之三百匹马力旧机,日内启运。厂地约百亩,在九江东门口旧圣公会址及监狱空地,后者以八千元购得云。继即通过公司章程,并选举董监事,惟以江西省代表以该省官股董事三人、监察一人,尚未派定,请暂缓选举,当经全体赞同,俟省府派定,再开会选举,并呈报实业部正式成立云。

(1936 年 12 月 30 日,第 12 版)

周仁等视察赣瓷业

南昌　实部为改进赣省瓷业,拟在景德镇筹设国窑及设立瓷品原料精制工厂,特派中央研究院工程研究所长周仁等三人,于十三午由京来省,定十四日晨赴景德镇视察,俾供设计。建厅并派专员随同前往,以利进行。(十三日中央社电)

(1937 年 1 月 14 日,第 4 版)

周 仁 返 京

南昌　实部拟在景德镇设立国窑厂及瓷器原料厂,特派中央研究院工程研究所长周仁赴景德镇视察。事毕,于廿日抵省,定廿一日返京覆(复)命。闻视察结果,拟以廿万元供作两厂资金,俟款拨到即可成立。(二十日中央社电)

(1937 年 1 月 21 日,第 4 版)

实部决筹设国瓷制造厂

南京　实业部拟在景德镇筹设之国瓷制造厂,技术部分已调查完竣,估计工厂资金需二十万元,决定即将派员筹备。(二十四日专电)

(1937 年 1 月 25 日,第 4 版)

一周间国货新讯

实业部派周仁赴景德镇考察瓷业,拟以二十万元办瓷厂。

(1937 年 1 月 27 日,第 17 版,有删节)

景德镇筹备设国窑厂

南京　经建总会廿二日午开谈话会,讨论设立赣景德镇国窑厂,及扩充精制原料厂案。经决定,由该会与赣省府合办为原则,并俟商定办法后进行。尚有推进小规模毛织工业案,则决定由顾毓琇拟具计划,及商定合作办法具报。(廿二日中央社电)

(1937年2月23日,第8版)

景德镇设国窑厂

南京　经建总会筹划在赣景德镇设立之国窑厂及原料精制工厂,其筹办大纲,俟该会再经一度商讨后,即可完全确定。该会不久即将与赣省府会同组织一筹备会,积极进行一切。闻国窑砖厂之设立,其目的不在营业,而在改进及精制陶瓷,以为其他陶瓷厂之标准及模仿,将分设七厂:一、脱胎,二、大件,三、粉定,四、雕镶,五、青花,六、彩红,七、窑厂。原料精制厂,除总厂设景德镇外,并将于浮梁县高山渡及星子县大排岭设两分厂。所有国窑及原料两厂资金,正由经建总会筹划中,不久即可就绪。(二日中央社电)

(1937年3月3日,第4版)

景德陶瓷陈列馆开放

本镇陶业管理局为搜求古今瓷品陈列,特新建陶瓷陈列馆一所。建筑工程业已完竣,惟内部装修尚未就绪。该局除将自制各种瓷器全部陈列外,刻已设法征集古瓷、古玩等瓷品,配列其间,任人观摩,藉作制瓷蓝本,并定本月底正式开放。

(1937年3月30日,第7版)

京滇周览团抵景德镇

景德　京滇公路周览团一行百二十余人,七日晚六时半由祁门抵镇,邓专员、杜局长暨各界代表民众数万人到站欢迎。赣省府代表罗肖华、王作民等随车返镇。团长褚民谊下车后,率团员休息片刻,嗣赴专署视察。八日晨参观各磁窑,并考察各厅。九日晨启程赴南昌。(七日中央社电)

(1937 年 4 月 8 日,第 3 版)

京滇周览团留景德镇

南昌　京滇公路周览团,八日留景德镇,参观各瓷厂,定九日下午四时由镇到省。省党部、省政府当晚联合欢宴全体团员,定十日留省,分别参观游览。(八日中央社电)

(1937 年 4 月 9 日,第 3 版)

滇程拾遗(二)

栎椿

第四天(四月八日),参观浮梁陶业管理局、江西瓷业公司及陶瓷职业学校,及脱胎厂烧窑等,由导引员涂君热心说明。又遇张浩君,讲释颇详。张君毕业日本高工,在辽宁设厂造瓷,成绩超过日本,日人颇忌之。今来主持陶业试验所,与杜重远君办理极为合乎,试验所器械及设备亦颇单简合用,日后必可将浮梁瓷业由手工业生活而渐渐入于半轻工业阶段矣。浮梁陶业管理局,局长杜重远,即《新生》事件,得国人一致同情矣。杜籍奉天,在九江办有改良磁业公司,……其陶业试验所之设备,虽属草创,却比景德旧式完全手工磁器进步多多。杜善于词(辞)令,演说有抓住群众心理的把握,在专员署一篇演讲,博得周览团很好的同情。查景德磁业,民十三年(1924)出口二千万元,递减至二十四年(1935)仅三百万元,二十五年(1926)……复回至八百余万元,今春情形看来,当有增无减。……故由皖入赣境百余公里,仅有极少数农家,且荒地连亘,无人耕种。

吾人入境,便知全省户口一定减少得多(江西户口,民十三为二千万,至二十五年仅一千四百万)。吾们团众,为提倡国磁起见,各人均到陈列所购买,共计购得一千多元磁器,由所径寄各人家中,以一百八十人平均计之,每人仅十余元耳。景德商会权力极大,地方事几完全取决于商会。

(1937 年 4 月 18 日,第 8 版,有删节)

桂考察团抵景德镇

南昌　广西考察团张任民等四人,六日清晨由省乘汽车赴景德镇考察瓷业。据景德镇来电,张等于午后到达,由瓷业管理局长杜重远引导参观各瓷窑,定七日返南昌。(六日中央社电)

(1937 年 5 月 7 日,第 3 版)

江西光大瓷业公司昨在沪续开创立会

实业家杜重远氏发起之光大瓷业公司,自经孔祥熙、熊式辉等赞助,招足资本百万元,已于去年十二月二十八日在沪举行创立会议,公司章程等早经通过,惟当时因赣省府指派之董、监尚未确定,无从提交大会通过,特另订日期,于昨日下午二时起,在福开森路世界社继续举行创立会议,报告筹备经过,及选举董、监,到股东熊式辉(龚学遂代),赣省代表龚学遂、张公权、杜月笙、钱新之、杜重远、李定魁、孔令侃等一百十九人,详情如下。

开会如仪后,由主席张公权致开会词(辞),宣告继续举行创立大会。旋由发起人杜重远报告筹备近情,惟杜氏来沪已久,特由筹备人杨之屏报告,极为详尽,兹志其要点如下:一、建设方面,厂房业已全部盖好,办公室及职员宿舍暨俱乐部.刻正招商建造。本可早日开建,因春雨关系及包工备料方式,招标不易,最近始由承建厂房之营造厂承包。二、购买机器,大部由中华铁工厂承造,当初原拟向日购办,现决定由中华铁工厂派员赴东北照样承造,约二月后,即可装置妥当。三、准备开工,此次因用科学方法制瓷,熟练技术工人极少,特向东北募集,惟用公司名义,易累南来工人,特由杜重远氏函招,现已招到十余人,预定五月底在南昌、景德、九江三地招收学徒一百名,由该工人等负责训练。

报告完毕后,即投票选举董、监。开票结果:一、当选董事钱新之、杜重远、周作民、胡筠庄、李石曾、马秀芳、张公权、杜月笙、史咏赓、张啸林、彭志云、孔令侃、吴幼荃、胡笔江、沈振荣、吴泰来等十六人,又依照章程,赣省指派董事为龚学遂、文群、萧纯锦等三人,候补董事为唐寿民、宋子文、穆藕初等三人。二、当选监察人史久鳌、吴蕴斋、张文焕、胡若愚等四人,依照章程,由赣省府指派李定魁一人,候补监察人张群、王一亭等二人。

该会董事昨日产生后,当因为时已晏,不克继续举行首次董事会议,特于今日下午举行,赣省府指定董事龚学遂,董事张公权、杜月笙、钱新之、杜重远、史咏赓等均将出席,选举董事长及决定总、副经理人选等,性质极为重要。昨据该厂筹备人杨子屏氏谈,现公司一切大致均已准备就绪,预定两个月后,即可正式开工。

(1937 年 5 月 10 日,第 9 版)

新埠侨商熊飞谈推销国瓷

新加坡侨商领袖熊飞,为调查国瓷,于四月初返国,转赴江西,在赣勾留两月,始于日前赴汉,转京来沪。熊氏以星洲(编者注:即新加坡古称)商业日渐好转,特鼓励国人前往经商,开发国货市场。神州社记者特探志各情如次:

调查采办江西国瓷

熊氏此次返国,系采办江西国瓷,及调查该地瓷业状况,返国后即赴赣省,淹留二月之久。据其表示,江西磁器质料甚佳,胜于外国出品,惟式样尚有须改进之处。本人在赣采办大批瓷器,即拟运往星洲试销,以后并拟源源输运赴新。星洲华侨众多,莫不爱用国货,将来国瓷南销,当不成问题,尤其最近在赣省有光大瓷业公司之成立,以科学方法制磁,增加产量,改进出品,实吾侨商之好消息云。

鼓励国人赴星营商

熊氏又谈及星(新)加坡商业近情云:星洲为南洋大埠,我华侨旅居该岛最众,经营商业亦较其他各地有希望。近一二年来,以树胶及锡矿涨价,商市陡呈景气。盖星洲凡百商业繁荣与否,均以土产隆替为断,因之华侨经济亦颇特色。星洲国货市场,盖大可发展也,故此次返国,乘便鼓励国人前往经营商业,共同开拓海外销路,同时为鼓励赣商赴星,留星江西同乡会本年亦拟扩大建筑,拟自建三层洋房,业经倩人绘图设计,需费约四万元,一部早经募集。此次本人返赣,熊主席对我侨在海外自建会馆,极为关切,认为足可藉此连(联)络侨胞情感,发展国际贸易,并自动捐助建筑经费,以示赞助。

(1937 年 7 月 25 日,第 13 版,有删节)

华南告警汕头紧张,瓷器来源愈稀

本埠瓷器业所售磁器,自南京磁器厂毁坏后,即全恃江西、汕头两地瓷厂供给。但自九江失陷,景德镇瓷厂大部被破坏,仅余小型烧窑继续出货,生产数量已不及战前三分之一。加以运输须由浙赣铁路运至金华,再由公路汽车运至温州,始由轮船载沪,辗转三次,运费较前增加五倍,当前售价,已较往年倍增。汕头瓷运输虽较易,但近自华南告警以来,汕头人民疏散,工商多有停业,著名瓷厂亦已停止产销,其来源已告中断。本埠销售全恃存底,前尚仅加价五成,今则已涨至七成。据云,若长此中断,将来尚有增涨一倍可能云。

(1938 年 10 月 26 日,第 10 版)

参加金门展览会本港古董被搜罗一空

旧金山华侨,以金门博览会特别注重东方艺术(播音台常以中国出品为宣传题材),函应乘机发扬国光,以是积极筹备参加,会场中庄严华丽之"华埠"已在加紧建筑中。同时,唐人街之华侨商店,料在展会期间,唐人街中必多爱好东方艺术游客,亦赶办物品,预备届时应市,纷电本港代理处,购办古董、瓷器、顾绣、丝发、手饰、玉石及其他富有东方意味之艺术作品,赶运美国。顷据记者调查所得,本港古董店及售卖上述各物之商店,无不利市三倍,稍有名器及价值之古董,已被搜罗一空。景德镇之瓷器,亦被购去大帮,现所存已甚少,盖现下此项来货已告断绝矣。兹附美国征抽入口税则于下:磁器值百抽百分之七十,陶器值百抽百分之五十,丝发绣花值百抽百分之九十,玛瑙、水晶、松石值百抽百分之五十,竹器值百抽百分之四十五,木器值百抽百分之五十(家私百分之四十),手饰值百抽百分之百一十,玉石值百抽百分之七十,丝发值百抽百分之七十,台布值百抽百分之六十五,绣花台布值百抽百分之七十,手扇值百抽百分之五十云。

(1938 年 12 月 15 日,第 3 版)

云南瓷业公司

中央振(赈)济会为发展云南瓷业起见,拟在昆明成立瓷器工厂,并派该市难民总站主任何杰甫赴曲靖考察。经考查结果,决在滇成立"云南瓷业公司",拟定组织办法。公司设于曲靖潦浒镇,与该地原有之永昌瓷厂合并,该厂为股东之一,计原有之生财器具折价国币一万五千元,作为公司股金。此外,中央振委会出资一万五千元,云南省瓷器商人出资金一万五千元,合计资本四万五千元。中央振委会指定黄伯度、何杰甫为董事,永昌瓷厂方面则推欧炽斋加入,瓷商方面推举代表王吉甫前往参与公司事务。该公司现在占有陶土田三百余亩,原料极为丰富。兹振委会已托江西景德镇方面代雇瓷器技工八十六人来公司内改良瓷器,使之能与景德镇瓷器相比拟。现该公司已于上月二日行开工典礼,开始制造。闻第一期之计划,以增加普通用品、救济国内瓷器为目标。其第二期之计划,则拟精制大量美术品,输出国外,以易取外汇云。

(1940 年 5 月 26 日,第 16 版)

赣省瓷器销畅

吉安　赣省瓷器,向负盛名,前以景德镇接近战区,特在萍乡、蔡花两地设立民生瓷厂,以保持永久基业。所制各种电瓷,供给省内外各电厂,美术及普通瓷品,则畅销本省及湘、桂、川、黔,均供不应求。省府近以光泽县泥质极佳,推销亦便,拟再设一厂,以资充分发展。(二十六日电)

(1941 年 6 月 28 日,第 7 版)

瓷器(一)国粹成绝响

张趾庭

瓷器为中国国粹,由来已久。历代我国名窑的出品,如宋朝定窑之雕花磁器,明朝宣窑之青花五彩名器,清朝的万历瓷(编者注:《申报》原文如此,应为仿万历款),康窑,乾窑,松树、人物磁器。官窑之环形底款,古月轩彩,是清朝最珍贵的出品。这种种的艺术品,以式样美观、釉水光嫩、磁质细腻、色彩古雅为其特点。欧美各国,虽也设法仿造,但常自叹不如。英美人士称中国为 China,意思是出产磁器的国家,可见瓷器之为国粹,并非偶然。

在我国历年的出口商品中,磁器原也是重要的一种。可惜近年因为国人粗制滥造,不求改良,以致出品日渐落伍,出口数量也日见减少。

我国出产瓷器最多的地点,首推江西浮梁县(又名景德镇),其次是福建等地。据说浮梁县的人民,因为土地贫瘠,耕种所获不多,所以自唐朝起,大都依制造磁器为生。至于出产陶器最多的地点,是江苏无锡、宜兴等县。但是各地制造磁器、陶器的居民,大多智识浅陋,墨守陈法,并且深中迷信之毒,所以很少改良。古人制造陶磁器的秘诀,相传至今,虽尚有极少数的人知道,可惜此辈以为奇货可居,决不教人,并且抱了只传子不传女的观念,所以这种制磁的古法,外间知者极鲜,有随时成为绝响的可能,实在可惜!

(1942 年 11 月 9 日,第 7 版)

历代名瓷展览

黄肇平

我国瓷器,素在世界艺术史上占有地位。顾历代制作,年更岁远,传者日少,收藏家偶有所获,往往珍同瑰宝,不轻示人。梁溪海天庼主戴润斋氏,研究我国瓷器垂二十余年,鉴别精审,收藏丰富,卓然为一大名家。兹将其生平所藏晋、唐、宋、元、明、清历代名瓷,在静安寺路九九六号美琪大厦公开展览一星期,其间颇多稀世珍品,为外间所不易经见者,其艺术公开之精神,良堪嘉佩。

展览品中,颇多晋代越窑制器。考我国历代名窑,见于载籍者,实以晋东瓯窑为最古,故陈列诸品,极为名贵。次为陈之昌南,即今驰誉世界之景德镇窑也。唐代中,当以越窑为最,邢窑次之。五代除越窑秘色器外,柴窑为独著。北宋名窑最多,如定、钧、东、汝、官、龙泉、哥弟诸窑所制者,古朴精雅,并皆可爱。元代彭窑制器,为彭均宝于霍州烧制者,效法定器,亦属佳品。明、清两代中,则当推镇窑制器为独多。

彩瓷以明、清两代为大观。明永乐所制者,当以半脱胎甜白为最,花文锥拱之法,实为始创,祭红亦为前所未有,惟终觉鲜红者为可贵。宣德之宝石红及霁青,正德之回青拗(釉),并皆著名。嘉靖之矾红,允推一代特色。万历新瓷,色泽浓艳,画手荒率,似亦颇具自然之致,未可全非。有清一代,康、雍、乾三朝御窑制器,美备精良,超迈往古,如康熙朝之臧窑、郎窑,雍正之年窑,因其时正当全盛,物力富裕,工事精良,所制并皆美妙。乾隆官窑,经唐英督造,其人博学多识,匠心独运,所制无不精工绝伦,而彩绘之精妙,尤有继往开来之功,粉彩无异写生,亦属独开生面。大抵三朝名彩,康熙以鲜红者为最,而天青、翠青、娇黄、粉黄及吹红、吹紫、吹青、吹绿尤美。青花五彩,继轧明之宣、成,更属有过无不及。珐琅彩器,虽肇于臧窑,而唐英取蓝胜蓝,尤为绝诣。故观清瓷者,率以唐英之际,为官窑发达之全盛时代,良有由也。

此次展览之历代名瓷,分列四大室,依时代之演变,工事之精进,作一有系统之介绍,非特发扬先民创作之精神,抑亦表显历代文物之演进,意义颇为深长,各界对于不易一见之稀世珍品,幸勿交臂失之。

(1943 年 1 月 9 日,第 7 版)

历代古磁展今日展幕

我国瓷器,见于载籍者,莫古于晋代瓯越之青瓷,此为五代钱氏秘色窑之源本。唐之霍器〔武德四年(621),命江西新平霍仲初等制器进御,时称霍器〕,色白而质薄,其釉莹澈如玉,嗣后驰名中外之景德镇瓷器,实渊源于此。自宋以降,制器无所不备,有清康、雍、乾三朝,物力丰厚,所制尤属精诣绝伦。瓷器至此,堪称集大成矣。顾岁远代更,丧乱频仍,历代制作,亡失滋多,其历劫而幸存者,吉光片羽,弥足珍贵。海上各大藏瓷家,有感于此,爰本艺术公开之精神,慨出所藏之菁华,荟(汇)集一堂,凡晋、唐、宋、元、明、清历代古瓷,粲然大备,以供吾人研究欣赏,洵为艺苑盛事。好古之士,幸勿交臂失之。

(1944 年 2 月 5 日,第 3 版,有删节)

经 济 简 报

浮梁瓷器近月以来,以各港大水运输困难,故到货甚少,惟以尚未到达旺销季节,价尚平稳。

(1946 年 7 月 19 日,第 7 版,有删节)

江 西 惨 象

刘藻

省府与各机关，几次的"搬家"，省办工厂与民间手工业，可说是全部破产。战前吉安、泰安（编者注：本文说江西，故泰安疑为高安的勘误）、赣州等地的工厂一百六十余家，现在有三分之二停工或迁移，三分之一在百孔千疮中支持。历史较久、设备齐全的九江久兴纱厂的烟筒，现在仍在那儿"长眠"。产瓷闻名的景德镇瓷业，亦是一落千丈，战前一百六十多座瓷窑，现在只剩下五十余座，大多数被敌机炸毁，因为成本过高，劳资纠纷时起，而无法复工。

（1946 年 8 月 17 日，第 9 版，有删节）

江西工矿业的喘息

韩鸣

本报廿八日九江讯　至于轻工业，有省营的兴业公司的酒精、糖、织染、麻织、制革、锯木、瓷、印刷等十一个厂。结果也是因为敌军几次窜扰而被破坏，现在只剩下一个印刷厂，可以勉强营业。民营的有火柴、罐头、纺织、印刷几十个厂，亦都一起损失。就是景德镇的瓷窑，原有一百五十余座，由于战时遭受敌机轰炸，业已损失大半，现在开工的还不及三分之一。

（1946 年 10 月 7 日，第 9 版，有删节）

窑 府 观 光

本报特约记者　俞宁颇

九月廿八日浮梁讯　乍临窑府，骤视外貌，是繁荣与富庶；但如果一窥繁荣背后的筚路蓝缕，却已深藏着衰退颓败的暗影。

景德为吾国四大镇之一,隶治赣北浮梁,亦为江西内地唯一的巨埠。自民廿一年(1932)经五区专署督饬大规模的修整后,街面的繁荣,远过九江。奢靡的风,市容的壮,均足比肩省会的南昌。记者由静穆萧条的农村乍履此地,意境为之一新。烟囱矗立,缭绕如云,示它窑厂的多;市屋栉比,衢人肩摩,示它户口的众;娱乐场所、饮食馆肆,无不是座客常满、喧嚣达旦,又明示瓷镇人士挥霍的豪华。

城郭犹是,人事已非

记者在民十一年(1922)驻景承办沪报推销,对往识的珠山面目,渴别了已二十多年。这次观光窑府,大有丁令威化鹤归来,城郭犹是,人事已非之概(慨)。但是镇无城郭,仅于接连镇郊的里村,剩有荒凉具有城门式的雉堞砖堡半座。其他原有民房,大部都变了洋房;泥泞倾斜的街路,也都变了宽阔洋灰的马路。昔时轮廓,今已不复存在。

陌生人乍临窑府,骤观外貌的繁荣,没有不羡说是特产富庶之区。如果一去窥它繁荣背后的筚路蓝缕,却已深藏着衰退颓败的不少事实。这江西腹地唯一的重镇,所赖以滋养生发的惟瓷器。说起瓷器两字,无论是国内外人士,都知道景德瓷器为最著名,以名闻天下的景瓷,又为一地独有的特产品,供全国及欧美诸邦的需要,当然是求过于供,业务自成蒸蒸日上,何至于还愁销路上的滞塞,返退走入颓败的衰途呢?这里面又含蕴了多种复杂致衰的原因在,记者不敢自诩作明朗的透视,只可当走马看花式的掠察一过,而摭拾过去和现在的情状,大概写在下面:

景瓷产运全面探溯

陶瓷是由矿土制作烧炼而成。我国制造陶瓷,滥觞于上古,《通鉴》有"黄帝命宁封为陶正"之事;《史记》有"舜陶于河滨"的记载;汉代邹阳赋有云:"醪醴既成,绿瓷是启。"(编者注:古籍中多作"绿瓷既启",仅《景德镇陶录》中作"是启")因知汉代已有釉彩之饰。景德瓷器,是滥觞于何代,是很难以稽考。据《浮梁县志》云:"新平冶陶,始于汉世。"(编者注:乾隆、道光版《浮梁县志》和光绪版《江西通志》都作"治陶")六朝时代,陈至德二年(584),大建宫殿于建康,诏新平以陶础贡,雕巧而弗坚。考新平即景德镇,可知景瓷在技术上,六朝已有可观。

瓷土的种类有十三:一、东港釉果,二、明砂高岭,三、星子高岭,四、祁门瓷土,五、寿溪瓷土,六、乐平瓷土,七、贵溪瓷土,八、余干瓷土,九、安仁瓷土,十、临川瓷土,十一、三宝蓬瓷土,十二、银坑坞瓷土,十三、陈湾瓷土。(子)东港釉果,产于浮梁属的东乡窑里,距镇一百十华里。(丑)明砂高岭,产于浮梁东乡高岭,距镇九十华里。(寅)星子瓷土,产于星子县,距镇四百余里。(卯)祁门瓷土,产于安徽祁门东、南、西三路,距镇四五十里不等。(辰)寿溪瓷土,产浮梁东乡寿溪,距镇六十华里。(巳)乐平瓷土,产乐平南乡黑林里村水路,距镇三百五十华里。(午)贵溪瓷土,产贵溪县,距镇三百四十里。(未)余干瓷土,产余干县,距镇二百八十里。(辛)(编者注:《申报》原文如此,应为申)安仁瓷土,产余江县,距镇三百华里。(酉)临川瓷土,和贵溪、余干、安仁瓷土,都属做坯的用。(戊)(编者注:《申报》原文如此,应为戌)三宝蓬、银坑坞、陈湾三处瓷土,均产浮梁,距镇三五十里至七八十里,产量甚丰。

景镇位居江西的东北、浮梁的西南,民国五年(1916),县治始迁镇,北通秋浦、祁门,东邻婺源,南连乐平,西接鄱阳。水道仅有昌江,发源于皖属祁门县北的大洪山,西南流经景镇转入鄱湖。惟山河水源太小,不通轮舶,只赖帆船和小划驳载。在民二十年(1931)前公路未辟的时候,全镇出产瓷器输出,完全用舟车运输,险阻艰难,实为景瓷推销的隘障。到了民二十一年(1932)后,景湖、屯景、南浮、婺景公路先后通车,陆路运输渐臻便利。民二十三年(1934)京黔干线景德至黄金埠一段通车,与浙赣路衔接后,旅运益便,如此路全线完成通车,于景瓷运输和推销,自然畅通无阻。

瓷器畅销出口总值

景德瓷器的销场。因为是国内无与伦比的最著名的特产品,自不虞销路的滞积。各方需要的,近遍本国各省,远及南洋、欧美诸邦。各瓷厂制出产品,向来不自行运销于各地,全赖各地客帮驻镇采办,各埠常川驻镇办瓷的有天津、广州、关东、同信、同庆、黄麻、马口、三邑、良子、孝感、过山、湖南、河南、宁绍、川湘、桐城、丰西、北平、扬州、金斗、南昌、九江、内河、康山、青岛、山东、新加坡、暹罗等二十余帮。

最盛的时期,全镇有窑厂三千余座,从业瓷工达十余万人,瓷器输出总值年有六七千万两以上。清同治三年(1864),瓷器输出量有六万六千余担;光绪三年(1877),只有一万一千三百余担;宣统三年(1911),复增(至)五万九千七百余担;民国三年(1914),又增至六万六千六百余担;至民十八年(1929),更增至十二万七千八百六十余担;二十二年(1933),又降至五万四千七百余担,输出总值不足四百万元;二十二年以后虽略有增加,仍无多大起色。抗战八年(编者注:八年抗战的说法直到2017年才被十四年抗战取代,本书为史料,故保留原貌)中,因途运的艰阻,整个瓷业几陷停顿。抗战胜利一年来,窑厂虽曾一度恢复旧观,努力生产,不久又趋于静闲休止的状态。珠山高处不胜寒,也被深秋的凉风吹得懒洋洋地(的),似带有肃(萧)瑟的秋意和恹恹的倦容。

降至清代,设景德镇御器厂(编者注:经今人考证,御器厂是明代的称呼,清代称御窑厂)。乾隆时,内务府员外郎唐英督造御窑厂,鸠工萃能,研精抉巧。当时各厂竞技斗美,日异月新,国内和南洋各埠销行极畅,遂成景瓷的极盛时代。

瓷窑厂家,门类复杂

瓷器窑厂,门类复杂。就它工场的简称区别,有窑、厂、店三种,制造瓷坯、匣钵的曰厂,司烧炼瓷器的称窑,饰彩瓷器花色的称红店。再就它营业性质区分,有制瓷、烧窑、彩绘、匣钵、绞(茭)草五业。其中(甲)属于圆器类的有:(一)四大器业、(二)二白釉业、(三)脱胎业、(四)饭闭业、(五)四多小器业、(六)可器灰渣器业、(七)古器业、(八)酒合盅业、(九)七五寸业。(乙)属于琢器类的有:(一)大件业、(二)粉定业、(三)雕削业、(四)官盖业、(五)淡描业、(六)滑石业、(七)针匙业、(八)汤匙业、(九)古坛业、(十)灯盏业、(十一)博古器业。(丙)属于烧窑业的:(一)柴窑业、(二)槎窑业。(丁)属于彩绘类的:(一)写意彩业、(二)粉古彩业、(三)美术彩业、(四)黄家洲饰瓷业。(戊):(一)大器匣钵业、(二)小器匣钵业。

各行的职工:(子)属于圆器类的有司事、打杂、做坯、利坯、上釉、剐坯、艺徒、伙夫。(丑)属于烧窑的有把庄(桩)、挖坯、架抄(编者注:应为架杪。又因景德镇方言中,"杪"读作"表"音,故现在多说架表)、收兜脚、鸾(挛)匣、小火手、三夫半、二夫半、一夫半、车匣、屑工、挑夫、管事。(寅)属于烧槎窑厂的有把庄(桩)、做重、打大捶(槌)、收砂帽、鸾(挛)匣钵、小火手、红半股、黑半股、打杂、管事、艺徒、数槎、挑槎、管窑。(卯)属于彩绘的有职工、画工、施色。(辰)属于匣钵的有推工、配土、做匣匠。(巳)属于绞(茭)草业的有整草、包装、采蓝(篮)、打杂、挑运。总共以上诸业,在民廿二年(1933)前,有二千八百余家,廿三年(1934)以后降至一千零六十家。

至关制瓷、施釉及饰彩的经过,手续至夥。如(甲)制瓷方法:(子)坯土配制,一、配合,二、练泥;(丑)制坯,一、陶车做坯,二、印坯,三、利坯,四、上釉,五、鸾(挛)坯,六、补水,七、雕镶制坯,八、模形(型)制坯,九、铸入制坯,十、防燥;(寅)匣钵烧窑,制钵有炼(练)泥、切片、陶车编型、耐火分度,烧窑有堆砌、排列、配火、抢火、溜火、紧火、缓烧大小、出窑。(乙)施釉有二种:一、白釉,二、颜色釉。施釉方法又分:一、蘸釉,二、荡釉,三、浇釉,四、涂釉,五、吹釉。(丙)饰彩有二种:一、青花,二、彩花。青花有霁青、豆青、冬青数种,彩花有矾红、胭脂红、顶红、中红、广翠、顶翠、金翠、翡翠、炉均翠、玻璃白、老黄、上黄、大绿、苦绿、乌金、古大绿、本地绿、胶水料、细粉料、珠明料、本金、古铜、补白、雪白、甘青、黑料、赫色、洋金、西洋赤、西洋红等三十余种。施彩方法又分:一、圈填法,二、绘描法,三、贴花法,四、印花法,五、划花法,六、吹色法,七、拍色法。

制窑原料需要孔多

制瓷的原料,有窑柴和瓷土两种。景镇窑柴,完全以松柴和茅柴为燃料,松柴需要极多,茅柴较少。松柴的来源:一、由婺源、祁门等处采伐,沿昌江下运,自山装镇;二、由余江、余干、乐平、星子、都昌、彭泽、湖口、临川等处自运往鄱阳,溯昌江而上。近的百余里,远的数百里,有保柴公所,专帮窑户协办柴料。

瓷业颓势尚难挽回

国内唯一特产的瓷器,有年输出六七千万两以上的总值,有十余万从业的瓷工,更引入了不远千里而来的各帮瓷客,窑、厂、店分门行业,又各是的繁多,完全是一无管理、业务自由的分组手工业。总合起来,范围不能算是狭隘,营业不能算是稀微。这种分工合作的大企业,在有组织、有管理、有技术、有办法的公司、工厂,常有劳资纠纷的倾轧,甚至罢工辍业的事件发生,何况这里面的无经济组织、牢守陋规、不乐迁善、不予客便、不广招徕、不求改进的分组手工业呢? 劳资倾轧,同业斗争,还是当然的事实。然因为瓷业是无管理的自由工业,它的衰败危机亦就暗藏在里面。诸般不合理、不适时足以致本业的弱点,俱赤裸裸的(地)曝显出来了!

此其咎并不在原有的瓷商、瓷工,整个瓷业的颓势,又非一般瓷商、瓷工的力量所能挽回的。以记者的视察所得,现在瓷业的失败,归结说起来,有下面各点:一、缺乏政府力量的帮助;二、缺乏指导管理机关;三、资力过于薄弱;四、技术方面的幼稚;五、交通运输的不便;六、人事的不适宜;七、瓷工太流动,生活不安定;八、急功近利,求效太速;九、陋习太深,引人厌恶;十、无一定标准的正常市价。有此十因,致景德瓷业,只有日趋于狭隘的侧径上踽行,自难转步光明坦途的希望了。

(1946 年 10 月 11 日,第 9 版)

景德镇设国窑,萍乡瓷产计划改良

(本报南昌廿七日电)(迟到)赣陶瓷工业,现均次第复员,景德镇瓷窑将改用电力,并在景德镇设国窑。萍乡瓷产亦正计划改良,省府为求改良今后陶瓷生产,决另设陶业管理局,专司其事,预计明春即可成立。

(1946 年 10 月 29 日,第 2 版)

行总设瓷厂,资金五亿元

江西景德镇之瓷产,为著名工业之一,因战时备受摧残,目前有十万工人失业,致产品滞销,窑厂大半停歇。行总为救济失业磁工,特派员在该地设一示范瓷厂,内分原料精制、美术研究、炉窑供给及改良研究四大部份(分),对瓷器售价及原料配给,均加规定,以便各厂观摩仿造。据行总估计,固定资金(包括地基、建筑费、筑窑机械)及流动资金,约需五亿元,行总总署刻已预备拨出云。

(1946 年 10 月 30 日,第 8 版)

星子县石头、泥土都是名贵特产

金星宋砚、名贵瓷土,都是星子的特产。游邀星子的人们,来到这儿,对于宋砚更感兴趣,买来做游庐纪念,或是赠送朋友。但是,现在由于工价的高昂,一块普通的宋砚,索价近万。虽然青亮的石池中,显现灿烂的金光,购买的人们,□得估量值价的过高,所以销路不畅,产量低落。

景德镇的瓷器名贵,就是星子的瓷土名贵。假若是一只轻薄而雪亮的名瓷,非掺以星土,是不能制成入窑。这几年因为景瓷的衰落,星土当然随而崩溃。

现在,星子的名产——宋砚、瓷土,都走着下坡路。

(1946 年 12 月 10 日,第 9 版,有删节)

改进景德镇瓷器,拟建电力瓷窑并筹划设立国窑厂

(本报浮梁讯)赣省府为改进景德瓷产,拟计划建立电力瓷窑。预定建设费为二亿元,试验室设备费为一亿元,并设机制原料厂,充分供给制坯者之资金,采所特约保证方式,改良其技术,技工人才由陶业职校学生培养,并可能组设陶瓷公司。关于国窑厂之设立,闻初步核定经费十五亿元(设备费十二亿元,周转金三亿元),专承制国定之高级瓷器用品,制造纯采科学仪器,以电力代柴。国窑厂除设正、副厂长,工程师外,全厂职工编制为二百六十人,预计在成立后之一年内,可年产陈设品、卫生品各二千件,饮食品二万件。上月建厅胡厅长到浮考察时,已与冯专员、汪校长(陶职)互商研讨设立国窑之各项筹备,曾召瓷界领袖详询一切,以为将来改进之借镜。

(1946 年 12 月 30 日,第 3 版)

南昌鄱乐航线改驶浅水汽轮

(本报婺源讯)南昌至鄱阳、乐平航线,近因湖水干浅,轮船行驶困难。饶船业为谋便利水上交通,合组公司,创制浅轮及新式木驳十余艘,专营该线之运输。汽驳造价,每只须费二千余万元。景德镇、婺源至饶州航运,亦因冬河水涸,航行滞迟,载货运费每石增价五千至六千,且因沿途公差频繁,船户多停业。

(1947 年 1 月 7 日,第 3 版)

景德镇窑业衰落,赣省府计划改进

(中央社南昌十四日电)景德镇之瓷器,为赣省特产之一。战前瓷窑,竟达一百五十余窑,历遭抗战与外瓷内销影响,逐次减少,现经赣省府极力扶助,渐见复苏。目前复由卅余窑,恢复至七十六窑。据建厅最近估计,景瓷年产额,战前约为一万万九千九百五十四万八千件,战时约为三百万件,目前则为二百万件。战前之外销数字,每月曾达一亿元,战时则几陷停销,至战后之外销数,除胜利伊始时情况较佳外,刻每月仅为廿亿元至卅亿元之间,较诸战前,实值大减。刻赣省当局,为期振兴昔日享誉国内外之景瓷计,正着手原料之改进,及计划设立官窑。

(1947 年 2 月 15 日,第 2 版)

王陵基赠瓷慰情

南昌十二日讯　江西省主席王陵基,近接美国一老太太来函称:渠之子麦克冷兰于中国抗战时期,驾 C-10 机协助地面部队作战,在江西上空阵亡。闻赣省将创设国瓷窑,要求赠该窑出品一件,以资纪念,藉舒晚年思子之余痛。

现在,这位老太太所希望得到的瓷器已经出窑了。是项瓷器是由王陵基主席托浮梁县政府代为设法所罗致。瓷器一共是四件,计瓷瓶一对,瓷碗一对,坯子俱是顶上成品。瓶高七市寸、口径二市寸、身宽三市寸,碗高二市寸、口径四市寸。瓶子全面除各留绘画地位二处外，全身图案均仿乾隆御窑吊灯洋莲锦地，瓶上四幅绘画，均为苍鹰，一题"高瞻远瞩"，一题"气塞苍冥"。碗薄如纸，色白如玉，上绘《三雄并立图》。瓶口、瓶底、碗口、碗底皆抹赤金，精美绝伦。担任绘饰工作者，为景德镇名画家刘雨岑先生。

（1947年2月19日，第8版）

冻结与解冻

珏人

春天过去，初夏的天气又来了。

现在社会上无论什么事都名实不符。矛盾刺谬的征象，呈现在人们眼前的，真是数说不清。照说，天时人事，应该是配合的，春行夏令，固然是不对，春行冬令，尤其不应该。夏天来了，"蹈春冰，履虎尾"的春天过去了，不应该再有冰，"夏虫不可以语冰"。古时虽有明言，今日确已有实例，因为夏天的人造冰太多，虽然是"夏虫"，也应该可以"语冰"了（一切是人为的，固不独人造冰而已）。

人造冰是冷酷的，不但改变了气候，也改变了人生。存在外国银行里的中国阔老（佬）们的雄厚资金可以不冻结，而国内薪水阶级的生活指数却冻结了。自寒冷的天气冻起，冻到夏天，还不开冻，这自然和"春冰薄，人情更薄"无关。

而且在生活指数上冻结了不算事，同时还冻结了一切的生产事业。

某报载景德镇特约通讯，其大标题云："草长莺飞的季节，景德镇春窑冰封中。"原稿中说得好："春回大地，东风解冻，这正是一个生气勃勃的季节。旧历新年，依照习俗，所谓休业，最多也不过是十天半个月的时间，谁会料得到正月、二月、三月、四月，直到现在，还不见景德镇有一座瓷窑的烟囱在冒烟哩？……"为什么有此惨象呢？一言以蔽之，春窑也冻结了！

窑业如此，其他大多数的工业，也莫不在冻结中。若说这一切冻结的原因，是因为过去有冰山之故，当然也有理由。

《通鉴·唐纪·天宝十一年》（编者注：《申报》原文如此，天宝十一年当为天宝十一载）：陕郡进士张彖对人说："君辈倚杨右相如泰山，吾以为冰山耳，若皎日既出，君辈得无失所恃乎？"显然的，这座冰山在今日已经被皎日融化了，应该一切都可以解冻，无论是生活，无论是生产。可是在事实上，都不见解冻的征象，难道皎日还没有出来吗？我们不能不为之深有所忧。

（1947年4月19日，第9版）

江西矿产窥探

本报特约记者　俞宁颇

鄱阳六月廿六日快讯　银黄黑白晶亮亮的矿物,很不自傲地说是现代人文一切动态的原动。十九世纪乃至今日的灿烂,无非是由矿物所燃烧煅炼配合而成,多少国际斗争,为了夺取矿产开采权。若干万万的生灵,直接间接依矿为命,只有中国各种矿物,却有许多老是听它长眠地下,常有不得见天日的悲哀!

记者特就赣省现有的矿藏,作一个窥探性的报导(道)一些在下面:

…………

东方特产,磁土软泥

瓷土是一种矿物质,和石灰、大理石样子相彷彿(仿佛),状是片形,有灰、白两种颜色,专为造瓷原料外,并可代替肥皂涤垢和制粉笔的用。欧西及我国广东、广西、湖南、河南、福建、浙江等省虽亦产生瓷土,其矿质之适用,都不及祁门、赣产之优良。

景德镇制磁所用的瓷土,一部份(分)细瓷釉泥取自安徽的祁门,其余的多产于本县浮梁和星子、余干、临川、大庚、横峰、宜丰、太(泰)和、萍乡等县。土质以浮梁所产为最优,土质性软,色带灰褐,黑云母之含量极多,亦间有少许的白云母,惟粘(黏)力较祁门瓷土稍弱,耐火度为三角锥热度计十四号,约摄氏一千四百十度。其他萍乡、泰和、横峰所产的瓷土,质比浮产粗劣,只可制粗瓷之用。

(1947 年 7 月 2 日,第 7 版,有删节)

江西农村与工矿

本报记者　刘藻

战时江西的重工业,有资委会与江西省政府合办的机器、炼铁、车船、电工、硫酸和水泥厂,这些规模初备的工厂、房屋与机器,十分之九被毁于敌军,损失至少在四亿元以上。至于轻工业,有省营兴业公司的酒精、糖、织染、麻织、制革、锯木、瓷、印刷等十一个厂,也是因为敌军几次窜扰而被破坏,民营的有火柴、罐头、纺织、印刷几十个厂,全被摧毁倒闭。就是闻名世界的景德镇的瓷业，原有一百五十余座瓷窑，在战时遭受敌机轰炸，业已损坏大半，现在开工复业的不及三分之一。

(1947 年 7 月 29 日，第 7 版，有删节)

消失了黄金时代的彭蠡航线在挣扎中

（本报鄱阳廿日讯）鄱阳湖为江西全省唯一的水库，孕育着赣、饶、抚、信、修五大干支流。昌、乐两江，居鄱湖支流的上游。昌江发源于毗连浮梁之祁门，乐江发源于接壤德兴之婺源，各有水程三百余里。两江的水，都在波涛汹涌下日夜不息的（地）长流着，昔日曾为沿江人类生活上尽了最大的努力。过去是把婺源、德兴、万（乐）平、祁门、浮梁、鄱阳一带的土产，成船满载一批一批的（地）运输出去，同时又把苏、沪、汉、浔的华、洋商货成船满载一批一批的（地）运输进来。我国最著名的景德瓷器，乐平鸣山的锰、煤，鄱阳的烟叶、粮食，更有占出口贸易大宗祁红婺绿的洋庄茶叶，端靠它吐纳内外、有无相通的需要，助成了沿江工商业百余年来无上的繁荣。所以昌、乐两江的支流，是沿河各县商业特产品唯一的生命线，在过去没有轮轨交通的这块腹地，民航的重要性，可想像（象）而知了。

景德镇瓷业史料

247

昔日繁荣，满载扬帆竞赛

鄱湖航运工具，单就民船一类来讲，有多至六十余种。全省内河大小船只约达十万艘之多，船工五十万人。最著的有抚船、巴斗、鸦尾、刁子、满江红、晚运船、鸦梢、凫梢、摇划、乐平船、鸭央等。船的形状各殊，名称不一，载重弗同，速率亦异。在民国初年，鄱阳内湖昌、乐江及上饶、河口、弋阳等支流，共有大小船只航行于上述各线的，约达五万艘以上，依靠操船业为生的，约有二十五万人。

当时沿湖各县的土产，如祁门、浮梁、河口的红茶，婺源、德兴、玉山、余江的绿茶，景德镇的瓷器，鄱阳的莲子、烟叶，乐平的青靛、煤炭，德兴的糖纸以及万年、余干等县的麻豆杂粮，都是经过昌、乐江集汇鄱湖转运九江出口的，各县外来的商货，亦恃这多民船源源的输入，计算全年特产和商货输出输入，数量全堪惊人。故当时民船运业，为一个适应时代最繁荣的时期。

船业载货水脚，春夏稍平，秋冬倍涨。船户招揽载货，同业时起争端，承运开航，都抢快缩短时间，以迅捷的努力，赶达目的地，又迅捷地揽货装载而回。那时候，沿湖各河流的布帆饱挂，有如端节的竞赛龙舟。船户收入既丰，生活自亦随之舒裕。每值扬帆破浪,时闻船工呼啸之声,篙撑逆流,哼哼鼓进,其一种安心专业的精神,不禁令人羡水上生涯的真乐矣。

曾经沧海,篙工辍业沉舟

自民十八年(1929)秋……鄱湖沿河交通,都被阻断。祁门、婺源箱茶,景德瓷器都改由旱道挑运至屯溪出口。其他各县特产,亦多改途易辙,多数农产品……出产日就衰微。商家为避危就安,外来货物都主缩进,且多由陆路车运入境。因是沿湖的民船运业,顿呈衰落的绝境。上下船只,完全停航,船户生活,愈苦难支。其间或卖舟改业,归乡务农;或沉舟于水,冀日他日复业;或破舟作薪,以示辍业的坚志。在这数年间,偶过沿湖瞭望,绿杨河畔,不见系舟;芦苇滩边,绝闻篙响。此一时间景色的特殊,真令人有不胜今昔之感!

至民二十三年(1934)后,……各地商业工产,也渐渐地向复兴的坦途迈进。谁也想不到正谋恢复间,接着芦(卢)沟桥的炮声又起,抗战烽火由华北而蔓延到东南,长江航路,复被封锁。内河民船航业,既无货运,且多差役,雨霁云开、甫告复航的民船,如昙花一现的(地)又陷入民十八年以后的状态。时代所赐予它们的挣扎良机,又被消逝失去,它们无疑的(地)一样如在陷区人民的生活财产,同蒙巨大损失而无可挽回。

今时复航,只作最后挣扎

前岁复员后,原子弹的威声,使未绝如缕时代落伍的交通工具民船业,如被春风之吹植,再度复生起来了。聪明的商人,遂丢去以前来往的车运捷径,从而便用民船故道,为它们货物吐纳的服务工作。在这一年来,原有的船户,虽然渐渐的(地)恢复航行,但究不若以前船运业的洋洋大观。

说到今日的航运,鄱阳仍不失为船集的中心。沿湖数里,船只排列,桅杆如林。每日均有民船、轮船分驶各地,走乐平,放南昌,向九江,往鹰潭,开河口。清晨傍晚,汽鸣相应,依然有多少人自兹离别,多少人到这重逢,扬巾目送之情,握手道欢之聚,相逢萍水,作客尽是他乡。此情此景,犹彷彿(仿佛)当年意境的盛况。

鄱阳,是这样洋溢着离愁聚乐的一个水码头,还有一吨一吨的黑煤,一篓一篓的瓷器,一箱一箱的茶叶,更有一袋一袋的米谷和杂粮,从赣东北各产区集汇到这里,然后由煤轮、汽轮、罗统、刁子、抚船,各式各样的船只,分道到南昌、九江各地去,再由南昌、九江运来棉纱,运来布匹,运来舶来品,又送进各县农村内地来。一出一入之间,货主所给予的代价,当然养活了不少的船户和船工。

可是时过境迁,浙赣、南浔铁路均先后修竣通车。京赣铁道,现在是有人提议恢复建筑了。此外,皖、浙、赣间的干支公路,亦在加紧抢修。敏锐的商人,到这时自然是又丢去交通落后的运具,而就便利增强的铁道和公路,作为它们货物的运输工具了。虽然有些铁道、公路不往的内地,仍然靠着民船来装载,但是估计剩余的数量,一定是很低微。一般聪明的船户,明知它们的衰途,眼见着横阻在前面,为着衣食的驱使,这时候都抱着"做一日和尚撞一日钟"的想,暂维目前的生活,姑作最后的挣扎而已。(特约记者俞宁颇)

(1947 年 8 月 24 日,第 5 版,有删节)

全国国货展览会定十月一日揭幕

(本报南京廿四日电)全国国货展览会定十月一日正式揭幕,现场址已获解决,顷正积极忙于布置。沪方厂商已全体到京,余如津、渝、穗、汉、台湾等地之展品,亦已陆续由沪运京。至东北九省参加展品,亦已由沈阳新运会组成东北参加国展团,即将由东北运京。至国营事业参加展览者,除资委会外,尚有中纺、中□,中华烟草公司亦将参加。展览品中包括东北之大豆、紫貂、人参,西北之皮毛、石油,台湾之凤梨,长沙之湘绣,景德镇之瓷器等。

(1947 年 9 月 25 日,第 2 版)

我赠伊丽沙(莎)白贺礼托交英访华团转致

(本报南京一日电)我国政府赠送英皇储伊丽沙(莎)白公主大婚盛典之贺礼(江西名瓷器皿三大箱),业由我外部于一日送交英大使馆,并托由英访华团携运伦敦,转致英国皇室。是项礼瓷共一七五件,包括茶杯碟廿四套,咖啡大牛奶壶、糖皿各一具,九寸汤钵三四个,九寸、八寸、六寸、四寸菜碟各廿四个,椭圆形菜碟四个,系赣瓷造成,在景德镇监制,精绘慎烧,费时一个半月完工,全部时值达法币三千万元。

(1947 年 11 月 2 日,第 1 版)

江西瓷器拟向美国推销

江西瓷器,昔时闻名世界,近因技术不见改进,以致营业日衰。现有大利进出口行与江西瓷业界颇有联络,拟推销西菜瓷器至南北美。惟鉴过去此项市场为日本所垄断,为防日瓷复兴倾销,将托工商辅导处调查日本瓷业情形。此外,江西各银行不营外汇业务,信用证只能开至上海。沪赣汇水甚高(现为百分之六),成本既增,手续又繁,且出口贷款期限近忽由九十天缩为三十天,而瓷器制造需时二月,赣沪运输亦须一月,故贷款不能充分运用,希望主管机关速谋补救云。

(1947 年 11 月 13 日,第 7 版)

"国瓷"与"旧京"

胜利以后,听说政府拟指令江西景德窑兴办纪念瓷器,名曰"胜利窑"。最近又听说英国伊丽沙(莎)白公主婚礼,我国元首所赠精瓷一百七十五件,在礼堂展览,各国代表同声赞美,以为得未曾有之美术。以上的消息,可使国人感到莫大之兴味。

中国的名产,世界皆知以"丝、茶、瓷"为三宗宝,尤以瓷器为中国工艺之代表。我国科学落伍,制造赶不上舶来物,以致向来入超甚大。惟瓷器一项,百余年来倾销外洋,略可弥补。China 一字,即含"中国"与"瓷"之两义,关系讵不重哉?

全国瓷产,首推江西景德镇。前清以九江道台兼任窑厂监督,提倡不遗余力,因之该镇各名厂产瓷大致分为三级:一、贡瓷,二、官瓷,三、客货。其进贡之瓷,有时是由北京内务府把宫内珍藏宝石料及彩色颁发去做,做成之后,稍有不合款式或不甚精到者,辄令重做,故御用之瓷,精绝人寰。次则官窑亦以规矩严整为特色,其客货虽属普通商品,亦较他处所造为优。

清代每一新君登极,必首先命办纪元精瓷,而每次都能代表一代之作风。如康熙之三彩,雍正之青华(花),乾隆之豆(斗)彩及霁蓝,嘉庆之五彩,道光之花鸟人物,等等,皆有特征。至老袁之"洪宪"皇帝虽只八十三天,然"洪宪"瓷器乃将故宫御料发往精制者,故制造之精,几与乾嘉同值。又因"袁皇"期短,出品无多,物稀为贵,故瓷产虽在近代,而价值且超过咸、同、光而上之。老袁有此佳作,亦不负"九五"一场了。

河北之瓷产甚多,有磁州产,有唐山产,稍细者无不标榜江西。北平之瓷器铺各城皆有,最大者如前外大街之德泰、东四牌楼之恒发、西四牌楼之德茂,皆规模宏敞,物品丰富。其货物则有造货与办货两种:造货系本地工匠承做,做法亦仿江西;办货则按时派人赴赣省采办。

民国初年,"江西瓷业公司"在旧都开始营业,而一向标榜江西之本地店不免相形减色。"江西瓷业公司"一设于东安市场之十字街口,一设于前门外之劝业场楼上,出品之精,固属冠绝此行,而售价之昂,亦令人咋舌。其产品大多是美术性,如盘、盏、碗、壶之类,不等卖出,先自作木架、锦匣,装置玻璃窗中,竟是变相之"古玩铺",以故声价极高而离开大众日常生活则愈远。北政府时期,其销路:一、为贵族家庭之陈设;二、雅客之珍玩;三、古玩铺购其仿古之品,加以伪饰,当作古董贩卖。

自民国十七年(1928),……北平改市,一般商业均见萧条,瓷业受影响尤巨,然而支持十年之久。直至二十六年(1937)倭难猝发,旧都沦陷,市况萧(消)沉为从来所未见,东洋货之仿古瓷又侵略此业,因之东城及前门外之两个公司分店,先后关门,而本地之大瓷店恒发等亦相继停业,所剩二三流之瓷铁铺而已。

自此以至光复后的现在,市面所售瓷品至为复杂,有大瓷厂所遗之江西瓷存货,有日商日侨临遗大批卖出之东洋瓷,有河北省附近出产之磁州瓷、唐山瓷、西山瓷。其中,江西瓷之"公司出品"仍在古玩摊或高等百货店陈设出售。大瓷店遗品售价略昂,商贩投机,自造新闻,说江西瓷窑已被战事破坏无余,故存货皆将成为珍品。

近读南讯,知景德镇窑厂虽受兵灾,并未完全销毁,令人心慰。至于如何振兴,想南中贤哲及当道诸公,当有良策。记者异地寡闻,惟有伫盼好音耳。

(1947 年 12 月 6 日,第 9 版,有删节)

从九江归来

本报特派员 储裕生

(本报五日讯)南昌到九江有南浔铁路,现在已划归浙赣路管辖,是浙赣路的南浔线了。我们于十二月三日去九江,搭火车前往,意想中沿线两旁的土地应该比赣东好些,无如一出南昌,又是荒凉满目。车在行进中倒很平稳,经过了一些车站,行三小时许而庐山在望。在浔阳江畔,还有一片凋零的芦花。不知不觉中,已到达九江了。

丰稔的年头,收成八九成

九江,记者曾在胜利这一年的九月里来过,那时冷寞异常。今天旧地重游,却感到很为闹热,街道上人群熙熙攘攘在来往着。不久以前,国防部的九江指挥部设在这里,这使九江变得重要,也使九江显得活跃。

听九江的老百姓说:今年收成有八九成,总算是个丰收的年头。这里人口有十四万,中学有女师等七所。据说战前还要热闹得多,人口也要多一些。现在,因为广济、黄梅等县有战事,很多商货运不出去。

景德镇磁器,生涯不甚旺

九江的磁器店要比南昌多,大概有一百家的光景,你走不上五步路,就有一家磁器店。店里货物的花色,也要比南昌繁得多了。这里直接可通磁器的产地景德镇。景德镇制成的磁器,可运到鄱阳湖,再由鄱阳湖转运到浔阳江,就在九江靠岸卸货,而南京、上海、汉口贩卖磁器的人也都顺着江流到九江来贩货。磁商告诉我,今年的生意不十分旺,卖去了货物,以卖出的价格补不进来,而且很多地方都因烽火而交通受阻,生意受着重大的打击。

(1947 年 12 月 9 日,第 5 版,有删节)

瓷 都 消 息

周敬庠

凌霄汉阁主在本刊谈到了景德镇的“瓷”,颇为没有全毁而欣慰。笔者旅居赣省数月,虽然对于“瓷”全外行,可是欣赏“瓷”的兴趣很高,间常没事,总在各瓷器店细细的(地)观摩,跟业中人晤谈,略述一二,料为关心所乐闻。

景德镇在胜利后虽添设了胜利窑,可是胜利窑的出品并不多,其中以创造的胜利茶壶,总算以新颖而颇受欢迎。茶壶嘴下端的二(两)侧,有凸印的圆形“胜利”二字,这算是胜利窑的代表作,也算定“瓷都”给胜利纪念的一种产物。

景德镇虽有“瓷都”的尊号,可是实际上只是一个贫苦的手工业区。当地人自称为“草鞋码头”,因为十之七八都穿草鞋,顾名思义,也该知贫苦的程度了。目下产业工人只有战前的三分之一,一般窑主的资本都不够充实,所以产量日见减少。

精致的细瓷,现在出品很少,仿古的作品也渐见稀少,通常以光胎加以细绘,算是上品了。画瓷的人材(才),后继亦稀,目下以张志汤画马、刘雨岑画鹤、田鹤仲(仙)的画梅花、徐仲南的画竹,算是画瓷的名家。此外,邹侯文的山水,熊梦渭的花卉,也都是有名的老作家。

一把名画的茶壶,市价十余万;小品的五件文具,须(需)要二十万,近二个月来涨起了二倍多,一桌的细瓷餐具,要一千多万,普通的也要五六百万。瓷业中人对于瓷价认为还便宜,他们说:要是跟彩色颜料作比,瓷价的涨度,才真差远呢!这也是实情。

九江现在是瓷器的集散地,瓷器店次鳞栉比(编者注:《申报》原文如此,应为鳞次栉比),大有三步一店、五步一家之慨,都陈列了新异的花样,来招引路人,看了有些眼花撩(缭)乱。每一艘轮船停靠九江,多少总背了些瓷器出去,不过背走的都属中等以下的瓷器,细瓷的销路较呆些。

真的旧瓷已很少,只有一家华昌瓷店还有些陈列。瓷的人像,像福禄寿三星、关公、济颠、观音等塑像,以光华的出品为最精。小件的画瓷,要算立生磁店最多、最精致。因为瓷店多,所以生意也分散了,显得还是不景气。眼前水道浅涸,景德镇的货,运来很受阻碍,用人力走陆路挑,每担要五十万挑力,所以成本愈来愈贵了。

江西的瓷业还在黯(暗)淡过程中,现在亟须要输血强心,才能繁荣。同时,质的改进和技工的再训练,也是很急切需要的。因为窑工们的守旧性很深,缺少新的科学技术,因此很多人想起了我们的瓷业专家杜重远先生。他具有改革"瓷都"的决心,为了抗战,打碎了整个革新计划,并且在辽远的魔掌中牺牲了生命,不仅国家短少了一员专门人才,也是江西瓷业的一大损失!(寄自九江)

(1947 年 12 月 27 日,第 9 版)

鄱湖水位低落,航运困难

(本报鄱阳十五日电)鄱阳湖为赣省内河唯一水库,水位之涨落,关系航运交通。上年鄱湖水源不大,秋后两月亢旱,兼之江水骤降,湖水外泻,尤以龙口、猪母山一带淤浅最甚,民轮航行,均感困难。沿湖各县,大宗土产多堆积,饶、乐不能畅行,景德瓷器、乐平煤筋(斤),多由景祁公路及旱道车运出口。

(1948 年 1 月 17 日,第 5 版)

赣瓷销路起色

(本报景德廿日讯)本市瓷器销路,入冬后渐趋活跃。上年十二月及本年一月输出瓷值,约在五百亿以上。内以圆器日需品最坚俏,琢器稍疲,尤以津、沪、渝、汉、浙、粤等帮去胃强大。

(1948 年 2 月 28 日,第 5 版)

复旦史地系举办中国名胜照片展

(本报讯)复旦大学史地系,为筹募学术讲座基金,将举办中国各地名胜及风俗人情照片展览,计已收集三峡、泰山、大明湖、西湖、景德镇制磁、蒙藏及东北人民生活等珍贵照片千余张,分别由该系学生详加说明。展览期间,并发行展览特刊。

(1948 年 4 月 18 日,第 6 版)

景　　德

(本报讯)浙赣铁路本年十月间将举行特产展览会。赣建厅已分令各县尽量搜集。此间有名瓷厂数家,将赶制新式精瓷,届时送会展览。

(1948 年 5 月 17 日,第 2 版)

日瓷倾销香港南洋,景德瓷商大受威胁

(本报景德八日讯)此间粤帮瓷商接港息:景瓷在港外销,近受日瓷倾销之打击。因日本开展对外贸易后,即将存有之瓷器,大量倾销该地,我国瓷器在南洋销路,首受巨大影响。本市瓷商以香港南洋一带为我国瓷器主要销路,顷正筹谋对策,以图挽救危局。

(1948 年 7 月 12 日,第 5 版)

伙计清闲打瞌睡

牯岭去春大火毁了元气,到今年还未恢复。正街、新街、下街,残迹宛然。废墟中重建起的铺面,从金店到小吃食店,固然无一不全,但没有较大规模的。

主要的营业是饭馆,但都冷冷清清。金店有两家,一家正修理门面,准备开张;另一家已营业了,前几天还闹了一回售金成色不足的事。洋货店价钱比上海要贵二三成乃至七八成。景德镇的瓷器价钱惊人,一套吃饭吃茶用具,大大小小一百九十余件,售价一亿多。咖啡店伙计闲得坐在柜台上打瞌睡。家具店的工作也清淡得很。

(1948 年 8 月 10 日,第 5 版)

教部定制花瓶赠美海德公园

(本报南昌通讯)教育部顷向景德镇陶业专科学校,定制"雕刻沙地折半斛桷"名贵花瓶一对,将赠与美国海德公园,纪念美故总统罗斯福。

(1948 年 8 月 23 日,第 7 版)

凄凉的瓷城

本报特约记者 俞宁颇

(本报景德镇廿四日快讯)景市房屋,向来比南昌便宜。现在一幢中等的房子,租金也要白米六十多石。资短的商店,只房租一项,已感不胜负荷,还有其他捐税、工资、伙食、杂用等平均日常开支,总须三四百万。瓷城的夜市,不像去年灯光如昼、车水马龙的热闹了。电灯掩住发光的射力,黯(暗)淡催眠,是显得清淡而凄凉的。

前途大可忧虑

现在整个瓷业前途,大可忧念的是在销路方面。制成的瓷器,是要有广大销场,供求相应,方可支持产地出品,否则有供无求,产品即构成膨胀病象。瓷厂为减省开销,自不得不在货品上作减少制造的打算。可是瓷器的涨价,是随物价以俱增,最近根据各地市场的瓷市报价,已和产地现在的价格几乎相等。

痛受日瓷威胁

尤其香港和南洋方面,日瓷已在该地大量倾销。因日本制出的瓷器,比我国瓷值低廉,出品更能花样翻新,景瓷在南洋销场,受了日货的威胁,不消说是抵抗不住它们,设再无限止的(地)提高瓷价,国瓷将更望尘莫及了。这是关于我国瓷业的根本兴衰问题,须(需)要政府和瓷业有否起衰救敝力量来与外瓷抗衡的。

迅谋适当解决

瓷器减少了制作,结果必然造成多数工人歇业。此间瓷业各帮工人不下五万余,一旦停工失业,他们将如何活下去? 这个严重问题,有关当局是不容袖手漠视的。目下危机四伏,希望政府宜速谋适当的解决,这正是全镇工商业和十余万市民一致所企望的。

(1948 年 8 月 28 日,第 5 版)

浙赣路西段经济据点,出超的生产区一瞥

本报记者　刘藻

(本报南昌廿八日航讯)浙赣铁路樟树—株州(洲)段,是南中国经济路线的一段,它今后负荷着质量优良的煤斤供应与大株州(洲)工业区新建设的伟大使命,这段三五六公里的铁路沿线的商业中心在樟树与宜春,工业据点则正在萍乡与株州(洲),长着雄壮的幼苗。记者前次在铁路沿线参观归来后,深感浙赣路西段的经济基础较东段的荒山遍野完全不同,并显示着西段是全线经济的命脉。

…………

萍乡是富庶之区,地层底下有丰富的煤斤蕴藏,可供今后四十年的开发。而农村的粮食产量,虽然不能自给,但是它有几种副业——鞭爆、造纸、制瓷、织布,使得男女老少,整年都能生产,而有裨于农村经济的日趋安定。所以,萍乡教育之能够有今日的成绩,亦应归劳于整日勤劳的农村人民,他们不但维持个人与家庭的生活,并且使公产日增,助长教育建设的发展。

芦溪是萍乡的一镇,这里出产的鞭爆,不亚于万载货,它能销到京、沪、粤、汉,以至南洋、美国,现在鞭爆业正力谋改良,讲究装璜(潢)与火力。

醴陵与萍乡的瓷器,现因人力与资金所限,不能与景德镇相埒,但是它的出品,是着重于日用品与电气材料,非如景瓷的美术品,仅能供给一般有闲份(分)子的陈设玩弄,所以今后的醴陵、萍乡的瓷器,仍然有光明前途。

(1948 年 10 月 2 日,第 5 版,有删节)

赣瓷业消沉

(本报婺源十五日快讯)本市瓷业,因原料工资,逐月有增无已。瓷器市价,较"八一九"(编者注:1948 年 8 月 19 日,国民党政府出台政策,要求所有物价必须维持这天的市价,不得上涨,即所谓"八一九"经济防线)以前,提涨十余倍,致产地成本与销地售价几无分轩轾。月来各路冬季销场,益呈呆缩。目下瓷窑开炉者,仅有十分之二。赣省府鉴于景瓷之消沉,决定于最近期内,在景设立一大规模之新型窑厂,并建议中央设立国窑,积极推广海外贸易;同时,将原设立之萍乡、九江两地瓷厂,拨款予以扩充,俾三地瓷业,得以同臻发展。

(1948 年 12 月 21 日,第 7 版)

后　记

　　2020 年,我申请的景德镇市社科联年度项目"《申报》对景德镇瓷业报道研究"获批立项。这项研究是对发行时间长达 77 年的《申报》中与景德镇瓷业有关的报道进行搜集、识读、点校、考证和梳理,以期建构全面、系统、有效的史料链。随着研究的开展,我深感这一"工程"极为浩大,费时耗力。面对浩如烟海的故纸黄卷,我一开始心头发怵,望洋兴叹,止步不前。但从故纸堆里扒梳出来的一篇篇鲜活的旧闻记载,犹如有魔力的引领者,带我穿越时光,如临历史现场,令我爱不释手,动心忍性,坚毅耐劳,乃至沉醉其中。在《申报索引》等工具书的辅助下,我终将 400 册《申报》(影印本)电子版翻阅一遍,尽最大可能搜集相关记载,并核对、纠谬、点校、考证、编目,而成本书。

　　需要说明的是,因编者时间、精力有限,所编选的史料不免挂一漏万,遗珠之恨在所难免。同时,受编者水平所限,加之史料之源《申报》(影印本)这一载体本身存在字迹漫漶等客观问题,本书难免有遗漏、疏忽甚至错误,敬请读者见谅,期盼给予指正。

苏　舟

2023 年 11 月